U0168035

电子电气技术实践
基础教程

张秀磊　范昌波　编著

北京航空航天大学出版社

内 容 简 介

本书是为独立设课的本科电类专业的电子电气电路基础实验课编写的教材,其中包括了关于电路基础、模拟电子电路、数字电路的实验基本知识、技能和方法。本书的内容是按照当前实际电子应用系统的基本组成和常用的实验技术来组织的,包括电源(工频电源、直流电源、变频电源和信号源)、信号产生和转换(传感信号、共模和差模信号、数字信号、开关量信号、A/D转换和D/A转换)、模拟电路(分立元件电压放大电路、功率放大电路、集成运放应用电路)、数字电路(组合电路、时序电路、FPGA可编程器件应用电路)、综合实验以及应用系统综合设计开发等内容。

本书介绍了与电子电气电路相关的常用基础知识和基本技能,内容较为完整,既可作为高等院校电类专业的基础实验教材,也可作为从事电子技术工作的工程技术人员的参考书。

图书在版编目(CIP)数据

电子电气技术实践基础教程 / 张秀磊,范昌波编著
. -- 北京 : 北京航空航天大学出版社,2019.10
ISBN 978 - 7 - 5124 - 3166 - 9

Ⅰ. ①电… Ⅱ. ①张… ②范… Ⅲ. ①电子技术－高等学校－教材②电工技术－高等学校－教材 Ⅳ. ①TN②TM

中国版本图书馆 CIP 数据核字(2019)第 236110 号

电子电气技术实践基础教程
张秀磊 范昌波 编著
责任编辑 杨 昕
*
北京航空航天大学出版社出版发行
北京市海淀区学院路 37 号(邮编 100191) http://www.buaapress.com.cn
发行部电话:(010)82317024 传真:(010)82328026
读者信箱:copyrights@buaacm.com.cn 邮购电话:(010)82316936
北京九州迅驰传媒文化有限公司印装 各地书店经销
*
开本:710×1 000 1/16 印张:24.75 字数:527 千字
2020 年 1 月第 1 版 2021 年 9 月第 4 次印刷
ISBN 978 - 7 - 5124 - 3166 - 9 定价:69.00 元

前　　言

　　本实验教材是为独立设课的本科电类专业的电子电气电路基础实验课编写的，内容涉及电路分析基础实验、模拟电子电路实验、数字电路实验、可编程逻辑器件(FPGA)应用实验、综合实验以及应用系统综合设计等部分。通过实验课程的讨论、设计和操作训练，学习和熟悉电路问题的一般处理方法，积累和提高电子实验技能，培养独立分析问题、解决问题的能力；通过实验磨练，培养严肃、严格、严密的科学态度和工作作风；通过实验设计、验证和研究探讨，巩固学过的理论知识，加深对知识应用的理解，并从中获得新的知识和实践经验，对培养创新意识和个人思维习惯有非常重要的实际意义，并为后续相关课程的学习和从事电类工程工作奠定坚实基础。

　　从知识体系来看，电路分析基础实验、模拟电子电路实验和数字电路实验三者中，电路是基础，模拟电子电路和数字电路则是基于具体元器件的实用功能电路。因此，从实验技术出发来看，三者可以统一为一体，有利于学习效率的提高，也有利于学生对知识的融会贯通。

　　本教材具体内容有：实验常用元器件，实验室常用设备，常用的实验技能和方法，直流电路的构建与测量，二端口网络基础知识，衰减器和RC低通滤波器，电路的频率特性与方波响应，阻抗变换器与电路的过渡过程，调压器、功率表和实验台的使用，工频交流电路，变频调速技术与变频器简介，变频器与异步电动机的变频调速，分立元件放大电路的布线和调试基础，共发射极电压放大电路，功率放大器的调整与测量，集成运算放大器的基础知识，集成运算放大器的特性测试和基本应用，运算放大器在波形产生和信号调制解调方面的应用，周期信号谐波合成，运算放大器在非正弦周期信号谐波提取方面的应用，直流稳压电源的基础知识，直流稳压电源，集成定时电路555的组成和工作原理，集成定时电路555的基本应用，利用定时电路555设计简易电容测试仪，数字电路实验的基本要求及实验方法，TTL与非门及CMOS门电路实验，组合电路和简单时序电路设计，简单的数字频率计，电子顺序密码锁，数字化信号发生器，动态扫描显示系统设计，可编程器件GAL16V8的认识与应用，可编程器件

FPGA 的构成及语法,FPGA 的应用设计,应用系统综合设计开发。

本教材由张秀磊、范昌波编写。北京航空航天大学电工电子中心的艾虹、李可、吴冠、黄亚玲、孙丹、申文达、肖瑾、李莉、张静、岳昊嵩等老师做了大量的准备工作。

由于时间仓促,作者水平有限,书中难免有疏漏或不足之处,恳请广大读者批评指正。

编　者

2019 年 7 月于北京

目　　录

第1章　实验须知

一、实验课安排

本实验课操作流程概况如下：

① 根据每次实验要求和给出的参考原理电路或框图，运用学过的理论知识，对具体的电路细节进行分析或进行部分电路的设计，形成可实际操作的实验电路图。

② 连线或组装实验电路。

③ 调试、验证实验电路。

④ 测量电路中信号的大小或波形，观察并记录实验现象。

⑤ 对实验结果进行分析、总结。

以上步骤是实验的一般过程，其中第①步和第⑤步安排在课外完成，课前应做充分的预习，课后应进行细致的总结。每次实验过程中，需要使用多种测量仪表、仪器（如万用表、示波器、信号发生器等），采用恰当的测量方法对电路进行测量，如测量电压、电流的大小，观测信号的波形，测量电路的特性等。然后还要对实验数据、现象进行分析，对实验结果做出结论，编写实验报告。

二、实验课基本要求

依据教学大纲，本课程基本要求如下：

① 熟悉数字万用表、电流表、功率表、交流毫伏表等常用仪表的性能及使用。

② 熟悉直流稳压电源、函数信号发生器、示波器等常用电子设备的性能及使用。

③ 掌握测量电压、电流、功率等电路参数，掌握测量信号的波形、频率、周期、相位差，掌握测量电路的输入电阻、输出电阻、频率特性、传输特性。

④ 能独立对简单实验进行设计和调试。

⑤ 能把较复杂的电路按功能分解为若干个相对简单的子电路进行调试和综合。

⑥ 能对实验数据进行有效的分析、总结和处理。

⑦ 能编写出完整简洁的实验报告。

上述各项要求贯穿于每次实验中，希望实验参与者在每次实验中按照基本要求进行准备和操作，课后及时总结，以取得较大的收获。

三、怎样上好实验课

实验课的大部分内容是在老师的指导下，学生自己独立分析、研究、动手操作完成的。就是说，要想做好本课程的教学，需要学生尽量发挥潜在的学习能动性，如果学生在课堂上不注意调动自己的主动性，而是被动应付，那就可能一无所获，甚至发生设备和人身事故。为了在实验课上有较大收获，希望同学们要做好以下三个方面的工作：课前做好预习；课中做好安排、观测和思考；课后做好分析总结。现将要求概述如下：

1. 预　习

实验课之前一定要认真预习本次实验内容，复习相关理论知识，并认真做好如下工作：

① 明确实验目的和任务，认真研讨实验原理。

② 按要求认真准备实验内容，了解所用仪器设备的使用说明及有关原理，熟悉电路的构成和测试方法。

③ 拟订实验步骤，预估计实验结果。

④ 整理出实验预习报告。

2. 实验前期准备

上实验课时，先仔细听老师的简明介绍和引导，然后做好以下几方面的工作。

① 检查所用仪器设备是否齐全完好，记下它们的规格型号，熟悉它们的使用方法和主要性能指标（尤其是额定值），选好仪表量程，弄清仪表刻度盘每格代表多少量值等，要把有疑问的地方弄清楚。

② 为实验电路连线准备若干导线，确保所用导线具有良好的导通性，避免因断线或导线连接不良而导致实验操作不畅。

③ 布局和接线。

➢ 设备布局：

实验前必须首先摆放好仪器和设备，使它们之间连线短，调节顺手，读数和观察方便，还应考虑减少它们之间的相互影响。

➢ 接线：

接线的方法，通常采用"回路接线法"，即对照电路图从电源开始按顺序一个回路一个回路地接线，直至完成整个电路。较复杂的电路应按照功能划分为若干个独立子电路，分步完成。

接线时一定要仔细认真，否则不仅不能顺利地完成实验，还可能损坏仪器设备，严重时还可能发生人身事故。因此接好线路是做电路实验的基本功。

线路接好后，还要自己进行仔细的检查，如有必要可请老师复查，以免因接线错误而造成事故。

如果实验中需要改换线路或拆线，则首先要切断电源，不要带电拆线或换线。

3. 实验操作

实验时必须严肃、认真、有条不紊。实验中应注意以下几点：

① 测量点的数目和间隔要选得合适。例如，如果要测的是一条曲线，那么曲线较弯曲的地方要多测几个点，平滑处可少测几个点。

② 用仪表读取数据时,要注意有效数字读得是否准确。一般指针式仪表(0.5级的表)可读三位有效数字,末位数是从指针在度盘上的位置估计的。数字表也要根据表的精度取舍所显示的数位。

③ 实验数据要记在表格中,不要涂改,重新测量的数据可写在原数据的旁边,以便分析比较。表格要事先列好,并写明实验条件。

④ 随身携带计算工具和坐标纸,最好能在课堂上计算和画曲线,以便发现可疑的数据,重新进行测量。

⑤ 实验过程中,除做好读取数据、观看现象外,对实验中出现的异常现象,如发热、发光、声音、气味等也要特别注意,如有异常,应立即断电检查原因,以防事故扩大。

⑥ 每个实验项测完数据后都要认真检查所得结果有无误差和遗漏,然后向老师汇报,等老师检查无误后再进行后续实验内容。

⑦ 最后,将仪器设备放回原处,导线整理成束,清理实验桌面,搞好实验室卫生。

4. 实验总结

实验课后要及时认真总结,把实验课上的收获加以巩固和提高,即使实验失败了,也要认真总结,理论推导实验内容及结果,分析失败的原因,吸取教训。因此,要求每一位同学独立写出有条理、整洁的实验报告。实验报告的内容包括:实验名称、目的、原理和方法、设备、线路、步骤、数据整理、总结和问题讨论等。

在进行数据整理时应根据实验的原始数据整理成数据表格、曲线、波形和计算的数据等。曲线波形要画在坐标纸上,比例尺要适当;坐标轴上要注明物理量的单位和分度,曲线要写明曲线的名称;用"×"或"○"等符号在图中标出实验数据对应的点,曲线要光滑均匀,不必强求通过所有的测定点;波形曲线上有些关键点信息要标注出来,如幅频特性曲线上的转折频率点、单峰或单谷波形中的最大值或最小值点等。计算时要注意有效数字。如果说做的计算有重复性,那么只举一个计算示例即可。

总结和问题讨论应根据实验结果,得出明确的结论;对一些问题可进行分析,如分析误差的原因,或解释一些现象,提出进一步改进的意见等等。

四、实验室规则

为创造良好的学习条件,保证人身和设备安全,特制定本规则,实验者须遵照执行。

① 课程前,任课老师会对上课学生进行安全教育,学生应认真对待,严格执行。

② 实验前要充分做好预习准备,未预习者或预习不足者,停止实验。

③ 实验时要严肃认真,保持安静,不准喧哗。

④ 注意安全,发生事故立即断电,保持现场,报告老师。损坏设备要酌情赔偿。

⑤ 实验完毕,要把全部实验设备、元器件整理好,严禁私自带出实验室。

⑥ 保持室内卫生,实验完毕,清扫实验室。

五、实验报告格式

学校专门印制了实验报告用纸,其格式如下:

实验序号   实验名称

实验日期
报　告　人
实验桌号

1. 目　的

根据实验指导书提供的参考目的,并结合自己的实际提出确切的目的。要求简单扼要。

2. 原理和方法

简单地写出本次实验相关的主要原理和方法。

3. 实验线路/电路图

根据电路原理图,加上测试工具,注明测试点,注明器件的连接关系,形成实验线路。

4. 实验设备

列出该次实验用到的所有设备和重要元器件,要注明型号、数量、主要性能参数等。

5. 实验内容及步骤

根据实验内容,列出操作的完整步骤,包括电路构成后的初步检查、电路工作的条件、测量工具、测量位置、结果的记录方式等。

6. 数据整理和分析

对原始数据进行有效的处理,进行必要的分析、计算,得出定量结果或定性结论。图要用坐标纸画,数据要表格化处理。

7. 总结和问题讨论

写出本次实验的收获和存在的问题,提出改进的措施或建议。

其中前 5 项内容是实验预习报告的主要部分,应该在预习过程完成。做完实验后,做适当补充,加上后 2 项即可形成实验报告。

第 2 章　实验基础知识与技能

2.1　实验常用元器件

电子电气电路中常用的元器件主要有电阻、电容、电感和半导体器件如二极管、三极管、集成电路等,为了能正确地选择和使用这些元器件,必须了解、掌握它们的性能结构与规格等有关知识。

一、电阻和电位器

目前实验室常用的电阻主要有金属膜电阻和线绕电阻两大类,0.5 W 以下的采用金属膜电阻,1 W 以上的采用线绕电阻。电位器采用 1 W 的 WHJ 型精密合成膜电位器和多圈线绕电位器。

使用电阻时,一般主要参考额定功率和标称阻值两个性能指标参数。

1. 额定功率

电阻的额定功率是在规定的环境温度下,假定周围空气不流通,在长期连续工作而不损坏或基本不改变性能的情况下,电阻器上允许消耗的最大功率。当超过额定功率时,电阻器的阻值将发生变化,甚至发热损坏(俗称烧坏)。为保证安全使用,一般选其额定功率比它在电路中消耗的功率高 1~2 倍。实验室常用电阻的额定功率有 1/4 W、1/2 W、1 W、3 W、20 W、100 W 等。功率较大的电阻工作时,电阻体的温升可能比较高,要注意避免烫伤。

2. 标称阻值

标称阻值是电阻的名义阻值,常用的单位有欧姆(Ω)、千欧(kΩ)、兆欧(MΩ)。电阻的实际阻值和标称值相近,一般允许误差小于 ±5%。标称阻值系列系数常用:1.0、1.1、1.2、1.3、1.5、1.6、1.8、2.0、2.2、2.7、3.3、3.6、3.9、4.3、4.7、5.1、5.6、6.2、6.8、7.5、8.2、9.1,电阻的标称阻值都应符合以上系数值乘以 10^n,n 为整数。例如 10 Ω、120 Ω、2.2 kΩ、39kΩ、820 kΩ、1 MΩ 等。

电阻的阻值和误差,一般常用数字标印在电阻上,但对于个体较小的电阻,则用画在其封装管部表面的 4 个或 5 个色环来表示。如图 2-1 所示的是 4 个色环的电阻,第一、二道色环表示阻值的第一、二位数,第三道色环表示两位数后零的个数,第四道色环表示阻值

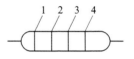

图 2-1　电阻的色环

的允许误差,各种颜色代表的含义如表 2-1 所列。如果是五道色环,前三道色环表

示阻值的第一、二、三位数,其余类推。例如第一、二、三、四道色环分别为棕、绿、红、金色,则该电阻阻值为

$$R = (1 \times 10 + 5) \times 100 \ \Omega = 1\,500 \ \Omega$$

误差为±5%。

表 2-1 色环颜色的定义

颜 色 数 值	黑	棕	红	橙	黄	绿	蓝	紫	灰	白	金	银	底色
代表数值	0	1	2	3	4	5	6	7	8	9			
误差/%											±5	±10	±20

3. 电位器(或电位计)

常用电位器由外壳、滑动轴、电阻体和 3 个引出端组成,如图 2-2 所示。3 个引出端的两端(A 和 C)间的电阻值为标称值,中间端和两头间的阻值可通过转动滑动轴来调节。实验中常把电位器用作可调电阻,有时也用作可调分压器。

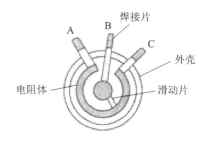

(a) 实物外形　　　　　　　　　　　(b) 内部结构

图 2-2 电位器的结构

二、电容器

实验室常用的电容器为固定电容器,有极性的采用电解电容,无极性的采用 CBB 电容或瓷介电容,如图 2-3 所示。使用电容器时,主要考虑电容量和额定工作电压两个性能指标参数。

1. 电容量

使用电容器的目的就是要利用它的电容量,用 C 表示。电容量常用单位为法拉(F)、微法(μF)和皮法(pF),它们之间的相互关系为

$$1 \ \text{pF} = 10^{-6} \ \mu\text{F} = 10^{-12} \ \text{F}$$

一般电容器上都直接标有容量值(标称电容量),也有用三位数字来标记的。例如有的电容器上只标有"332"三位数值,左起两位数字给出电容量的第一、二位数字,

第三位数字表示附加上零的个数,以 pF 为单位。因此"332"表示的电容量为 33×10^2 pF,即 3 300 pF。

电容器的标称容量参考系列为 1、1.5、2.2、3.3、4.7、6.8。电容器的实际电容量接近于标称值,误差一般在 $\pm10\%$ 以内。

2. 额定工作电压

额定工作电压是电容器在规定的工作温度范围内,长期、可靠工作所能承受的最高电压。常用固定电容的直流工作电压系列为:6.3 V、10 V、16 V、25 V、50 V、63 V、100 V、160 V、250 V、400 V。实验室中采用的电解电容的额定电压为 63 V,CBB 电容的额定电压为 100 V(弱电)或 400 V(强电)。使用电容时,两端电压不得超过其额定工作电压,否则容易发生击穿损坏。

使用电解电容时,必须注意其极性,电解电容器的负极在圆柱封装的表面上标有"一"号,如图 2-3(b)所示。在具有直流分量的情况下,如果极性接反,电容将处于非正常工作状态,可能会急剧发热以至引起爆炸。

(a) 无极性电容　　　　(b) 极性电解电容

图 2-3　电　容

三、电感器

实际使用的典型电感器为绕制在磁芯(有的为空心)上的线圈。目前实验室中常用电感器的磁化材料有矽钢片、铁氧体磁环和铁氧体磁罐,如图 2-4 所示。用于工频电路的电感采用矽钢片,用于开关电源滤波电路的电感采用铁氧体磁芯,固定电感一般用磁条或磁环,可调电感一般用磁罐。

通常,空心线圈可以看作是线性电感,带铁芯的线圈是非线性电感。电感在直流电路或工频电路中,一般只要考虑电感量和电阻两个参数,而在高频的情况下还要注意电容参数。

使用电感时主要考虑电感量、额定电流和品质因数 3 个性能指标。

① 电感量:电感量用 L 表示,常用单位有亨(H)、毫亨(mH)、微亨(μH)。

图 2 - 4　磁罐电感和环形电感

　　② 额定电流：电感长期工作允许通过的电流,单位为安培(A)。

　　③ 品质因数：品质因数 Q 反映电感器传输能量的能力,Q 值越大,传输能量的能力越大,损耗越小,常用电感 Q 值为 50～300。

四、半导体二极管、三极管

　　半导体二极管和三极管型号命名的方法如表 2-2 所列。

表 2 - 2　半导体器件型号命名法

第一部分		第二部分		第三部分		第四部分	第五部分
数字 表示电极数		字母表示 材料和极性		字母表示类别		数字 表示序号	字母 表示规格号
符　号	意　义	符　号	意　义	符　号	意　义	意　义	意　义
2	二极管	A B C D	N 型锗材料 P 型锗材料 N 型硅材料 P 型硅材料	P V W C Z L S N U K	普通管 微波管 稳压管 参量管 整流管 整流堆 隧道管 阻尼管 光电器件 开关管	表明极限参数、直流参数和交流参数等的差别	表明承受反向击穿电压的程度,如规格号为 A、B、C、D……,其中 A 承受的反向击穿电压最低,B 次之……

续表 2 - 2

第一部分		第二部分		第三部分		第四部分	第五部分
数字 表示电极数		字母表示 材料和极性		字母表示类别		数字 表示序号	字母 表示规格号
符　号	意　义	符　号	意　义	符　号	意　义	意　义	意　义
3	三极管	A B C D E	PNP 型锗材料 NPN 型锗材料 PNP 型硅材料 NPN 型硅材料 化合物材料	X G D A T Y B J CS BT FH PIN JG	低频小功率管 ($f_M < 3\ \mathrm{MHz}, P_C < 1\ \mathrm{W}$) 高频小功率管 ($f_M \geqslant 3\ \mathrm{MHz}, P_C < 1\ \mathrm{W}$) 低频大功率管 ($f_M < 3\ \mathrm{MHz}, P_C \geqslant 1\ \mathrm{W}$) 高频大功率管 ($f_M \geqslant 3\ \mathrm{MHz}, P_C \geqslant 1\ \mathrm{W}$) 半导体晶闸管 (可控硅) 体效应器件 雪崩管 阶跃恢复管 场效应器件 半导体特殊器件 复合管 PIN 管 激光器件		

1．二极管识别和使用

普通小功率二极管一般为玻璃封装或塑料封装,其外壳上均印有型号和标记,有二极管符号标记的,箭头所指方向为阴极,目前使用的二极管在封装的一端画有一个色环表示阴极。功率二极管通常采用金属壳封装,便于安装散热器。使用时主要注意正向最大平均电流和最大反向耐压,频率较高时还要注意反向恢复时间这个参数指标,采用合适的快恢复二极管。

发光二极管(LED)发光颜色有多种,如红、绿、黄等,形状有圆形和长方形等,发光二极管出厂时,引线长的表示阳极。彩色应用场合采用多色发光二极管,它是多引线封装,选择不同的两个引线通电发出不同颜色的光。一个 LED 管点亮电压大约在 1.6~1.9 V,并基本不随通过的电流(亮度)而改变,点亮电流一般限制(串限流电阻)在 1~15 mA 左右。

稳压二极管有玻璃封装、塑料封装和金属外壳封装,前两种外形与普通二极管相似,第三种外形与小功率三极管相似,但内部为双稳压二极管,其自身具有温度补偿作用。

2. 三极管识别

三极管主要有 NPN 型和 PNP 型两大类,可以根据命名法及管壳上的符号辨别其类型:如 3DG6 表示为 NPN 型高频小功率硅三极管,3AX31 表示为 PNP 型低频小功率锗三极管。可以根据封装上的色点的颜色来判断其电流放大系数 β 值的大致范围,以 3DG6 为例,若色点为黄色表示 β 值在 30～60,绿色表示 β 值在 50～110,蓝色表示 β 值在 90～160,白色表示 β 值在 140～200。但有的厂家并非按此规定,使用时应注意。

小功率三极管有金属外壳与塑料外壳封装两种,金属外壳封装的如果管壳上有定位销,那么将管底朝上,从定位销起按顺时针方向三根电极依次为 E、B、C;若管壳内没有定位销,三根电极在半圆内,则可将三根电极底半圆置于上方,按顺时针方向,依次判别为 E、B、C,如图 2-5(a)所示。对于塑料外壳封装,当平面一侧面向自己,三根电极置于下方时,从左到右三根电极依次为 E、B、C。

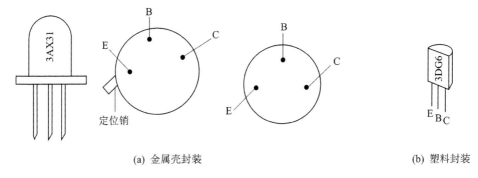

(a) 金属壳封装　　　　　　　　　　　　　　　　　(b) 塑料封装

图 2-5　小功率三极管引脚

对于金属外壳封装的大功率三极管,外形一般分为 F 型和 G 型两种,如图 2-6 所示。F 型管从外形上只能看到两个电极,将管底朝上两电极置于左侧,则上为 E,下为 B,底座为 C。G 型管底三根电极一般在管壳的顶部,将管底朝下,三根电极置于左方,从最下电极起顺时针方向依次为 E、B、C。常见的塑料外壳封装的大功率三极管和模块外形如图 2-7 所示,背面是金属板,用于安装散热器。TO-220 封装的

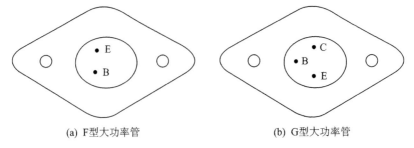

(a) F 型大功率管　　　　　　　　　　　　　　　(b) G 型大功率管

图 2-6　金属壳封装大功率三极管引脚

三极管一般中间的引脚为集电极 C 和金属板相连。模块体积较大,一般在各引脚端标有相应的字母符号。模块有单个管的,也有成组的,例如半桥模块、全桥模块,还有的模块集成有保护电路。

TO-220　　　　　　　　TO-3PL　　　　　　　　　　　　模块

图 2-7　塑料壳封装大功率三极管和模块外形

五、集成电路

1. 集成电路识别

集成电路的分类方式很多,按电路工作的信号形式可分为模拟集成电路和数字集成电路以及混合集成电路;按集成度又可分为小规模集成电路(SSI)、中规模集成电路(MSI)、大规模集成电路(LSI)以及超大规模集成电路(VLSI);按封装外形可分为圆形、扁平形、双列直插型、表面贴型等。这里只介绍封装形式的识别。从封装形式来看,圆形封装一般采用金属外壳封装,适用于大功率器件;扁平形封装相对稳定性好、体积小;双列直插型安装、引线方便。实验中常用的集成电路主要有集成运放、集成定时器、TTL 电路、CMOS 电路、A/D 转换器、D/A 转换器等,普遍采用双列直插(DIP)型封装形式。下面简单介绍集成电路引脚的识别。

圆形集成电路识别时面向引脚正视,从定位销顺时针方向依次为 1、2、3、4、…。

扁平形和双列直插型识别时将文字符号正放,如果文字符号不清楚,则可以在封装表面上找到一个小圆点标记或其中一端有一缺口作为标记,如图 2-8 所示。找到标记后,将缺口或圆点置于左方,由顶部俯视从左下角起,按逆时针方向数,依次为 1、2、3、4、…,直到左上最后一个引脚。例如,图 2-8 中的集成运放 LM324 是 DIP-14 封装,两种标记以及型号字符都有,根据以上的方法,确定下面一列的引脚号依次为 1、2、3、4、5、6、7,接着逆时针转,上面一列从右至左依次为 8、9、10、11、12、13、14。具体每个引脚信号的含义需要查看相关的手册资料。

2. 集成电路使用注意事项

使用集成电路时,必须注意以下几个方面:

① 确认型号,认清引脚号,根据实验电路图的连接关系,布局、安装集成电路。

② 不管是什么类型的集成电路,一般都需要连接到合适的工作电源后才能实现

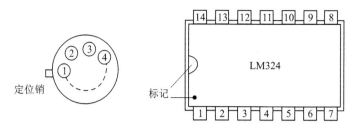

图 2-8　集成电路引脚分布

相应的功能。特别要注意的是,为了电路的简洁,经常在原理图上不标工作电源符号,而要使电路正常工作,电源是必不可少的。还有,电源的极性不能接反,否则很容易损坏器件。

③ 确认输入、输出关系,最好采用典型电路测试一下输入、输出的功能。

④ 注意集成器件的电气标准,在使用多种不同类型的集成电路时,必须检查器件间的电气参数是否能够兼容。

⑤ 核实器件的输出能力,特别是作为驱动输出的器件,要估算电路的输出能力是否能满足负载的需求。

2.2　实验常用仪器设备

一、直流稳压电源

目前,实验室中常用的直流稳压电源一般是具有稳压、稳流两种模式的线性直流稳压电源,输入单相工频电,输出直流电。通常使用稳压模式,稳流模式则用作过流保护。在输出电流小于稳流值时,电源稳压输出,电流大小取决于负载;而一旦输出电流达到稳流值后,电源脱离稳压模式,进入稳流模式,输出电压大小取决于负载。输出电压与限流电流一般均在给定的范围内连续可调,稳压与稳流工作模式的转换由内部控制电路根据电源的输出电流自动进行。表头可显示输出的电压、电流值。

下面以 HG64303 直流稳压电源为例,对主要的技术指标和基本使用方法作简单介绍。

1. 主要技术特性

输入电压:220×(1±10%) V,50 Hz±2 Hz 单相交流电压。

输出电压:两路直流 0~30 V,连续可调。一路固定直流 5 V/3 A。

输出限流值设置:双路 0~3 A,连续可调。

电压调整率:<0.01%。

输出纹波电压:<2 mV(峰-峰值)

2. 面板说明

HG64303 直流稳压电源面板如图 2-9 所示,可提供两路 0~30 V 可调电源和一路固定 5 V 电源。其中每路可调电源均有"电流调节"和"电压调节"两个旋钮。"电流调节"旋钮,用于调整输出电流的限制值;"电压调节"旋钮,用于调整输出电压值。每路有"+""-"两个输出端子,就是该路电源的正极和负极。还设有一个 GND端,GND 端与机壳相连,与电源直流输出电路绝缘,可通过导线连到大地上,起电磁屏蔽作用。面板中间有两个按钮开关用于选择两路可调电源的工作方式:当两个按钮都置于弹出位置时,两路电源"独立"工作;当左边按钮按下,右边按钮置于弹出位置时,两路电源工作于"串联"方式,此时输出电压只受右边的"电压调节"旋钮控制;当两个按钮都置于按下位置时,两路电源工作于"并联"方式,此时输出电压只受右边的"电压调节"旋钮控制。串联方式便构成双极性电源或 0~60 V 的电压,并联方式可以把两路输出电流相加一起向负载供电,从而提高单路电流输出能力。

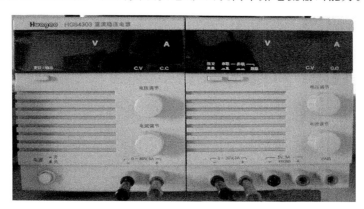

图 2-9　HG64303 直流稳压电源面板

3. 使用方法和注意事项

使用前先连接好 220 V 工频电,然后按下"电源"开关,面板上的指示灯亮起,默认电源处于复位状态,两路可调电源不输出,但固定 5 V 电源正常输出。接着按一下"复位/输出"按钮,两路可调电源开始输出。检查电源的状态是否正常,若正常则可以选择工作方式,操作"电压调节"旋钮和"电流调节"旋钮至需要的状态。若不正常,譬如过流指示"C.C"灯亮起,则检查是否"电流调节"旋钮设置值过小,若是,则可适当加大电流设置值,看"C.V"灯是否亮起,以及电压值显示是否正常。若仍有问题,则应及时关断电源,报告老师处理。

电源输出使用"+"和"-"端,"GND"为电源的外壳屏蔽连接端,实验室一般不需要把该端连接到大地上。选用串联工作方式时,两路可调电源的中间"+"端和"-"端在内部自动连接在一起,可以任选一个端引出作为双极性电源的参考点(参考地),实验时别忘了和电路的参考地相连。

使用过程中若发现过流指示"C. C"灯亮起,并且显示电流相对较大,则应及时断开电源进行检查,以避免过流时间过长而损坏电源,或者因电流过大而损坏外部电路元器件。

二、函数信号发生器

函数信号发生器作为激励信号发生装置普遍地成为实验室标配。各种型号的函数信号发生器的基本使用方法大致相同,下面以鼎阳(SIGLENT)的 SDG2082X 型函数信号发生器为例进行介绍。

1. 基本性能

SDG2082X 型函数发生器采用 DDS 技术,能产生正弦波、方波(矩形波波)、三角波、高斯白噪声、DC 以及一些复杂波形信号。输出信号的频率为 1 μHz～80 MHz(正弦波)、25 MHz(矩形波)、1 MHz(三角波),信号幅度(峰-峰值)在 0～20 V 连续可调。输出阻抗为 50 Ω,负载值为 50 Ω 或高阻可选,或者在 50 Ω～100 kΩ 间具体设置。直流输出在高阻负载下为 ±10 V,50 Ω 负载下为 ±5 V。该仪器还具有频率计功能,测量范围为 0.1 Hz～200 MHz。

2. 操作前面板

如图 2-10 所示为 SDG2082X 型函数信号发生器的前面板图,面板上各旋钮、按键的作用介绍如下。

① 电源开关(POWER):按下接通电源。

② USB Host 接口:支持 U 盘存储和固件升级。

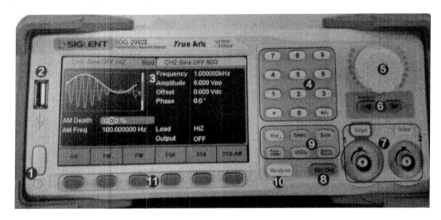

图 2-10 函数信号发生器前面板图

③ 触摸屏显示区:4.3 in(1 in＝2.54 cm)触摸屏,显示通道相关设置信息和波形图。

④ 数字键盘:用于编辑波形参数值的设置,直接键入数值并在菜单确认后可改

变参数值。

⑤ 多功能旋钮：用于改变波形参数中某一数位的值的大小，旋钮顺时针旋转一格，递增 1；旋钮逆时针旋转一格，递减 1。

⑥ 方向键：使用旋钮设置参数时，用于移动光标以选择需要编辑的位；使用数字键盘输入参数时，用于删除光标左边的数字；文件名编辑时，用于移动光标选择文件名输入区中指定的字符。

⑦ CH1/CH2 通道输出控制键：每个通道有独立的 Output 按键，将开启/关闭前面板的输出接口的信号输出，按下按键，灯亮表示打开输出，灯灭表示关闭输出。

⑧ CH1/CH2 通道切换键：用于切换 CH1 或 CH2 为当前选中通道。开机时，仪器默认选中 CH1，用户界面中 CH1 对应的区域高亮显示，且通道状态栏边框显示为绿色；此时按下此键可选中 CH2，用户界面中 CH2 对应的区域高亮显示，且通道状态栏边框显示为黄色。

⑨ 参数/调制/扫频/脉冲串/辅助功能键：Parameter 键用于设置基本波形参数；Utility 键用于对辅助系统功能进行设置，包括频率计、输出设置、接口设置、系统设置等；Store/Recall 键用于存储、调出波形数据和配置信息；Mod 键用于改变调制输出波形；Sweep 键用于正弦波、方波、三角波和任意波的扫频波形输出；Burst 键用于正弦波、方波、三角波和任意波的脉冲串输出。

⑩ 波形选择键（Waveforms）：用于选择基本波形。

3. 操作后面板

如图 2-11 所示为 SDG2082X 型函数信号发生器的后面板图，为用户提供了丰富的接口，包括频率计输入接口、10 MHz 时钟输入/输出端、多功能输入/输出端、USB Device 接口、LAN 接口、AC 电源插口和专用接地端子等。

4. 使用方法

① 接通工频电源（220 V），按下电源开关按钮，仪器初始化完成后即可使用。

② 按下波形选择按键（Waveforms）设置波形类型，如正弦波等。

③ 当需要脉冲或锯齿波时，可设置 DUTY 参数项，调节占空比。

④ 根据所需信号频率和幅度大小，通过选择单位类型，可设置信号频率值、幅值、峰-峰值、有效值。

⑤ 可以将外部负载值告知仪器，使仪器显示的信号参数（如幅值和偏移量）与期望值一致。

5. 使用注意事项

① 输出电缆有黑、红两根线，黑为地线，红为信号线，即使输出交流信号，红、黑也不能颠倒。

② 使用过程中应避免输出端发生短路或倒灌直流电，否则容易烧坏输出电路。

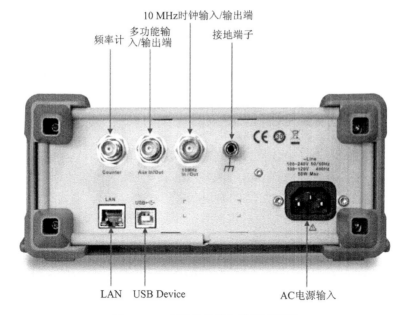

图 2 - 11　函数信号发生器后面板图

三、交流毫伏表

交流毫伏表主要用于交流信号电压的测量(电压测量值由波形类型决定),其主要特点是灵敏度高、输入阻抗高、频带宽。目前实验室中配备有双路智能数字显示的交流毫伏表,其面板如图 2 - 12 所示。它使用方法相对简单,如常用的电压表,用于测量电路中两点之间的电压的有效值。YB2173F 内置自动换挡装置,测量时不需要手动确定量程,仪器会根据被测信号电压的大小自动调整到合适的量程。YB2173F 有两个独立的输入通道,相当于有两块表,所以常常可以用于同时测量电路的输入信

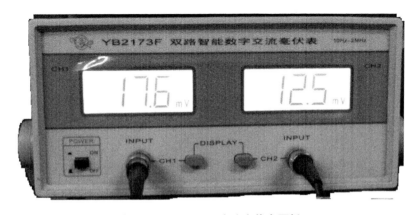

图 2 - 12　YB2173F 交流毫伏表面板

号和输出信号。

使用时,信号的输入采用如图 2-13 所示的 Q9 测试线。测试线有一个黑色端和一个红色端,其中黑色端是表的地线(参考端),通常连接到电路的参考点(参考地)上;红色端是信号输入端,连接到待测点上。

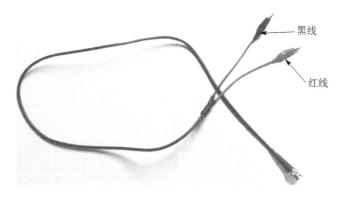

图 2-13　Q9 测试线

1. 技术指标

① 测量电压范围:300 μV～300 V,−70～+50 dB。最大输入电压为 500 V(DC+AC$_{p-p}$)。

② 测量误差:以 1 kHz 为基准,±1.5%读数±3 个字;50 Hz～80 kHz,±4%读数±8 个字;20～50 Hz 以及 80～500 kHz,±6%读数±10 个字;10～20 Hz 以及 500 kHz～2 MHz,±15%读数±15 个字。

③ 被测电压频率范围:10 Hz～2 MHz。

④ 分辨率:10 μV。

⑤ 输入阻抗:输入电阻 r_i>1 MΩ,输入电容<40 pF。

⑥ 电源 220×(1±10%) V,频率 50×(1±4%) Hz。

2. 使用方法和注意事项

① 工作环境温度 0～40 ℃,相对湿度 35%～90%。

② 接通电源后,最好预热 5 min 后开始测量,实验时提前打开电源,保持通电直至结束使用。

③ 测量时,将被测电压信号通过配置的 Q9 测试线加到输入端。一般情况下,黑夹子连接到电路的地上(参考地),红夹子连接到待测点上,不能反接,否则会引入干扰,影响测量的精度。

④ 被测信号电压不得超过输入允许的最大值。

四、常用数字万用表

数字万用表(数字多用表)由于测量功能较全、读数方便等优点,深受使用者喜爱,近些年无论是在教学、科研,还是在工程应用中都得到了广泛的应用。数字万用表的种类、形式较多,但使用方法大致相同。下面以实验室中常用的手持数字万用表和台式数字万用表为例进行介绍。

1. 手持式数字万用表

UT2003 型数字万用表是一种读数较精确、性能稳定、输入阻抗(内阻)高、功能齐全的手持式 4 位半数字多用表。通过切换"功能选择开关",可以用于测量交直流电压和电流、电阻、电容、频率、二极管正向压降、三极管 h_{FE} 参数及电路通断等。

(1) 基本性能指标

① 显示位数:5 位数字,最高位只能显示"0"或"1"或不显示数字,算半位,所以称四位半表。最大显示数为 19 999 或 −19 999。

② 调零和极性:具有自动调零和显示正、负极性的功能。

③ 超量程显示:超过量程在显示屏的左端显示"1"或"−1"。

④ 读数显示率:2~3 次/秒。

⑤ 电源:9 V 叠层电池供电。

⑥ 主要技术参数如表 2-3 所列。

表 2-3 UT2003 的主要技术参数

标记符号	测量范围		输入阻抗/MΩ	精度	备注
DCV	直流电压共五挡	200 mV、2 V、20 V、200 V	10	±(0.05%读数+3 个字)	
		1 000 V		±(0.1%读数+5 个字)	
ACV(显示为正弦波有效值)	交流电压共五挡	200 mV、2 V、20 V、200 V	≥2	±(0.8%读数+10 个字)	200 V 以下量程,频率响应为 40~400 Hz,750 V 时频率响应为 40~200 Hz
		750 V		±(1%读数+15 个字)	
DCA	直流电流共五挡	2 mA、20 mA、200 mA、2 A		±(0.8%读数+10 个字)	
		10 A		±(2%读数+10 个字)	
ACA(显示为正弦波有效值)	交流电流共五挡	2 mA、20 mA、200 mA		±(1%读数+10 个字)	频率响应为 40~400 Hz
		2 A、10 A		±(2%读数+10 个字)	
Ω	电阻共六挡	200 Ω、2 kΩ、20 kΩ、200 kΩ、2 MΩ		±(0.2%读数+1 个字)	
		20 MΩ		±(0.5%读数+5 个字)	
F	电容共四挡	20 nF、200 nF、2 μF、20 μF		±(2.5%读数+10 个字)	

续表 2-3

标记符号	测量范围	输入阻抗/MΩ	精 度	备 注
20 kHz	测频率		±(1.5%读数+10 个字)	
h_{FE}	NPN、PNP 晶体管			基流为 10 μA, V_{ce} 约为 3 V
⊸▷⊢	测量二极管的正向导通电压			
·)))	检查线路通断			

（2）使用方法和注意事项

使用数字万用表测量时,先根据被测对象的性质选择测试功能和恰当的量程,选择相应的测试插孔,然后进行测量。下面简单介绍 UT-2003 型数字万用表的使用要点和注意事项。图 2-14 为 UT-2003 型万用表的面板图。

① 测试笔插孔:黑色测试笔插到"COM"(地端)的插孔里。红色测试笔有以下两种插法:

第一,在测电阻、电压和频率时,将红色测试笔插在"VΩHz"的插孔里。

第二,在测量小于 200 mA 的电流时,将红色测试笔插在"mA"插孔里。当测量大于 200 mA 的电流时,将红色测试笔插在"10A"插孔里。

② 根据被测量的性质和大小,将面板上的转换开关旋到适当的挡位。

图 2-14 UT-2003 实物面板图

③ 打开电源开关,即可用测试笔直接测量。当测量电阻、电压或电容时,如果被测量大于所选量程,则电子蜂鸣器会发出响声。当测量 200 mA 以内的电流时,内装有 $\phi \times 20$ mm 保险管,过量会烧坏保险丝。如果保险丝熔断,应按原装规格更换后再继续使用。"10A"输入插口内无保险管保护。

④ 测量电容时,不用测试笔,直接把电容插在面板上测量电容的插孔里。

⑤ 使用完毕,应将电源开关关闭。该表有自动关机功能,开机后约 15 min 会自动切断电源。

⑥ 当显示屏显示"⊞ ⊟"符号时,表示电池电压低于 9 V,需更换电池后再使用。

⑦ 测三极管 h_{FE} 时,需注意三极管的类型(NPN 或 PNP)和表面插孔 E、B、C(e、b、c)所对应的引脚,直接将三极管插在对应的插孔里。

⑧ 检查二极管时,正常显示数字是二极管的正向导通电压。若显示的数为接近

于零或相当小的数则表示管子已损坏造成短路,若显示"1"则表示极性接反或管子内部已开路(损坏造成开路)。

⑨ 检查线路通断时,若电路通(电阻＜30 Ω)则电子蜂鸣器发出响声。

⑩ 该表可以直接测量小于 20 kHz 的频率,分辨率为 1 Hz,适合于测量音频信号的频率。

2. 台式数字万用表

SDM3055X-E 型数字万用表是一种读数较精确、性能稳定、输入阻抗(内阻)高、功能齐全的台式 5 位半数字多用表。其可测量交流电压、电流,直流电压、电流,二线或四线电阻、二极管、电路通断、电容、频率、温度,直流阻抗、短路电阻、导通电压等。台式数字万用表一般内部嵌有微处理器,功能相对要强大得多,测量精度一般比手持便携的数字表做得更高,但测量功能基本相同。基本操作根据面板信息指示进行即可,特殊功能应用参照相应的说明书。

(1)操作面板

SDM3055X-E 型数字万用表的前面板如图 2-15 所示,面板上的功能选择采用国际通用的图形和字母符号。使用时只需选择测量功能和合适的量程(量程可手动或自动设置),以及选择相应的表笔插孔,然后采用合适的测量方法即可。

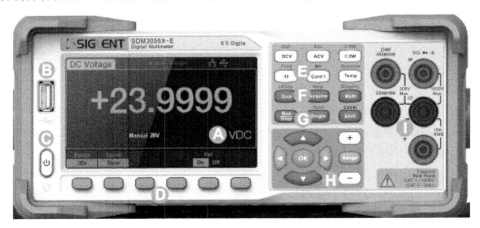

图 2-15　SDM3055X-E 型数字万用表的前面板图

A 为 LCD 显示屏;B 为 USB Host 接口;C 为电源键;D 为菜单操作键;E 为基本测量功能键;F 为辅助测量功能键;G 为使能触发键;H 为挡位选择及方向键;I 为信号输入端。

(2)主要技术参数

SDM3055X-E 型数字万用表的主要技术参数如下:

① 5½读数分辨率。

② 三种测量速度:5 reading/s、50 reading/s、150 reading/s。

③ 双显功能：可同时显示同一输入信号的两种特性。

④ 200 mV～1 000 V 直流电压量程，200 μA～10 A 直流电流量程。

⑤ True‐RMS，200 mV～750 V 交流电压量程，20 mA～10 A 交流电流量程。

⑥ 200 Ω～100 MΩ 电阻量程，2、4 线电阻测量。

⑦ 2 nF～10 000 μF 电容量程。

⑧ 20 Hz～1 MHz 频率测量范围。

⑨ 电路通断和二极管测试、管压降测试。

⑩ 温度测试，内置热电偶冷端补偿。

⑪ 具有丰富的数学运算：最大值、最小值、平均值、标准偏差、通过/失败、dBm、dB、相对测量、直方图、趋势图、条形图。

⑫ 标配 USB、LAN 接口，选配 USB‐GPIB 接口。

（3）使用方法和注意事项

① 正确选择被测对象所用的测试插孔。

② 测量功能选择分第一功能、第二功能。直接按键为第一功能；Shift＋直接按键为第二功能。

③ 测试不同被测对象时，切记在改换功能按键之前最好拔掉一个测试笔，不能直接操作按键来达到测试的目的，这样有可能会损坏数字万用表的某些功能。

五、示波器的原理与使用

电子示波器通常用来观察电压信号的波形，观测电压的幅值、周期、频率、相位等，也可测绘元件的伏安特性等。它是一种用途广泛的电子仪器，是电子测量不可缺少的常用仪器，要求能够熟练地使用它。电子示波器的种类很多，功能也不完全相同，但其基本工作原理和组成部件类似。目前使用的示波器有模拟示波器和数字示波器，两种示波器的基本工作原理是一致的，数字示波器由于采用了先进的微处理器及其应用技术，所以自动化程度很高，操作也相对简单。为了便于对示波器操作的理解，下面先介绍一下模拟示波器的工作原理。

1. 模拟显示波形原理

（1）示波管的示波原理

示波管是模拟示波器的重要组成部分，其结构如图 2‐16 所示。管内有一个电子枪、一对水平偏转板、一对垂直偏转板和一块荧光屏。电子枪用来发射电子束。电子束射向荧光屏，会使荧光屏上出现亮点。光点的大小决定于电子束的粗细，可以由示波器面板上的"聚焦（FOUCOS）"旋钮调节。光点的亮度决定于电子束和电子的数量，它可以由示波器面板上的"辉度（INTENSITY）"旋钮调节。射向荧光屏的电子束经过水平偏转板与垂直偏转板。水平偏转板是垂直放置的，在它上面加上电压可以控制荧光屏上的光点沿水平方向左右移动。垂直偏转板是水平放置的，在它上面加上电压可以控制荧光屏上的光点沿垂直方向向上或向下移动。

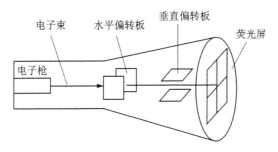

图 2 - 16　示波管示意图

（2）波形的显示

下面做一个小实验，桌子上放一张纸，将铅笔在纸上纵向两点之间上下移动，显然画出的是一条直线，如图 2 - 17 所示。如果在笔上下移动的同时将纸等速地向左移动，那么在纸上就画出铅笔随时间运动的曲线。纸向左移动的距离就表示了时间的长短。示波器能够显示波形就是根据这个道理。如果只在垂直偏转板上加上要测量的电压，它能使电子束上下移动，那么荧光屏上只能出现因光点上下移动扫出来的一条垂直线。这相当于前面的纸不动而铅笔上下移动的情况。如果再在水平偏转板上加上使电子束等速向右移动的电压，那么此时光点在上下移动的同时还等速向右移动。于是荧光屏上就显示出垂直偏转板上的电压随时间变化的波形，图 2 - 18 表示出了上述过程。总之，为了显示电压波形，垂直偏转板上要加被观测波形的电压，水平偏转板上要加随时间线性增长的电压，即锯齿波电压（扫描电压）。若在水平偏转板上加的电压不是锯齿波，那么由垂直偏转电压和水平偏转电压作用得到的电子束合成运动就是另一种规律，荧光屏上将显示它们的组合图形（例如李沙育图形）。

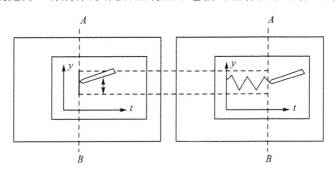

图 2 - 17　平面画线

2. 示波器的组成

模拟示波器的组成框图如图 2 - 19 所示，全部采用模拟电路处理方法和示波管来显示被测信号的波形，在操作上需要实现 X 与 Y 两路信号的同步，才能使显示的波形稳定，操作基本上依靠人工，所以相对难掌握一些。为了便于理解和掌握示波器的基本操作，对主要部件的作用进行简单介绍。

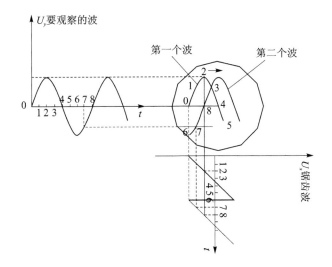

图 2-18　波形显示原理

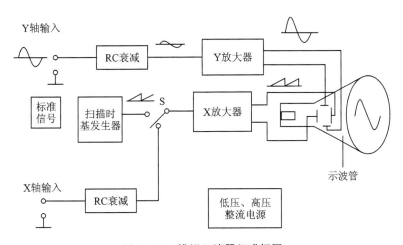

图 2-19　模拟示波器组成框图

（1）Y 放大器（或垂直放大器）及衰减器

电子束在荧光屏上有足够的偏转,必须在偏转板上加百伏左右的电压,而被观测电压往往较低,所以要用 Y 放大器将其加以放大。若是输入到 Y 放大器的电压太大,则会引起失真,所以在放大器之前接 RC 衰减器,该衰减器的衰减系数可由面板上的"垂直灵敏度"开关旋钮进行调节,改变显示波形的高矮。Y 放大器上还设置有Y"位移"和 Y"增益"调节,分别对应于面板上的垂直"位移"旋钮和垂直灵敏度"微调"旋钮,用于连续调节波形在荧光屏中的上下位置和高矮。

（2）X 放大器（或水平放大器）及衰减器

它的作用与 Y 放大器及衰减器类似,是用来控制加到水平偏转板上的电压大小的。它也设有 X 位移和 X 增益调节,分别控制屏幕上波形在水平方向上的位移和波形的疏密。X放大器输入电压可以是内部产生的锯齿波或外部的X输入信号,选择用开关S(见图2-19)控制(对应于面板上的"扫描"和"X-Y"选择开关)。X放大器的增益由面板上的水平"扫描时间"及其"微调"调节。

（3）扫描（或时基）电压发生器

扫描电压发生器产生与时间成正比的锯齿形电压信号,在用示波器观察波形时用作时间轴信号。扫描电压的产生(激发)有两种方式:一种叫连续扫描(自激);另一种叫触发扫描。

1）连续扫描

在这种方式下,扫描发生器自动(AUTO)地产生周期性锯齿波电压。电压的周期基本上决定于发生器电路的参数。改变参数便能改变锯齿波的周期和频率。发生器中设有"频率粗调"和"频率微调"两种控制,前者逐级改变扫描频率,后者局部范围内连续改变扫描频率。在观察波形时,希望显示在屏幕上的波形固定不动。要求扫描电压的周期必须是被测电压周期的整数倍;否则,屏幕上的波形就会往左或右移动。调整示波器面板上的"扫描时间"和"扫描时间微调"旋钮就能改变 $T_扫$,使 $T_扫$ 与 $T_测$ 有整数倍关系。事实上,这种关系是不可能严格保持的。因此,理想的状态是用被测电压去对扫描电压发生器进行控制,屏幕上显示的波形才能完全稳定不动,这叫"同步"。用来控制扫描电压发生器的那个信号叫触发信号,在"AUTO"方式下,这个触发信号有两种产生途径:一是由触发比较器确定触发源信号(同步电压)和"触发电平(LEVEL)"的交点,这个点是最理想的触发点(同步点),作用优先;二是在比较器找不到触发点时,内部自动发出触发信号,保证扫描的连续。

2）触发扫描

在这种方式下,必须在触发比较器发出触发信号时扫描发生器才产生一个锯齿波电压,做一次扫描;否则不产生锯齿波电压,扫描作用停止。触发源信号可以是内部的(被测电压信号、工频电源等),叫"内触发",也可以从外部(EXT)专用输入,叫"外触发"。锯齿波的"宽度(时间)",由发生器的参数决定,可根据需要调节"扫描时间"和"微调"来改变它。用这种方式来观察脉冲波形时效果较好。观察周期波形时,由于每次扫描起点都受触发信号的控制,所以显示的波形稳定。

数字示波器的组成框图如图2-20所示。数字示波器由于采用了先进的微处理器控制的数据采集技术和液晶屏显示技术,所以智能化程度很高,操作也相对简单、容易,一般数字示波器还扩展了大量的实用功能和信号处理功能。

3. SS-7802型示波器简介

SS-7802型示波器是一款二通道的模拟示波器,输入频率响应为20 MHz,输入幅度最大值为±400 V(带衰减器),输入电阻大于 $1\times(1\pm1.5\%)$ MΩ,输入电容20 pF,该示波器的状态参数都可在屏幕上显示出来。下面介绍控制面板上的按键和旋钮的功能和用法。SS-7802型示波器的实物如图2-21所示,面板图如图2-22所示。

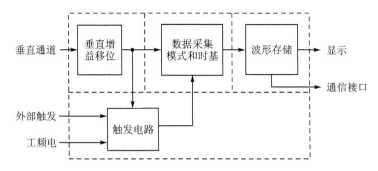

图 2 - 20　数字示波器组成框图

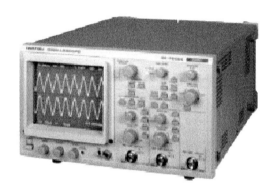

图 2 - 21　SS - 7802 型示波器

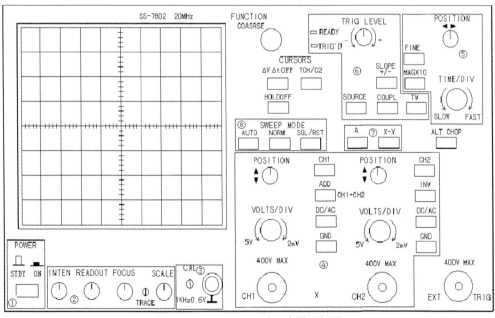

图 2 - 22　SS - 7802 型示波器面板图

主要按键、旋钮的功能如表 2 - 4 所列。

表 2 - 4   SS - 7802 型示波器面板按键、旋钮的功能

按键/旋钮部位序号	英文名	中文名	功能
①	POWER	电源开关	按下后接通 220 V 市电
②	INTEN	亮度	顺时针旋转,扫描线亮度增加
	READOUT	文字显示	调整屏幕上显示的文字亮度
	FOUCOS	聚焦	调整屏幕上扫描线及文字的亮度
	SCALE	刻度	调整屏幕上刻度线的亮度
	TRACE ROTATETION	扫迹旋转	当扫描线不水平时,可用它调整
③	CAL	校准信号	输出 1 kHz、0.6 V 方波校准信号
	GND	地线接口	屏蔽地
④ 垂直部分	CH1/CH2	输入接口	Y1/Y2 输入接口,接输入信号
	POSITION	位置旋钮	垂直位置调节
	CH1、CH2	通道 1、2 选择按键	通道工作选择开关。选中时,屏幕最下一行中显示该通道数"1:"或"2:"
	VOLTS/DIV (VARLABLE)	Y 轴灵敏度调节及微调旋钮	调节 Y 轴灵敏度,调节时屏幕左下通道数电压/分度因子值相应改变。按下再旋转,可做灵敏度微调,此时不能进行 Y 轴信号幅度测量
	DC/AC	直流/交流选择按键	DC 时信号直接接入,屏幕上电压/分度因子值后电压单位为 V;AC 时信号经隔直电容输入,分度因子的电压单位为 V
	GND	接地选择按键	输入端接地选择开关。选中时,Y 轴放大器的输入和内部电路地相连,屏幕最下一行显示接地符号,无法输入
	ADD	相加选择按键	两通道信号叠加选择开关。选中时,屏幕显示"Y1+Y2"波形,同时屏幕下方通道 2 数前出"+"号即显示"+2:"
	INV	反向选择按键	反向选择开关。选中时,Y2 波形反向。若此时 ADD 也按下,则屏幕显示"Y1−Y2"波形,同时屏幕下方显示"+↓2:"

按键/旋钮部位序号	英文名	中文名	功　能
⑤ 水平部分	POSITION	位置	水平位置调节
	FINE	位置微调	按下按键,FINE 指示灯亮时转动 POSITION,可做水平位置微调,再按一次,FINE 灯灭
	TIME/DIV	时间分度调节	旋转时,调节选择扫描速度,按下后再旋转可做微调,扫描时间因子值显示在屏幕左上角,单位是 s、ms 或 μs,微调时数值前为">"号,不微调时为"＝"号
	MAG×10	扫速放大	按下此按钮后,扫描速度放大 10 倍,屏幕中心波形向左右展开,屏幕右下角显示 MAG
⑥ 触发部分	TRIG LEVEL	触发电平	调节触发电平可使图像稳定
	SOURCE	触发源选择	选择触发信号来源(CH1、CH2、LINE 或 EXIT),每按一下改变一次,LINE 是以工频电源作触发源,EXIT 为外触发,触发源符号显示在左上扫描时间后
	COUPL	耦合方式	选择触发耦合方式(AC、DC、HF－R、LF－R)
	TV	视频触发模式选择	视频触发模式有 BOTH、ODD、EVEN 或 TV－H
	READY	单次触发状态指示	指示灯亮时,处于单次触发准备状态,触发后灯变暗
	TRIG'D	触发指示	触发脉冲来时灯亮,此时所示的波形才稳定
⑦ 水平显示	A	扫描显示	按下此按键后,显示 Y1、Y2 或 Y1、Y2 波形
	X－Y	X－Y 显示	按下此按键后,CH1 信号加到 X 轴,CH1、CH2 或 ADD 信号加到 Y 轴,用于观察李沙育图或滞回曲线等
⑧ 扫描模式	AUTO、NORM	自动/正常	按下任一按钮均为连续扫描状态,相应指示灯亮。AUTO 使用于 50 Hz 以上信号,NORM 适合于低频信号
	SGL/RST	单次	每按一下只扫描一次,READY 灯闪一下

另外,还有一个功能较复杂的按键,"FUNCTION"是功能选择键,用于光标测量调节,与"ΔV－Δt－OFF"和"TCK/C2"结合用于测量调节电压差和时间差,使用说明如下:

① 按动"ΔV－Δt－OFF"按键可以选择 ΔV(电压差测量)、Δt(时间间隔测量)或者 OFF(关闭测量)。当选择 Δt 时,屏幕显示两条竖直的水平测量光标 H1、H2;选择 ΔV 时,屏幕显示两条竖直的水平测量光标 V1、V2。

② 按动"FUNCTION"键,可调整光标位置,每按一次,测量光标就按原转动方

向移动一步；持续按下"FUNCTION"键，光标快速移动。

③ ΔV 测量：按"$\Delta V - \Delta t - OFF$"，选择 ΔV 测量方式，此时屏幕下方倒数第二行显示"$\Delta V1 = \times\times\times V, \Delta V2 = \times\times\times V$"。按"TCK/C2"选择 V - TRACK（光标跟踪方式），屏幕右上角显示"f：V - TRACK"，此时转动"FUNCTION"，两垂直光标 V1、V2 同时移动，将 V1 移至一测量点；再按"TCK/C2"，选择 V - C2（只移动光标 V2），屏幕右上角显示"f：V - C2"，转动"FUNTION"，移动 V2 至另一测量点，这样被测波形两测量点之间的电压差即显示在屏幕下方。$\Delta V1$ 为 CH1 信号的测量值，$\Delta V2$ 为 CH2 信号的测量值。

④ Δt 测量：按"$\Delta V - \Delta t - OFF$"，选择 Δt 测量方式，此时屏幕下方倒数第三行显示"$\Delta t = \times\times\times ms(\mu s), 1/\Delta t = \times\times\times kHz$"。按"TCK/C2"，选择 H - TRACK（光标跟踪方式），屏幕右上角显示"f：H - TRACK"，此时转动"FUNCTION"，两垂直光标 H1、H2 同时移动；再按"TCK/C2"，选择 H - C2，屏幕右上角显示"f：H - C2"，转动"FUNTION"，只移动 H2，将 H1、H2 分别移至两测量点，两点时间差即测量出来。测量结果显示在屏幕下方倒数第三行的 Δt（s、ms 或 μs），$1/\Delta t$ 为其倒数（Hz）。若 Δt 为信号的周期，则 $1/\Delta t$ 是信号的频率。

⑤ 频率测量：屏幕右下方显示的"$f = \times\times\times Hz$"是内置的数字频率计的读数，是示波器处于触发同步状态时的触发源信号的频率，当选择被测信号（CH1 或 CH2）为触发源信号时，该频率是被测信号的频率。

4. TDS2012C 数字示波器介绍

数字示波器的组成框图如图 2 - 20 所示。示波器中被测信号的输入端口称为输入通道，其波形显示是通过处理器控制采集电路，先把从输入通道的电压信号转换为一组相应的数据序列，存储在存储器中，因此有时又称为存储示波器；然后由处理器控制液晶显示驱动电路把数据序列按设定的时间间隔在屏幕上显示出来。数据采集的起始点由"触发"电路决定，它决定了显示波形的初相位（起始点）。

使用示波器的目的是要把被测信号的波形大小、疏密合适并稳定地显示在屏幕上适中的位置，便于从中读出信号的幅值、周期（频率）、相位等。波形显示的位置可以通过调节垂直"位置"旋钮和水平"位置"旋钮来控制；波形的高矮可以通过调节垂直"灵敏度"旋钮来控制，每个垂直通道有各自独立的"灵敏度"旋钮；波形的疏密可以通过调节水平"扫描时间"旋钮来控制；波形的稳定可以通过"触发"来实现，通过选择合适的"触发源""触发电平""触发模式"来保证触发的同步，也就是每次显示波形的初相位相同，每次扫描显示的波形在屏幕上是重叠的，人眼看上去是稳定的，否则波形在屏幕上是移动的。所以示波器的使用主要是熟练掌握以上这几个旋钮或按键的操作。

（1）TDS2012C 面板按键、旋钮的功能

TDS2012C 面板如图 2 - 23 所示，把"Vertical"（垂直）、"Horizontal"（水平）、"Trigger"（触发）和功能菜单按钮放大后如图 2 - 24 所示。

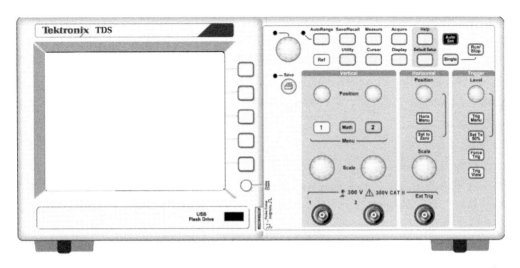

图 2 - 23　TDS2012C 面板图

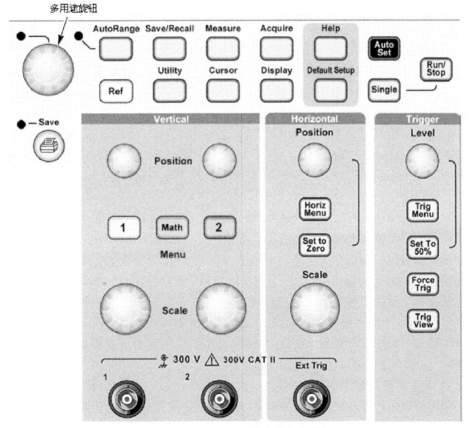

图 2 - 24　TDS2012C 操作旋钮和按钮

（2）操作简介

1）输入连接器

面板上有 3 个 BNC 连接器，"1"和"2"分别是"垂直"输入通道 1 和通道 2 的连接器，用于被显示波形信号的输入连接，信号通过测试探头与之相连。"Ext Trig"是外部触发信源的输入连接器，当在"触发菜单"中选择使用"Ext"或"Ext/5"时，触发源信号由此输入。

2）垂直控制

垂直方向有两个通道，"1"和"2"按钮用于显示"垂直"菜单选择项并打开或关闭相应通道的波形显示。每个通道的"Position"旋钮用于调节各自信号波形在垂直方向的位置。每个通道的"Scale"旋钮用于调节"垂直灵敏度"，也就是选择波形在垂直方向占一大格刻度代表的电压值，用于调节波形的高矮，可调挡位有：2 mv/div、5 mV/div、10 mV/div、20 mV/div、50 mV/div、100 mV/div、200 mV/div、500 mV/div、1 V/div、2 V/div 和 5 V/div 等系数值。"Math"按钮用于显示通道 1 和通道 2 的数学运算菜单，并打开或关闭对两通道信号作相应运算得到的结果的波形，因此该两通道示波器在屏幕上最多可显示 3 个波形。

3）水平控制

水平方向的"Position"旋钮用于调整波形的水平位置。"Horiz Menu"按钮用于显示水平菜单，在屏幕上出现水平控制选择项。"Set to Zero"按钮将水平位置设置为零。水平方向"Scale"旋钮用于调节"扫描时间"标度，也就是选择波形在水平方向占一大格刻度代表的扫描时间值，可用来调整波形的疏密程度，可调挡位有：200 ns/div、500 ns/div、1 μs/div、2 μs/div、5 μs/div、10 μs/div、20 μs/div、50 μs/div、100 μs/div、200 μs/div、500 μs/div、1 ms/div、2 ms/div、5 ms/div、10 ms/div、20 ms/div、50 ms/div、100 ms/div、200 ms/div 和 500 ms/div 等系数值。

4）触发控制

"Level"旋钮用于调节"边沿触发"或"脉冲触发"时的触发电平，触发电平值在屏幕相应的位置上显示并有箭头线在垂直方向指定当前触发电平的位置。当该旋钮设置的电平值与触发源信号大小相同时可产生触发信号，启动数据采集，选定显示波形的初始相位。"Trig Menu"按钮用于调出触发菜单作选择用。"Set To 50%"按钮用于把触发电平设置为触发信号峰值的垂直中点。"Force Trig"按钮用于选择"强制触发"，不管触发源信号与触发电平是否有交点，都发出触发信号完成数据采集。"Trig View"按钮用于显示触发信号波形，可用此按钮查看触发设置对触发信号的影响。

5）菜单和控制按钮

多用途旋钮：调节它可改变显示的菜单或选定的菜单中的选项。激活时，相邻的 LED 变亮。表 2-5 列出了所有基本功能。

表 2 - 5　多用途旋钮的使用

活动菜单或选项	旋钮功能	说　明
光标	光标 1 或光标 2	移动选定光标的位置
帮助	滚动	选择索引项,选择主题链接,显示主题的下一页或上一页
水平	释抑(Hold off)	设置接收下一个触发事件前所需的时间,在释抑期间不接收触发
Math(数学运算)	位置	定位数学波形
	垂直刻度	改变数学波形的刻度
Measure(测量)	类型	选择每个信源的自动测量类型
Save/Recall (保存/调出)	动作	将事务设置为保存或调出设置文件、波形文件和屏幕图像
	文件选择	选择要保存的设置文件、波形文件或图像文件
触发	信源	当"触发类型"选项设置为"边沿"时,选择信源
	视频线数	当视频、同步选项设置为"线数"时,将示波器设置为某一指定线数
	脉冲宽度	当"触发类型"选项设为"脉冲"时,设置脉冲宽度
Utility(辅助功能) 文件功能	文件选择	选择要重命名或要删除的文件
	名称项	重命名文件或文件夹
垂直探头电压衰减	值项	对于某个通道菜单设置示波器中的衰减系数

Auto Range(自动量程):显示"自动量程"菜单,激活或禁用自动量程功能。自动量程激活时其 LED 变亮。

Save/Recall(保存/调出):显示设置和波形的保存/调出菜单。

Measure(测量):显示"自动测量"菜单。

Acquire(采集):显示采集菜单。

Ref(参考):显示 Reference Menu(参考波形)以快速显示或隐藏存储在示波器非易失性存储器中的参考波形。

Utility(辅助功能):显示辅助功能菜单。

Cursor(光标):显示光标菜单。离开光标菜单后,光标保持可见(除非"类型"选项设置为"关闭"),但不可调整。

Display(显示):调出显示菜单。

Help(帮助):显示帮助菜单。

Default Setup(默认设置):调出厂家设置。

AutoSet(自动设置):自动设置示波器控制状态,以产生适用于输出信号的显示图形。

Single(单次):采集单个波形,然后停止。

Run/Stop(运行/停止)：控制连续采集波形或停止采集。

Save(保存)：LED 指示何时将打印按钮配置为将数据储存到 USB 闪存驱动器。

（3）屏幕显示

显示屏中除显示信号波形外，还含有很多关于波形和示波器控制设置的详细信息，屏幕显示内容的布局如图 2 - 25 所示。

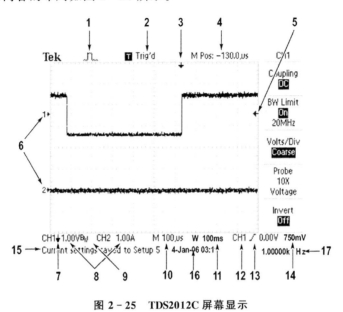

图 2 - 25   TDS2012C 屏幕显示

图 2 - 25 中数字编号说明如下。

1：获取方式。

➤ "⌐⌐⌐"采样方式；

➤ "⌐⌐⌐"峰值检测方式；

➤ "⌐⌐"平均值方式。

2：触发状态显示。

➤ "□ Armed."示波器正在采集预触发数据；

➤ "Ⓡ Ready."示波器已采集所有预触发数据并准备接收新触发；

➤ "Ⓣ Trig'd."示波器已发现一个触发，并正在采集触发后的数据；

➤ "● Stop."示波器已停止采集波形数据；

➤ "● Acq. Complete"示波器已经完成"单次序列"采集；

➤ "Ⓡ Auto."示波器处于自动方式并在无触发状态下采集波形；

➤ "□ Scan."在扫描模式下示波器连续采集并显示波形。

3：标记显示水平触发位置，旋转水平"位置"旋钮可以调整标记位置。

4：显示中心刻度处时间的读数。触发处时间为零。

5：显示边沿或脉冲宽度触发电平的标记。

6：屏幕上的标记指明所显示波形的地线基准点。如没有标记，则不会显示通道。

7：箭头图标表示波形被设置成反相显示。

8：读数显示通道的垂直灵敏度值。

9：B_W图标表示通道带宽受限制。

10：读数显示通道的水平灵敏度值。

11：如使用视窗时基，则读数显示视窗时基设置。

12：读数显示触发使用的触发源。

13：采用图标显示下面选定的触发类型：

➤ "⌐"上升沿的边沿触发；

➤ "⌐"下降沿的边沿触发；

➤ "⌐"行同步的视频触发；

➤ "⌐"场同步的视频触发；

➤ "⌐"脉冲宽度触发，正极性；

➤ "⌐"脉冲宽度触发，负极性。

14：读数显示边沿或脉冲宽度触发电平。

15：显示区显示有用信息，有些信息仅显示 3 s。如果调出某个储存的波形，读数就显示基准波形的信息，如"RefA 1.00V、500μs"。

16：读数显示日期和时间。

17：读数显示触发频率。

（4）屏幕菜单

示波器的用户界面设计用于通过菜单结构方便地访问特殊功能。按下前面板按钮，示波器将在屏幕的右侧显示相应的菜单。该菜单显示直接按下屏幕右侧未标记选项的按钮时可用的选项。示波器使用下列 4 种方法显示菜单选项：

① 页面（或子菜单）选择：对于某些菜单，可使用顶端的选项按钮来选择 2 个或 3 个子菜单。每次按下顶端按钮时，选项都会随之改变。例如，按下"触发"菜单中的顶部按钮时，示波器会循环显示"边沿""视频""脉冲宽度"触发子菜单。

② 循环列表：每次按下选项按钮时，示波器都会将参数设为不同的值。例如，按下 1（通道 1 菜单）按钮，然后按下顶端的选项按钮，即可在"垂直（通道）耦合"各选项间切换。在某些列表中，可以使用多用途旋钮来选择选项。使用多用途旋钮时，提示行会出现提示信息，并且当旋钮处于活动状态时，多用途旋钮附近的 LED 变亮。

③ 动作：示波器显示按下"动作选项"按钮时立即发生的动作类型。例如，如果在出现"帮助索引"时按下"下一页"选项按钮，则示波器将立即显示下一页索引项。

④ 单选按钮：示波器的每一选项都使用不同的按钮，当前选择的选项高亮显示。例如，按下"Acquire"（采集）菜单按钮时，示波器会显示不同的采集方式选项。要选择某个选项，可按下相应的按钮。

（5）DPO2014 示波器

DPO2000 系列示波器,是新推出的一种数字示波器,它采用了新的荧光和宽屏显示技术,使视觉效果比 TDS 系列更佳,使用功能更丰富。

DPO2014 示波器的局部面板图如图 2 - 26 所示,它是一款四通道的示波器,虽然面板布局和功能与 TDS2012 有明显的不同,但它们的基本功能和操作方法基本相似,所以不再赘述。

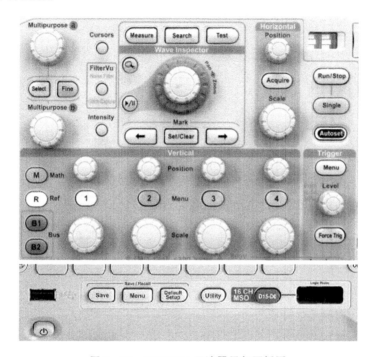

图 2 - 26　DPO2014 示波器局部面板图

（6）使用示波器的测量方法

把信号波形在示波器显示屏中稳定显示出来后,可以对信号电压的幅值、周期（时间）、频率、相位等参数进行测量。对于数字示波器有 3 种测量方法,即刻度直读法、光标法或自动测量法。

刻度直读法:使用屏幕上的刻度和灵敏度系数或扫描时间系数算出电压的幅值或时间,此方法能快速、直观地对所测的量作出估计。如图 2 - 27 所示的电压波形,其峰-峰值对应的刻度为 3.8 格(div),垂直灵敏度为 100 mV/格,则可计算出峰-峰值电压为

$$3.8\ \text{格} \times 100\ \text{mV/格} = 380\ \text{mV}$$

波形的一个周期占 5.0 格,此时扫描时间设为 200 μs/格,所以其周期为

$$5.0\ \text{格} \times 200\ \mu s/\text{格} = 1.0\ \text{ms}$$

该信号的频率为 1 kHz。

　　光标法：光标是在屏幕上显示的一对虚线，见图 2-27 中的两条虚线。光标的位置可以通过"光标"的选择和"多功能"旋钮来移动。光标有两类：垂直方向的"幅度"光标和水平方向的"时间"光标。"幅度"光标用于测量垂直参数，例如，下光标线与波形底部相切，上光标线与波形顶部相切，则光标的读数为波形的峰-峰值。"时间"光标在显示屏上以垂直线出现，可测量水平参数，如时间（频率）和相位。

　　自动测量法：测量菜单最多可采用 5 种自动测量方法。如果采用自动测量，则示波器会自动完成所有测量参数的计算。因为这种测量使用波形的记录点，所以通常会比刻度或光标测量更精确。自动测量使用读数来显示测量结果。示波器采集新数据的同时对这些读数进行周期性更新。

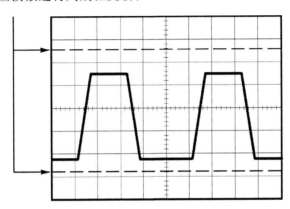

图 2-27　波形测量示例

（7）示波器的使用

示波器可以用于电压、时间、频率、相位差等的测量。

1）交流电压的测量

相关按钮、旋钮的位置和观测方法：

①　灵敏度选择开关置"校准"位置，关掉微调。

②　若信号具有较大的直流偏置，则可将耦合方式置为"AC"；否则耦合方式可置为"DC"。

③　将波形调到屏幕中心位置，调节灵敏度开关使被测波形处在屏幕的有效工作面积内。

④　当使用带衰减器的探头测量时，应把探头的衰减量（1/10）计算在内（用×1 挡时不衰减）。

　　例： V/div 旋钮位于 200 mV，被测波形占 Y 轴坐标幅度 $H = 5$ div，则此信号电压的峰-峰值为

$$V_{P\text{-}P} = V/\text{div} \times H(\text{div}) = 200 \text{ mV/div} \times 5 \text{ div} = 1 \text{ V}$$

若用探头×10 挡（衰减 10），则 $V_{P\text{-}P} = V/\text{div} \times H \times 10 = 10 \text{ V}$

2）直流电压的测量

观测操作如下：

① 触发方式选择"自动"。用"自动"时，即使没有输入信号，屏幕上也会自动显示水平的扫描线。

② 用"GND"选择输入接地，确定零电平线的位置。

③ 输入耦合选"DC"，输入被测电压，这时扫描线在垂直方向上发生位移。调节灵敏度（微调关闭），使位移足够大。若扫描线对零电平线的位移为 H，则被测电压为

$$V = V/div \times H$$

或（探头衰减 10）

$$V = V/div \times H \times 10$$

例：当 V/div 位于"5V"时，Y 轴输入位于"⊥"时，观察扫描线的位置并移至屏幕的中间。然后将输入信号耦合开关置"DC"。测电压时，扫描线由屏幕中间（零电平）上移 2 div，则被测电压为

$$V = 5 \ V/div \times 2 \ div = 10 \ V$$

扫描线向上移，电压为正；向下移电压为负。

3）时间测量

示波器的扫描时间开关关闭微调时，如图 2-28 所示屏幕上的波形时间可用下式计算，即

$$T = t/div \times D$$

式中：D 为相应被测两点在屏幕上的距离，单位 div；T 为相应的时间间隔。图 2-28 中波形两最高点的时间间隔为

$$T = t/div \times D = 2 \ ms/div \times 6 \ div = 12 \ ms$$

如果使用"扩展×10"功能，相当于扫描速度增加 10 倍，则

$$T = t/div \times D \div 10$$

4）周期和频率的测量

测量信号周期的方法与测量时间间隔的方法类似。只要把所测间隔改变成一个周期即可，如图 2-29 所示的波形周期为

$$T = t/div \times D = 1 \ \mu s/div \times 8 \ div = 8 \ \mu s$$

频率 f 是周期的倒数，即

$$f = 1/T = 1/8 \ \mu s = 125 \ kHz$$

5）相位差的测量

观测两个同频率的正弦波的相位差时，调节扫描时间旋钮，充分利用屏幕的有效面积使读数准确。如图 2-30 所示的两个信号波形，当一个周期占 8 格时，每个格相当于 45°，所以相位差为

$$\theta = t \times 45°/div$$

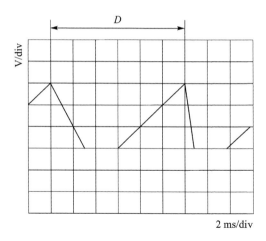

图 2 - 28　时间测量

如果调节微调旋钮,使波形的一个周期加宽为 10 格,则一个格的差距就相当于 36°了。当两个信号之间的相位差较小,零点之间的水平距离很小不易测量时,可以使用"MAG×10"按钮,使波形宽度在水平方向扩宽 10 倍。

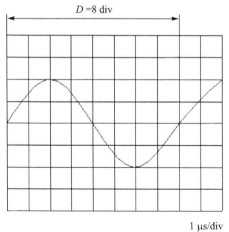

图 2 - 29　周期测量

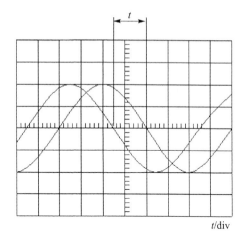

图 2 - 30　相位差测量

相位差也可用李沙育图形测量,图 2 - 31 说明了李沙育图形的形成过程。电压 u_1 加在示波器的 Y 轴输入;u_2 加在示波器的 X 轴输入,它们是同频率的,但有一定的相位差。在测量中,调节示波器的"水平位移"和"垂直位移"旋钮使李沙育图形的中心位于屏幕的中心,则从图中可以看出:

$$u_1 = U_{m1}\sin(\omega t + \phi)$$
$$u_2 = U_{m2}\sin \omega t$$

当 $t=0$ 时,$u_1|_{t=0} = U_{m1}\sin \phi$,$u_2|_{t=0} = 0$,所以

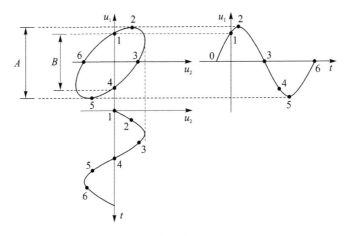

图 2 - 31　李沙育图形的形成

$$\sin \phi = \frac{u_1 \big|_{t=0}}{U_{m1}}$$

从图 2 - 31 可见，李沙育图形与椭圆垂直中轴的交点 1、4 之间的距离 B 等于 $2u_1 \big|_{t=0}$；而图形最高点 2 与最低点 5 之间的距离 A 则等于 $2U_{m1}$，因而

$$\sin \phi = \frac{B}{A}$$

从李沙育图形上测量出距离 B 和 A，代入上式即能确定相位差 ϕ。

用李沙育图形测量相位差的步骤如下：

① 将被测信号 u_1 和 u_2 分别加到示波器的 CH2 和 CH1 输入端，示波器"Display"模式置为"X - Y"方式，在示波器的屏幕上将显示稳定的图形（如椭圆或直线）。

② 调节示波器的垂直灵敏度旋钮，使屏幕所显示的图形大小适当。调节"位移"旋钮，使图形处在屏幕的中央。

③ 确定 u_1 和 u_2 的相位差：

若图形为直线，则相位差为 0° 或 180°；

若图形为正椭圆，则相位差为 90° 或 270°；

若图形为斜椭圆，则相位差为

$$\phi = \arcsin \frac{B}{A}$$

2.3　常用的实验技能和方法

一、实验电路的构造和检查

到实验室做实验，首先应根据电路原理图把各种元器件、设备用导线构成实验线路,然后才能进行调试和测量。目前在电工电子实验室中,强电实验一般采用实验台,弱电实验一般采用实验箱、实验板等形式。通常实验线路构成后都需要做必要的合理性检查。

1. 实验线路的连接

结合实验室提供的设备,在电路原理图的基础上,加入必要的设备和测试工具等,并在图中标出设备、元器件(包括测试工具)、导线的连接关系,形成实验电路图。如图 2-32 所示是一个单相电路的实验电路图,图中标有数字的点是连接点,或叫端子,每两个连接点之间可能是一个元件或导线(1、3 之间是导线,5、6 之间是电阻 R),也可能是一部分单元电路(14、15 之间是一组开关和电容)。实验时,应根据实验电路图,安排、布置好设备、元器件,然后选用合适的导线来连接电路。

连接电路一般可以采用回路法,先从电源一端(正极、火线等)出发,经过串联相应的元件回到电源的另一端(负极、中线等),连成一个基本回路;然后依次逐个连接余下的回路,直至所有回路连接完整。例如,对于图 2-32,可先连接 1—3—4—2—1 构成基本回路;然后再连接 5—6—7—8—9—11—12—10—4—5;最后连接 9—13—14—15—10—9。

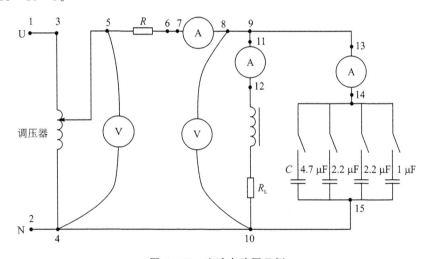

图 2-32　实验电路图示例

电路连好后,应根据电路图检查元件之间的连接关系,要求实际线路必须和实验电路一致;同时,确认每个调整点和测试点,为下面的实验操作做好准备。

实验电路图中的测量仪表只是用于表明该表的测量位置,而不是真的把表接在其中。在图 2-32 中,电压表 V 用于测量点 5 与点 4 之间的电压和点 8 与点 10 之间的电压;电流表 A 用于测量电阻 R 支路的电流,还用于测量电感支路的电流和电容支路的电流。实验时一般采用稳态电路,各个参量的值可以分别测量,因此只提供一块电压表和一块电流表。测电压时只要把正确的极性并联到相应的测量点上即可。

电流测量需要把电流表串接到支路中,而移去电流表后电路仍能保持连通,为此在实验室专门准备了的电流插座,所以连线时不是把电流表直接接入电路中,而是在需要测量电流的位置用电流插座代替。

在通电以前,通常先检查一下,连接是否可靠,电源对不对,可调部件是否正常,操作是否安全等,安排好操作的细节。

2. 电路的地与共地测量

电路的地通常是指参考地或信号地,也就是零电位的参考点,是电路信号回路的公共端,字母符号用 GND 表示,图形符号用"⊥"表示,不要和大地混淆。直流电路地一般取直流电源的负极或正极。交流电路的地一般取交流电源的参考端作为地,例如,工频电路取中线为地,交流信号源取参考端(黑色)为地。在对电路测量或测试时,把仪器、仪表的地端和电路的地连在一起称为共地,主要的目的是减少干扰对测量的影响。对于多通道的测试仪器,通常各通道的地在仪器内部是短接在一起的,在使用时这些通道的地端必须连在一起,并且要连到电路的地上,否则可能会造成部分电路的短路,有时还可能会造成危险,必须引起注意。例如,多通道示波器的所有通道的地内部一般是短接在一起的,双通道的交流毫伏表的地内部一般也是连接在一起的,使用时必须注意这一点。

此外,有的设备的地端和工频电源的中线输入端是短接的,这种情况必须根据说明书的要求合理使用。

3. 测量(或测试)点的设置

在构成电路时,为了使测量电压、电流、功率等方便,经常需要在电路节点上或某些支路中设置测量点,必要时加入辅助测量工具。在制作印刷电路板时,在测试点处设置一个测量端子,便于使用表笔测量。在图 2-32 中,各连接点处都是测量端子,画有电流表的位置实际上是串了一个用于测量电流的插座,其功能是:在不测量电流时,该插座是直通的,保持电路连通;而插入电流表时,就在相应的位置接入了电流表。

二、电压、电流、功率测量

1. 电压测量

一般情况下,测量电压可以直接用电压表并在待测量的两个点间进行测量。由于是并在电路中测量,所以对电压表的基本要求是输入阻抗(内阻)足够高,把表加到电路上测量时不会影响被测电路的工作。因此,在使用电压表测量电路中某两点间的电压时,必须保证所用的电压表的输入阻抗相对于被测电路的等效阻抗足够大,否则会引起明显的测量误差。读数时,要根据表的精度选取有效数字。

在高压或者不便于直接测量的场合,可以通过电压互感器或专用的耦合设备作辅助测量。

2．电流测量

测量电流通常用电流表直接进行测量。测量时，把电流表串接到被测支路中，要求电流表的内阻越小越好，以减小电流表对被测电路的影响。

在电子电路中，电流经常采用间接测量，即用电压表测已知电阻两端的电压，然后确定电流值。在有些电路中，构成电路时有意在某支路中串入一个相对小的电阻，这个电阻完全是为了测量电流而设的。一方面，可以用表测量电压来得到电流值；另一方面，也可以用于观测电流的波形。由于示波器只能观察电压信号的波形，如果要观测某一支路的电流波形，通常的做法就是在该支路中串联一个阻值足够小的电阻，通过观测该电阻两端的电压波形间接地观测电流的波形。

3．功率测量

对于电阻负载，电路的功率可以用功率表直接测得，也可以用电压表和电流表间接测得。

在含有电感、电容的交流电路中，由于负载的电压和电流之间有相位差，所以功率只能用功率表来测量。一般功率表是单相的，只能测量单相的功率。下面介绍测量三相电路总功率的方法。

（1）三功率表法

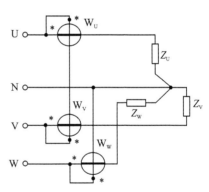

三相电路的总功率等于各相功率之和。因此，测三相电路功率的最基本方法是分别测出各相的功率，然后求和。如图 2－33 所示的是一种星形连接的最直接方法，它是用 3 块功率表分别测出各相的功率，然后求和得出三相的总功率。图 2－33 中负载采用三相四线制供电方式，与每块功率表连接的是其中一相的相电压和相电流，所以每块功率表测量的是相应相的功率，W_U 测出的是 U 相的功率，W_V 测出的是 V 相的功率，W_W 测出的是 W 相的功率。三相总功率为

图 2－33　三表法测功率

$$P = P_U + P_V + P_W$$

式中：P_U、P_V 和 P_W 分别为功率表 W_U、W_V、W_W 的读数。如果负载是三角形连接，只能是三相三线制供电，没有中线，那么 3 块功率表应该如何连接呢？请大家自己思考，然后把它画出来，注意测的是相电压和相电流。

（2）两功率表法

三功率表法的前提是负载每相的相电压和相电流都可测，而实际上在很多场合都不能做到。如图 2－34 所示的电路，在负载受封闭等限制时，无法同时测量到相电压和相电流。如图 2－34(a)所示的三角形负载，只能测到相电压，但测不到相电流，

因为相电流在设备内部,外部不可测;图 2-34(b)的星形负载只能测到相电流,但测不到相电压,星形的中点在设备内部。在这些情况下就不能用三功率表法测三相总功率了。从图 2-34 所示的两种电路的共同特点来看,它们都是三相三线制系统,能够直接测量到的是线电压和线电流,按一定的规则把功率表接到三根火线上,是能够测出三相功率的,这就是两功率表法的适用条件。用两功率表法测量三相电路的总功率时,功率表的接法如图 2-35 所示,图中功率表 W_1 的电流支路串入 U 线,流过的电流为线电流 I_U,电压支路并联在 U、W 线之间,电压为 U_{UW};功率表 W_2 的电流支路串入 V 线,它的电流是线电流 I_V,电压支路并联在 V、W 线之间,电压为 U_{VW};其中 U、V 线接功率表的火线端,W 线接公共端。根据功率表的测量原理,两个功率表的读数应该为

$$P_1 = U_{UW} I_U \cos \beta_1$$
$$P_2 = U_{VW} I_V \cos \beta_2$$

式中:β_1 为 u_{UW} 与 i_U 的相位差;β_2 为 u_{VW} 与 i_V 的相位差。单独来看,这两个读数中的哪一个都不代表哪一相负载所消耗的功率,但这两个读数之和,却代表三相负载消耗的总功率,即三相总功率:

$$P = P_1 + P_2 = U_{UW} I_U \cos \beta_1 + U_{VW} I_V \cos \beta_2$$

该结论的证明请大家参考相关理论课教材。

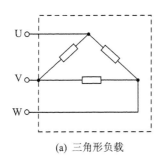

(a) 三角形负载

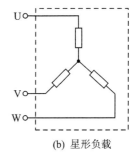

(b) 星形负载

图 2-34　不能同时测量到相电压和相电流的两种图例

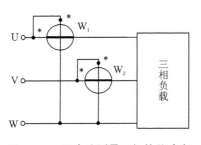

图 2-35　两表法测量三相的总功率

由此可见,按图 2-35 所示接法连接功率表时,两功率表的读数之和等于三相电路的总功率。两功率表法适合于测量对称或不对称三相电路的总功率。

在用两功率表法测三相功率时,必须遵循以下接线规则:

① 两功率表的电流支路串入任意两线,火线端要接到电源端。

② 两功率表电压支路的火线端各自接到电流支路所在的那条线上,而参考端都接在第三条线上。

需要注意的是,当用两功率表按上述接法测三相功率时,可能有一个功率表出现指针方向偏转的情况,这时必须把该功率表的电流线圈的两个端钮反接,注意该功率表读数应取负值。这时三相总功率等于两个功率表读数的代数和。原因很明显,β_1 和 β_2 为线电压和线电流的相位差,其中之一可能大于 90°。

三、元件参数的测量

1. 电阻测量

单个电阻元件的阻值一般可以用万用表的欧姆挡测量,特殊情况下也可用直流电桥测量,也可以把电阻构成特定的电路,通过测量它两端的电压和流过的电流,然后由欧姆定律计算得出。

组装在电路中的电阻,用表测出它两端的阻值,一般不是它本身的阻值,而是它两端等效的阻值。因此,在测量时要设法消除与它相连电路对测量值的影响。

2. 电感测量

通常使用的电感元件是用线圈构成的。电感线圈有空芯电感和带铁芯电感之分。前者是以空气或非铁磁性材料作为芯子的线圈;后者是以铁磁材料作为芯子的线圈。空芯电感线圈的电感在低频下是常数,是线性电感。带铁芯的电感线圈是非线性电感,只有当它工作在铁磁材料磁性曲线的线性区域时,才可把它近似看作是线性电感。电感的电感量可以直接用 LC 表测量,也可以通过实验测量。电感线圈参数的实验测量方法常用的有伏安法和三表法。

（1）伏安法

此法与用伏安法测电阻的方法类似,不过必须采用频率合适的正弦交流电源,用交流电压表和电流表进行测量。测量的线路如图 2-36 所示。步骤如下:给被测电感线圈通以频率为 f 的交流电流,用电流表 A 测其大小 I,用电压表 V 测出线圈两端电压 U,那么线圈的阻抗为

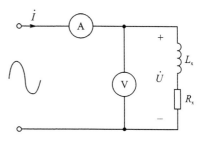

图 2-36　伏安法测线圈电感

$$Z_x = \frac{U}{I}$$

在低频时,线圈的交流电阻与直流电阻基本相同,所以可在直流下测出线圈电阻 R_x。因测量时所用电源的频率 f 已知,所以线圈的电感可用下式求出:

$$L_x = \frac{\sqrt{Z_x^2 - R_x^2}}{2\pi f}$$

这种方法只适用于低频、无铁芯的电感线圈的测量。

（2）三表法

三表法就是用电压表、电流表和功率表来测量被测线圈的电压 U、电流 I 和功率 P，然后间接计算出 L_x 和 R_x，即

$$R_x = \frac{P}{I^2}$$

$$L_x = \frac{\sqrt{\left(\dfrac{U}{I}\right)^2 - R_x^2}}{2\pi f}$$

用三表法测量电感线圈时有两种接线方式，如图 2-37 所示，其中图（a）为被测线圈的阻抗较高时采用的，图（b）为被测线圈的阻抗较低时采用的。若仪表所消耗的功率不能忽略时，则可从功率表的读数中减去仪表本身所消耗的功率，加以修正。

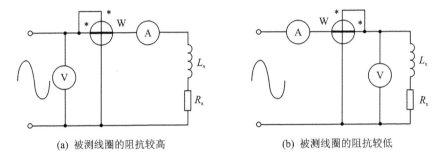

(a) 被测线圈的阻抗较高   (b) 被测线圈的阻抗较低

图 2-37　三表法测量线圈电感

这种方法较方便，但准确度不高，其可以在线圈中有工作电流通过的情况下进行测量，可用来测量带铁芯线圈在指定工作电流下的参数。

对电感进行较为准确的测量可用 LCR 交流电桥。在高频的情况下还可以用 Q 表测量电感，Q 表是根据谐振的原理工作的。

3. 电容测量

电容的直接测量可以用 LC 表、LCR 电桥等。下面介绍用常规电流表和电压表通过实验方法测电容的伏安法。

伏安法测量电容的电路如图 2-38 所示，用电流表和电压表测出流过被测电容的电流 I 和电容两端的电压 U，即可算出

$$C = \frac{I}{U \cdot 2\pi f}$$

式中：f 为所用交流电源的频率。

这种方法适用于被测电容的损耗可以忽略的情况。如果所用电源电压比较低，为了使电路中的电流足够大以利于测量，则可在图 2-38 的电路中串入一个合适的电感线圈，调节电感或电源的频率使电路达到谐振，再进行测量。

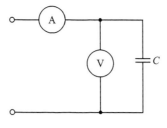

图 2-38　伏安法测电容

四、二端线性电路的输入、输出电阻的测量

1. 输入电阻的测量

测量原理如图 2-39 所示。在信号源和输入端口间串入一个已知阻值的电阻 R，在输入端加上正弦电压，用示波器观测被测电路输出端波形，在波形不失真的情况下，用交流毫伏表测出电阻 R 两端对地的电压 U_s 和 U_i，然后用下式计算：

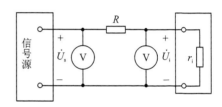

图 2-39　输入电阻的测量

$$r_i = \frac{U_i}{I_i} = \frac{U_i}{U_s - U_i} R$$

R 的取值不应太小，否则 U_s 和 U_i 数值接近，r_i 的测量误差大。另外，测量电压所用毫伏表的内阻应足够大，以减小对所测电阻 r_i 的影响。

当输入电阻很高，毫伏表的内阻不是足够大时，可采用测量电路输出电压的方法来求出输入电阻。因为测量输出电压时，一般对电压表的内阻要求相对不高，如图 2-40 所示。测量步骤如下：函数发生器的输出电压保持定值，S 合至 1，在波形无失真条件下测输出电压 U_{o1}。S 合至 2，U_s 数值不变，再测输出电压 U_{o2}。R 数值已知，算出

$$r_i = \frac{U_{o2}}{U_{o1} - U_{o2}} R$$

其中 R 的取值仍应使 U_{o1} 和 U_{o2} 的数值不要太接近。

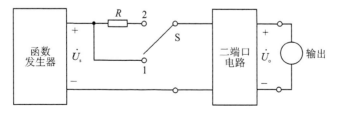

图 2-40　高输入电阻的测量

2. 输出电阻的测量

一个电路通过输出端向负载供电,可等效为理想电压源与输出电阻 r_o 相串联,

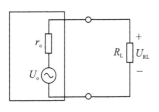

图 2-41 输出电阻的测量

如图 2-41 所示。输出电阻 r_o 可通过改变负载电阻 R_L 前后输出电压的变化来测量和计算出来。最常用的方法是开路法,即在输出端空载($R_\mathrm{L}=\infty$)时测输出电压 U_o。然后在输出端接入合适的负载 R_L,测出输出电压 U_RL,输出电阻可用下式计算:

$$r_\mathrm{o} = \left(\frac{U_\mathrm{o}}{U_\mathrm{RL}} - 1\right) R_\mathrm{L}$$

注意:R_L 的取值合适是指,一方面要使 U_o 和 U_RL 有足够的差值,保证 r_o 测量的准确度;另一方面应该不影响电路的正常工作,如输出波形不失真。

五、线性电路的频率特性测量方法

1. 线性电路的频率特性测量

线性电路的频率特性测量包括幅频特性测量和相频特性测量。测量方法常见的有下列三种。

(1)**点频测量法**

电路的输入信号由合适的正弦波信号发生器提供,用示波器和交流毫伏表测量电路的输入和输出信号的大小和相位差,选择适当的频率点逐一进行测量,测量过程中要注意输出信号保证不失真。然后,逐点计算、描绘出电路的幅频特性和相频特性。

使用该方法测量频率特性的关键是选择合适的频率点,才能快速、有效地测得较准确的频率特性。在选定频率点之前,最好先用示波器观察电路的输入、输出信号幅度比在整个频率范围内的大致变化情况,然后根据幅度比变化的快慢来选定测量的频率点。幅度比变化快的区域一般是在特性的转折点附近,测量频率点应适当密一些,保证转折前、转折中和转折后都有测量点,而变化缓慢的区域可适当少设测量点。

由于幅频特性曲线的横坐标一般都采用对数坐标,因此,应按对数规律选取测试频率。

(2)**扫频测量法**

采用专用的频率特性测试仪,测试仪内设频率源能够在测量所需的范围内连续扫描电路,可以直接得到各频率点上的特性值,测试结果通过显示屏立即显示出来,相对方便。

(3)**方波测试法**

这是定性测量电路频率特性的常用方法。用方波信号发生器产生方波信号,加

到电路的输入端,用示波器观察输出波形,根据波形的形状变化判断电路的频率特性。

当方波频率在放大器的中频段时,可以看出输出波形的失真不显著。当方波的频率向低频方向降低时,可以发现输出波形将产生平顶降落,如图 2 - 42(a)所示。开始产生此变化的频率愈低,该电路的下限频率也愈低。

同理,若方波信号频率增高,则输出波形的上升时间增加,产生沿失真,如图 2 - 42(b)所示。开始产生沿失真的频率愈高,电路的上限频率也愈高。当放大器的通频带较窄时,即使在中频段也可能产生沿失真和平顶失真,如图 2 - 42(c)所示。

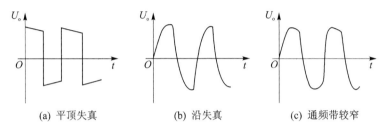

(a) 平顶失真　　　　　　(b) 沿失真　　　　　　(c) 通频带较窄

图 2 - 42　二端口电路的方波响应

2. 电路通频带的测量

测量电路的通频带,可先用示波器测出电路在中频段的输出信号大小,作为基准值;然后,保持 U_i 不变,升高频率直至输出电压幅度降到基准值的 0.707 倍为止,此频率就是上限频率 f_H。同理,再降低频率,测出下限频率 f_L,则电路的通频带为

$$\Delta f = f_H - f_L\text{。}$$

六、电路传输特性的基本测量/测试方法

电路传输特性的基本测试方法有以下两种。

1. 静态逐点测试法

给电路的输入端加可调的直流电压信号,对每一个输入电压值,用数字万用表或示波器测量电路的输入、输出值。测量范围为电路的额定工作范围。然后,根据测出的数据描绘电路的输入、输出传输特性。

2. 动态测试法

给电路的输入端加周期性变化的锯齿波或三角波电压信号,用示波器同时测量电路的输入、输出波形,让示波器工作于 X - Y 模式,在屏幕上显示输入、输出信号的合成图形即为电路的传输特性曲线。测量范围为电路的额定工作范围,输入信号的大小、极性在加入电路之前必须先调整合适。

另外,不管用哪种方法测试,电路工作的基本条件必须具备,如有的电路需要加上直流工作电源等。

七、电路故障检查的一般方法

在实验过程中,不可避免地会出现一些异常情况,导致电路的实测数据或波形与预估不同,即电路出现了故障。寻找和排除故障是电子工程技术人员必备的实验技能。对一个实际线路,准确地找出故障是不容易的。一般需要从故障现象出发,按照一些推理方法,经过反复测试,作出分析判断,逐步确定故障位置。常见的故障现象很多,例如,电路接通电源后,测量其中的支路电压或电流为零;对于放大器电路,没有输入信号就有输出信号波形,或者有输入信号而没有输出波形;对于振荡电路,上电后不产生振荡等。产生故障的原因比较复杂,有时是一种原因引起的简单故障,有时是多种原因相互作用引起的复杂故障。一般说来,具体的故障可能是实际电路与设计的原理图不符、元器件使用不当、元器件性能不良以及所设计的电路本身存在问题;连线不正确或发生短路或断路;仪器设备使用不当;存在某些干扰等。由于实验电路的规模相对较小,检查故障的方法一般可以按从输入到输出或从输出到输入的顺序,检查方法如下:

1. 直接检查法

直接检查法包括不通电检查和通电检查。未通电时,可检查仪器的选择和使用是否正确,电源电压的极性是否符合要求,电解电容的极性、二极管、三极管的引脚、集成电路的引脚有无接错、漏接、裸露互碰等情况,布线是否合理,元器件有无烧焦和炸裂等现象。通电检查时,检查电源电压的大小是否合适,观察元器件有无发烫、冒烟、有异味等现象。

2. 对于分立元件放大器,用万用表或示波器检查静态工作点

一般通过直接检查后,线路连接没有发现异常,元器件也没有损坏,而通电后放大器电路有输入信号但输出不正常,则可能是工作点没有调整好,可以利用万用表或示波器检查放大器各级的静态工作点。方法是测量各晶体管集电极对地的电压,如果发现集电极对地电压接近于电源电压,则说明该放大器处于截止状态,晶体三极管未导通可以进一步检查偏置电路是否工作正常,通过调整偏置电阻可以使工作点调到合适的状态。用示波器检查时应采用 DC 耦合输入方式。采用示波器的优点是示波器的内阻高,且可以同时观测直流工作状态和被测点的信号波形以及可能存在的干扰信号及噪声电压等,有利于分析故障。

3. 信号寻迹法

对于多级串联的电路,可以在输入端接入一定幅值、频率适当的信号,用示波器由前级到后级(或者相反)逐级观察波形及幅值的变化情况,如果哪一级异常,就说明故障出现在哪一级。

4. 对比法

当有和待查电路一样的标准电路时,可将待查电路的工作参数与状态和相同的正常电路的参数(或理论分析的电压、电流值及波形)进行一一对比,从中找出电路中的不正常关键点,然后作分析、判断。

5. 部件替换法

有时故障比较隐蔽,无法直接判定,若有与所调试电路中相同的备用部件、元器件、插板等,则可以用备用件替换有可能出现故障的相应部件,以便于缩小故障范围,便于查找出故障。

6. 旁路法

当有寄生振荡现象时,可利用适当容量的电容器选择适当的检查点,将电容器临时跨接在检查点与参考地点之间,如果振荡消失,则说明振荡是产生在此附近或前级电路中;否则就在后面,再移动检查点寻找,旁路电容的数值应适当,一般取零点几微法即可,不宜过大。

7. 短路法

短路法是采用临时短接一部分电路来寻找故障的方法。如果怀疑电路中某一局部是短路时,则可以在此两点之间利用导线短路一下,如果短路后电路工作正常,则说明原先的怀疑是正确的。

8. 断路法

断路法用于检查短路故障最有效。例如,如果稳压电源因接有一个故障的电路使输出电流过大时,可以采用依次断开电路的某一支路的办法来检查。如果断开该支路后,电流恢复正常,则故障就发生在此支路。

实际调试时寻找故障原因的方法可以多种多样,应根据设备条件及故障情况灵活掌握。在有反馈的闭环电路中故障诊断是比较困难的。寻找故障的方法是可以先把反馈支路断开,使系统成为一个开环系统,然后再接入一个适当的输入信号,利用信号寻迹法逐一寻找发生故障的元器件。开环工作正常后再接入反馈支路观察电路的工作情况。

第3章 电路构造与测量

3.1 实验一 直流电路的构建与测量

一、实验目的

① 学习和掌握常用直流稳压电源、数字万用表的使用。

② 学习电路构成的基本方法，学会连接实验电路。

③ 熟悉和掌握有源电路的输出特性（伏安特性）测试，体会戴维宁定理，会分析计算电源内阻值。

④ 熟悉和分析研究一些典型电路。

二、预习要求

① 复习相关理论知识，结合实验内容复习直流电路的基本概念、基本定理、基本定律，了解电路中常用的电子元器件。

② 自学第2章的相关内容，初步了解直流稳压电源、数字万用表的基本性能指标和使用方法，了解和分析使用这两种设备的注意事项，了解电路构造的方法。

③ 拟定测试电路输出特性的方法和步骤。

④ 仔细阅读实验内容的每一项，特别要注意要求设计或拟订方案的内容，能做定量计算的要算出实验的预期结果，无法做定量计算的，必须进行定性分析，预测实验结果的大致情况。

⑤ 根据实验报告格式要求写出预习报告。实验电路图要完整，步骤安排要合理，测量结果的记录方式、形式要预先做好准备。

三、实验设备

双路可调直流稳压电源(0～30 V,2 A)	1台;
实验板(含所需元器件)	1块;
负载板(含功率电阻)	1块;
数字万用表	1块。

四、实验内容及要求

1. 熟悉实验设备

结合实物熟悉实验室中的直流稳压电源、数字万用表和常用器件。

2. 实际电压源输出特性测试

实际电压源的模型如图 3-1 所示。在输出开路的情况下,把直流稳压电源的两路输出电压分别调至 5.10 V 和 12.0 V,电压值用数字万用表的 DCV 挡测量。

① 用 51 Ω、2 W 的电阻作为 5.10 V 电源的负载,测出输出伏安特性,电流取 0.0 A、0.1 A、0.2 A、0.3 A、0.4 A、0.5 A,分析数据计算电源内阻 R_0。

② 用 120 Ω、2 W 的电阻作为 12.0 V 电源的负载,测出输出伏安特性,电流取 0.0 A、0.1 A、0.2 A、0.3 A、0.4 A、0.5 A,分析数据计算电源内阻 R_0。

3. 信号源输出特性测试

实用可调电压信号源的模型如图 3-2 所示。R_1 取 5.1 kΩ 的电阻,R_2 采用 10 kΩ 的电位器。U_s 调至 6.00 V,用万用表 DCV 挡测量信号输出,调节电位器测出信号电压的输出范围。

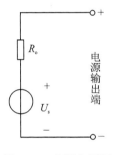

图 3-1　实际电压源

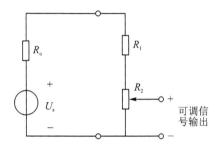

图 3-2　可调电压信号源

① 把空载输出信号调节至 2 V,选择合适的负载电阻测出该信号源的输出特性(伏安特性),分析数据计算出信号源的内阻 R_s。另外,设计并实现该电路的戴维宁等效电路,并作测试比较。

② 选做。把空载输出信号调节至 1 V,选择合适的负载电阻测出该信号源的输出特性(伏安特性),分析数据计算出信号源的内阻 R_s。设计并实现该电路的戴维宁等效电路,并作测试比较。与①得到的内阻值进行比较,分析说明出现的原因和实际应用意义。

4. 双极性电源和可调信号源设计

双极性电源和信号电路模型如图 3-3 所示。设计一个 ±12 V 双极性电压源和一路在 -2～+2 V 可调的信号,并选择适当的元器件实现,测出实际参数值。

5. $R/2R$ 分流电路

在图 3-4 所示的 $R/2R$ 电路中,横向的电阻阻值都为 $R = 10$ kΩ,纵向电阻的阻值都取 R 的 2 倍,即取 20 kΩ。参考电压 V_{REF} 取 5.00 V,自己拟订方案测出每个纵向电阻中流过的电流值。

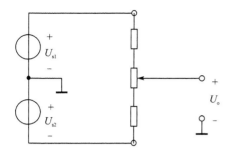

图 3 - 3　双极性电源和信号

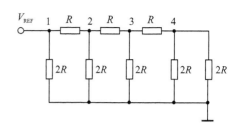

图 3 - 4　R/2R 分流电路

6. 开关状态组合与电压的转换电路

开关状态组合与电压的转换电路如图 3 - 5 所示。该电路中采用了集成运放,实验时采用了 LM324 集成运放,它的封装形式如图 3 - 6 所示,引脚分布如图 3 - 7 所示。转换电路的输入有参考电压和 $S_0 \sim S_3$ 四个开关的状态,参考电压 V_{REF} 取 5.00 V,取 $R = 10$ kΩ,$2R = 20$ kΩ,$R_F = 10$ kΩ。每个开关有两种状态,一种状态是连通运放的"＋"端(电路的地),另一种状态是连通运放的"－"端(虚地)。在这两种状态下,不影响 R/2R 电路的工作,但会影响运放的输出电压的高低。把开关合向"＋"端记作"0",把开关合向"－"端记作"1"。$S_0 \sim S_3$ 四个开关的状态组合如表 3 - 1 所列,请测量每种状态组合情况下的输出电压 U_o,记录到表 3 - 1 相应的表格中。**注意**:集成运放 LM324 采用 ±12 V 供电,掌握 ±12 V 双极性电源实现方法;每片 LM324 中有 4 个运放,选用其中一个即可。

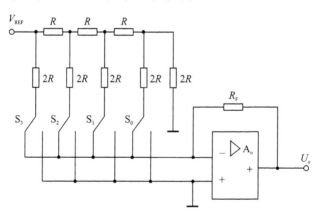

图 3 - 5　开关状态组合与电压的转换电路

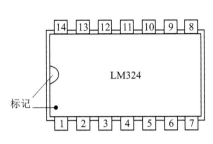

图 3 - 6 LM324 集成运放的封装

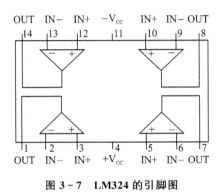

图 3 - 7 LM324 的引脚图

表 3 - 1 转换电路的状态和输出电压

输入开关的状态				输出电压
S_3	S_2	S_1	S_0	U_o/V
0	0	0	0	
0	0	0	1	
0	0	1	0	
0	0	1	1	
0	1	0	0	
0	1	0	1	
0	1	1	0	
0	1	1	1	
1	0	0	0	
1	0	0	1	
1	0	1	0	
1	0	1	1	
1	1	0	0	
1	1	0	1	
1	1	1	0	
1	1	1	1	

五、注意事项

① 双路直流稳压电源输出端不能短路。弄清楚标识"＋""－""GND"的含义。

② 使用万用表测电阻时,只能测试不带电的元件。

③ 数字万用表测试不同被测对象时,在切换功能按键之前一定要将测试表笔离开电路,杜绝表笔连接电路中随意切换功能按键,这样有可能会损坏数字万用表的某些功能。

④ 接、拆线时一定要关断电源。

⑤ 运放 LM324 的正、负供电电源不要接反。

⑥ 运放 LM324 的输入、输出端不要接错。

六、总结要求

① 在一张图中画出所测的电压源和电压信号源的输出特性图,利用实验数据或特性曲线比较分析电压源和电压信号源的主要特点。

② 说明双极性电源的实现方法。

③ 分析转换电路的测量数据,可以得出什么结论?

④ 说说自己构造实验电路的体会。

3.2 二端口网络基础知识

一、线性无源二端口网络

1. 二端口电路网络方程和参数

图 3-8 是无源线性二端口网络,任意时刻流入端钮 1 的电流等于流出端钮 $1'$ 的电流,流入端钮 2 的电流等于流出端钮 $2'$ 的电流,则称端钮 1 和端钮 $1'$ 为一个端口,端钮 2 和端钮 $2'$ 为另一个端口。

图 3-8 无源线性二端口网络

二端口网络的端口电压和电流分别用 $\dot{U}_1$、$\dot{I}_1$、$\dot{U}_2$、$\dot{I}_2$ 表示。这些电压、电流之间存在下列关系:

$$\begin{bmatrix} \dot{U}_1 \\ \dot{U}_2 \end{bmatrix} = \begin{bmatrix} Z_{11} & Z_{12} \\ Z_{21} & Z_{22} \end{bmatrix} \begin{bmatrix} \dot{I}_1 \\ \dot{I}_2 \end{bmatrix} = \mathbf{Z} \begin{bmatrix} \dot{I}_1 \\ \dot{I}_2 \end{bmatrix} \quad \text{或} \quad \begin{bmatrix} \dot{I}_1 \\ \dot{I}_2 \end{bmatrix} = \begin{bmatrix} Y_{11} & Y_{12} \\ Y_{21} & Y_{22} \end{bmatrix} \begin{bmatrix} \dot{U}_1 \\ \dot{U}_2 \end{bmatrix} = \mathbf{Y} \begin{bmatrix} \dot{U}_1 \\ \dot{U}_2 \end{bmatrix}$$

式中矩阵

$$\mathbf{Z} = \begin{bmatrix} Z_{11} & Z_{12} \\ Z_{21} & Z_{22} \end{bmatrix}, \quad \mathbf{Y} = \begin{bmatrix} Y_{11} & Y_{12} \\ Y_{21} & Y_{22} \end{bmatrix}, \quad \mathbf{Z} = \mathbf{Y}^{-1}$$

矩阵的各元素只与网络内部的元件及其连接有关,二端口网络的电压、电流关系还可以用其他形式的方程表示,这里不再赘述。下面仅讨论用 $\mathbf{Z}$ 矩阵表示的情况。

2. $\mathbf{Z}$ 参数的确定

$\mathbf{Z}$ 矩阵的各元素 Z_{11}、Z_{12}、Z_{21}、Z_{22} 称为 Z 参数,这些参数可用开路法确定。

① $22'$ 端开路:$\dot{I}_2 = 0$,在 $11'$ 端加电压 $\dot{U}_1$,则

$$\dot{U}_1 = \dot{I}_1 Z_{11}$$

$$\dot{U}_2 = \dot{I}_1 Z_{21}$$

可得

$$Z_{11} = \frac{\dot{U}_1}{\dot{I}_1} \bigg|_{\dot{I}_2 = 0}$$

$$Z_{21} = \frac{\dot{U}_2}{\dot{I}_1} \bigg|_{\dot{I}_2 = 0}$$

② 11′端开路：$\dot{I}_1 = 0$，在 22′端加电压 $\dot{U}_2$，则

$$\dot{U}_1 = \dot{I}_2 Z_{12}$$

$$\dot{U}_2 = \dot{I}_2 Z_{22}$$

可得

$$Z_{12} = \frac{\dot{U}_1}{\dot{I}_2}\bigg|_{\dot{I}_1 = 0}$$

$$Z_{22} = \frac{\dot{U}_2}{\dot{I}_2}\bigg|_{\dot{I}_1 = 0}$$

也可以把开路法和短路法结合起来确定 Z 参数。例如，对于纯电阻二端口网络，采用数字万用表测量计算 Z 参数。

3. 无源二端口网络的等效电路

对于无源二端口网络来说，$Z_{12} = Z_{21}$，4 个 Z 参数中只有 3 个是独立的。因此，任何一个线性无源二端口网络就可以等效为由 3 个阻抗组成的二端口网络，最简单的等效电路是 T 形或 Π 形等效电路。如图 3-9 所示为 T 形等效电路，等效 T 形网络的阻抗与参数的关系是为

$$Z_1 = Z_{11} - Z_{12}$$
$$Z_2 = Z_{22} - Z_{12}$$
$$Z_3 = Z_{12} = Z_{21}$$

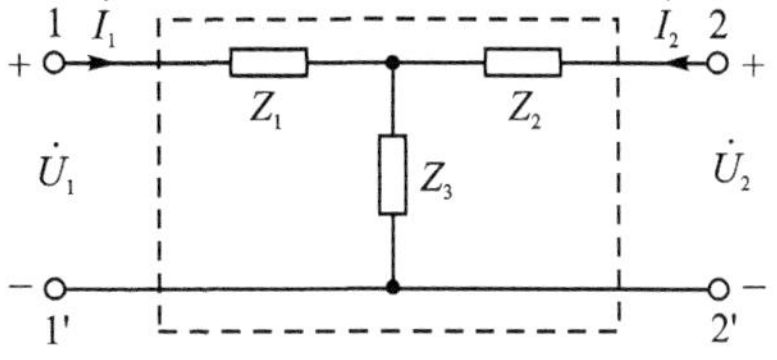

图 3-9　T 形等效电路

只要知道了 Z 参数，就可以用上述 T 形网络来实现这个网络。当 $Z_{11} = Z_{22}$ 时，$Z_1 = Z_3$ 称为对称二端口网络。

4. 无源二端口网络应用

在图 3-10 中，内阻为 Z_s、电压为 U_s 的电源（信号源）与负载 Z_L 之间插入无源二端口网络，实现电源和负载之间信号的加工处理，如放大、衰减、滤波等。图 3-10 中各电压、电流之间的关系受到下列方程的约束，即

电源：$\dot{U}_1 = \dot{U}_s - \dot{I}_1 Z_s$；

负载：$\dot{U}_2 = -\dot{I}_2 Z_L$；

二端口网络：$\dot{U}_1 = Z_{11}\dot{I}_1 + Z_{12}\dot{I}_2, \dot{U}_2 = Z_{21}\dot{I}_1 + Z_{22}\dot{I}_2$。

只要已知电源方面的参数 Z_s 和 U_s，负载参数 Z_L，二端口网络参数 Z_{11}、Z_{12}、Z_{21}、Z_{22}，由以上 4 个方程就可解出 $\dot{U}_1$、$\dot{U}_2$、$\dot{I}_1$、$\dot{I}_2$。反之，也可以给定 $\dot{U}_1$、$\dot{U}_2$、$\dot{I}_1$、$\dot{I}_2$ 等的关系，得出二端口网络参数。

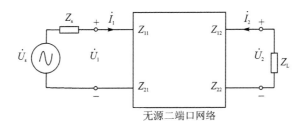

图 3-10　无源二端口网络与电源和负载连接

二、无源低通、高通滤波电路

如图 3-11 所示电路为 R、C 元件组成的低通滤波电路。

$\dot{U}_1$ 为输入电压，$\dot{U}_2$ 为输出电压，这两个电压之比称为转移电压比，即

$$\frac{\dot{U}_2}{\dot{U}_1} = \frac{\dfrac{1}{\mathrm{j}\omega C}}{R + \dfrac{1}{\mathrm{j}\omega C}} = \frac{1}{1 + \mathrm{j}\omega RC} = \frac{1}{\sqrt{1 + \omega^2 R^2 C^2}} \angle - \arctan \omega RC$$

电压模之比与频率的关系称为幅频特性，即

$$\frac{U_2}{U_1} = \frac{1}{\sqrt{1 + \omega^2 R^2 C^2}}$$

两电压的相位差与频率的关系称为相频特性，即 $\theta = \phi_{U2} - \phi_{U1} = -\arctan \omega RC$

图 3-11 所示电路的幅频特性和相频特性如图 3-12 所示。

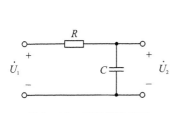

图 3-11　低通滤波电路

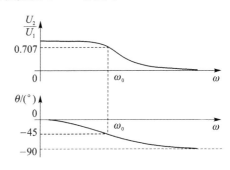

图 3-12　幅频特性和相频特性

从图 3-12 所示的幅频特性可以形象地看出，对同样大小的输入电压来说，频率越高，输出电压值就越小。因此，低频正弦信号要比高频正弦信号更容易通过这一电路，把具有这种性质的电路称为低通电路。这个电路的一个关键点是输出电压下降到输入电压的 0.707 倍时的频率值，这个频率称为转折频率，即

$$f_0 = \frac{\omega_0}{2\pi} = \frac{1}{2\pi RC}$$

工程技术上把频率从 $0 \sim f_0$ 的范围定义为低通电路的通频带。这是一个简单的滤波电路,它的滤波特性不够理想,因为其对通频带以外的信号衰减太慢。

如图 3-13 所示为 RC 高通滤波电路,读者可以尝试按照上面的方法进行分析。

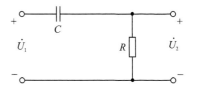

图 3-13　RC 高通滤波电路

3.3　实验二　衰减器和 RC 低通滤波器

一、实验目的

① 练习根据性能参数设计简单二端口电路(衰减器、RC 低通滤波器)。
② 学习电路的构造、基本连接方法。
③ 学习数字万用表、交流毫伏表和函数信号发生器的使用方法。
④ 了解仪表频率的使用范围对测试结果的影响。
⑤ 学习二端口网络参数的测量方法,学习电路幅频特性的测量方法。

二、预习要求

1. 衰减器设计

① 如图 3-14 所示的无源二端口网络,负载电阻 Z_L 为纯电阻 R_L,推导出

$$\frac{\dot{U}_2}{\dot{U}_1} = ?, \quad Z_i = \frac{\dot{U}_1}{\dot{I}_1} = ?$$

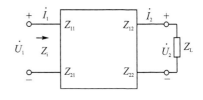

图 3-14　无源二端口网络

② 利用上面推导出的两个式子,设计一个衰减器,要求如下:

➤ 当负载电阻 $R_L = 600\ \Omega$ 时,从衰减器输入端看进去的输入电阻 $Z_i = 600\ \Omega$ 正好与信号源内阻 $R_s = 600\ \Omega$ 匹配,如图 3-15 所示。

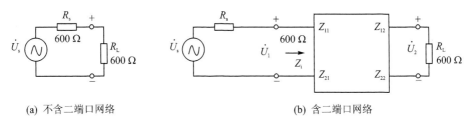

(a) 不含二端口网络　　　　　　　　(b) 含二端口网络

图 3-15　负载与电源内阻匹配电路

> 当衰减器接在信号源和负载之间时,负载所得到的功率为信号源与负载直接连接时负载所得功率的 1%(即接入衰减器后功率衰减 20 dB)。

这个二端口网络是无源的($Z_{12}=Z_{21}$)、对称的($Z_{11}=Z_{22}$),建议用 T 形等效电路来实现它,如图 3-16 所示,求出 R 和 R_1 的阻值。

2. 设计 RC 低通滤波器

如图 3-11 所示,C 取 0.01 μF,转折频率为 1 kHz,计算电阻 R 的值。画出你所设计的电路的幅频特性,频率取对数坐标,f 从 100 Hz～50 kHz。

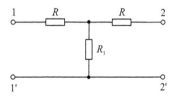

图 3-16　T 形等效衰减器电路

3. 拟定测试方案

① 测量衰减器 22′端开路和 11′端开路时的输入电阻,即 Z_{11} 和 Z_{22}。

② 测量 Z_{12} 和 Z_{21}。分两步测量和计算得出它们的值。先分别在 22′端和 11′端开路时测输入电阻 Z_{11} 和 Z_{22},接着在 22′端短路时测输入电阻 $Z_{is22'}$,然后用下面的公式计算,即

$$Z_{12}Z_{21}=(Z_{11}-Z_{is22'})Z_{22}$$

注意:以上测量方法及公式,请读者自行查阅相关电路的知识进行了解。

③ 接上负载 $R_L=600\ \Omega$,测量衰减器的输入电阻 Z_i 及电压衰减值。

④ 测量 RC 低通滤波电路的幅频特性和转折频率。

4. 准备工作

① 自学第 2 章中的相关内容,了解本实验中所要使用的仪器设备的性能和使用方法,了解相关的实验方法和技能。

② 查阅 6.1 节部分内容,了解集成运放的有关知识,掌握集成运放 LM324 的使用方法。

③ 根据实验内容要求,拟定操作步骤和测量方法,设计数据记录表格。

三、实验设备

双路可调直流稳压电源(0～30 V,2 A)　　1 台;

实验板(含所需元器件)　　1 块;

双路交流毫伏表　　1 块;

函数信号发生器　　1 台;

数字万用表　　1 块。

四、实验内容及要求

1. 衰减器

按照设计要求设计衰减器电路并计算各元件参数,用实验板上所提供的元件构成你设计的衰减器电路,用数字万用表电阻挡测出所用元件的实际值,并作记录。测试步骤如下:

① 用预习准备的测试方案,测出 Z_{11}、Z_{22}、$Z_{is22'}$,并计算 $Z_{12} \times Z_{21}$(这里 $Z_{12} = Z_{21}$),以验证网络参数与设计的是否相符;再取 $R_L = 600\ \Omega$,测 Z_i,把所测数据记录下来。

② 测量衰减器,用函数信号发生器产生频率为 400 Hz、开路输出电压为设定值(一定范围内可自由设置)的正弦信号。将衰减器 $11'$ 端与信号发生器连接,衰减器 $22'$ 端与负载电阻($R_L = 600\ \Omega$)连接,通过测量电压 U_s(信号源的开路电压)、U_1 和 U_2 是否满足衰减比例,来检查设计是否正确。

注意:这里要求信号发生器的输出阻抗为 $600\ \Omega$,但是你所使用的信号发生器的内阻与此有差异,请考虑采取什么方法使之满足要求。

2. RC 低通滤波电路的幅频特性测试

测试时,输入信号为正弦信号,输入电压 u_i(有效值)保持在 5 V,频率在 100 Hz～50 kHz 范围变化。测量时,输出电压 u_o、输入电压 u_i 均用交流毫伏表测量,同时也用数字万用表测量输入电压,比较使用两种表所测电压有何不同,说明原因。最终绘制出幅频特性曲线。

3. 含运放的二端口电路

测量图 3-17 所示二端口电路的转移特性 $I_L = f(U_i)$ 及负载特性 $I_L = f(U_L)$。运放电源采用 ±12 V 供电,电阻 $R_1 = 1\ k\Omega$。

① 取 $R_L = 3\ k\Omega$ 不变,选取合适的元件构成 0～2.5 V 可调直流电压信号作为输入信号 U_i。调节输入电压 U_i,使之分别为 0.0 V、0.5 V、1.0 V、1.5 V、2.0 V 和 2.5 V,用数字万用表测出相应的输出电流 I_L,记录测试结果。

② 保持 $U_i = 2$ V,R_L 分别取 20 kΩ、10 kΩ、5.1 kΩ、3 kΩ、1 kΩ 和 100 Ω,用数字万用表测出相应的 U_L,并计算出相应的 I_L。

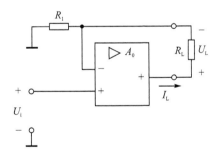

图 3-17　含运放的二端口电路

4. 电路输入、输出电阻的测量

测量图 3-18 所示电路的输入电阻和输出电阻。

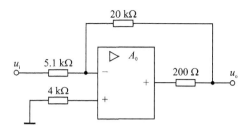

图 3 - 18 比例运算电路

提示：测试时，输入信号用正弦电压信号，频率可选 1 kHz，输入信号幅值要适当，保证输出信号不失真。

5. 电路的幅频特性测试

测试电路如图 3 - 18 所示，频率范围为 100 Hz～100 kHz，绘制电路幅频特性曲线。

6. 选 做

测量图 3 - 17 所示电路的输入电阻。

五、注意事项

① 使用万用表测电阻时，只能测试不带电的元件。

② 对电路进行参数测量时，应找对测试位置。

③ 集成运放的有关知识，请读者参阅 6.1 节部分内容，运放 LM324 的正、负供电电源不要接反。

④ 电路输入、输出电阻的测量，应考虑仪表和负载电阻取值问题。

六、总结要求

① 根据实验数据，分析设计、制作的衰减器的工作情况。

② 根据实验数据，绘制图 3 - 17 所示电路的 $I_L = f(U_1)$ 曲线和 $I_L = f(U_L)$ 曲线。根据数据和曲线说明该电路的功能。

③ 计算出所测量电路的输入电阻和输出电阻。

④ 绘制所测电路的幅频特性，并确定出转折频率。

3.4 实验三 电路的频率特性与方波响应

一、实验目的

① 了解示波器的工作原理，学习示波器的基本操作方法。

② 理解示波器触发同步的原理,掌握用示波器观测无噪声信号的方法。

③ 用示波器观测电路的频率特性与方波响应。

二、预习要求

① 仔细阅读、理解数字示波器原理、基本组成和 TDS2012C 示波器面板操作旋钮、按钮的作用和所处的位置。

② 根据示波器显示波形的原理,仔细分析理解示波器显示被测信号波形的"同步"方法,重点注意"触发源"的选择、"触发电平"的作用和调节。

③ 仔细阅读、分析理解示波器的基本使用方法,重点弄清楚电压、时间、相位差等参数测量的操作要点和读数方法。

④ 结合实验内容复习 RC 一阶电路的有关理论知识。

⑤ 查阅 6.1 节部分内容,了解集成运放的有关知识,掌握集成运放 LM324 的使用方法。

三、实验设备

双路可调直流稳压电源(0～30 V,2 A)	1 台;
实验板(含所需元器件)	1 块;
双踪示波器	1 台;
双路交流毫伏表	1 块;
函数信号发生器	1 台;
数字万用表	1 块。

四、实验内容及要求

1. 熟悉示波器常用旋钮和按钮的位置和作用

将示波器的校准信号输入到它的两个通道(因校准信号和输入通道的地线本身已经连在一起,所以只要连接上信号线即可),通过操作面板上的旋钮或按钮,观察并获取显示屏上捕捉的信号波形及参数。重点熟悉下列旋钮和按钮:"自动""CH1""CH2""垂直灵敏度""垂直位移""Math""水平位移""水平灵敏度""触发源""触发电平""测量""光标""显示"等。简单记录操作效果,对于不容易掌握的应反复多练。

2. 正弦信号测量

1) 在实验板上连接如图 3 - 19 所示电路,调节函数信号发生器输出频率为 400 Hz、电压有效值 u_i 为 1.0 V 的正弦信号,电压值用交流毫伏表测。接着做下列测量:

① 用交流毫伏表测 u_c。

② 将 u_i 加到示波器的 CH1,u_c 加到示波器的 CH2,把信号波形调整稳定,大小

合适、疏密程度合适,记录 u_i 和 u_c 的波形,然后完成下列观测:

➤ 用示波器测 u_{im} 和 u_{cm};

➤ 用示波器测 u_i 和 u_c 的频率;

➤ 用示波器测 u_i 和 u_c 的相位差;

➤ 用示波器测 u_{Rm}(提示:需共地测量,思考如何观测 u_R 的波形);

➤ 用李沙育图形法测量 u_i 和 u_c 的相位差;

➤ 用示波器测 u_R 和 u_c 的相位差,画出 u_i、u_R 和 u_c 的相量图。

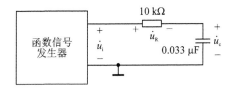

图 3-19   正弦信号测量电路

2)u_i 大小不变,频率分别调到 200 Hz 和 1 kHz,完成下列观测:

➤ 用交流毫伏表测 u_c;

➤ 用示波器测 u_{im} 和 u_{cm} 及 u_i 和 u_c 的相位差。

3)移相作用观测。

① RC 电路的移相作用。

在图 3-19 所示电路中,把电阻 R 换成 22 kΩ 的电位器,u_c 作为输出,调节电位器,用示波器观察电路输入、输出之间相位差的情况,并分别读出电位器调至中间和两端时的相位差值。

选做:调换以上电路中的电位器和电容的位置,重复以上操作。

② 含运放电路的移相作用。

如图 3-20 所示是一个含运放的电路,其中的开关 S 用于选择接通电阻或电容。

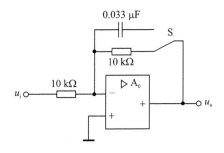

图 3-20   含运放的电路

在输入端加上函数信号发生器提供的频率为 400 Hz、有效值为 1.0 V 的正弦电压信号,做如下操作:

➤ 当开关 S 接通电阻时,用示波器测出输出信号和输入信号的相位差。

➤ 当开关 S 接通电容时,用示波器测出输出信号和输入信号的相位差。**注意:**
如果发现输出出现失真,则可以在电容两端并联一个小于或等于 1 MΩ 的电
阻,以消除失真。

3. 方波信号的观测

(1) 积分电路

积分电路如图 3-21 所示,由函数信号发生器提供输入所需的方波信号 u_i,幅值
为 5.0 V,频率为 1 kHz。观察并记录下列参数下的输入、输出波形。**注意:**记录时
两个波形按时间纵向对齐。

① $R = 5.1$ kΩ,$C = 0.01$ μF;

② $R = 10$ kΩ,$C = 0.22$ μF。

(2) 微分电路

微分电路如图 3-22 所示,由函数信号发生器提供输入所需的方波信号 u_i,幅值
为 5.0 V,频率为 1 kHz。观察并记录下列参数下的输入、输出波形。**注意:**记录时
两个波形按时间纵向对齐。

① $R = 1$ kΩ,$C = 0.01$ μF;

② $R = 10$ kΩ,$C = 0.22$ μF。

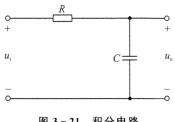 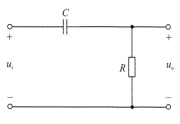

图 3-21　积分电路　　　　　　　　　图 3-22　微分电路

4. 选做:观察两个不同频率的信号

将示波器的 CH1 接校准信号,CH2 接函数信号发生器的输出。调节函数信号
发生器的输出频率,观察屏幕中两个波形的变化情况。记录观察到的现象,并根据示
波器显示波形的同步措施来解释。

五、注意事项

① 注意"共地"测量。

② 当示波器的两个通道同时使用时,要考虑"共地"问题,以免造成短路。

③ $u_R = u_i - u_c$,设置 CH1 和 CH2 的灵敏度一致,使用"Math"运算中的"A−B"
功能,会在屏幕上出现第 3 个波形,第 3 个波形即 u_R 的波形。

④ 集成运放的有关知识,请读者参阅 6.1 节部分内容,运放 LM324 的正、负供
电电源不要接反。

六、总结要求

① 结合自己操作示波器的过程,简述使被测信号波形稳定地显示在屏幕上的操作要点。

② 将实验要求 2 中所观察到的典型波形绘于坐标纸上,并注明所测数据。分析 RC 电路输出与输入随频率变化的规律。

③ 根据实验要求 3 的观测结果,分析电路参数对电路功能的影响。

3.5　实验四　阻抗变换器与电路的过渡过程

一、实验目的

① 进一步熟悉二端口网络电路,理解其阻抗变换的特性。
② 学习负阻的测量方法。
③ 学习用示波器观测电路的过渡特性,进一步掌握示波器的使用。
④ 加深对 RC 一阶电路全响应和 RLC 二阶电路的方波响应的理解。

二、理论准备

1. 二端口网络

请复习本章 3.2 节有关二端口网络的相关知识,本节不再赘述。

2. 负阻抗变换器

如图 3-23 所示为用集成运放构成的负阻抗变换器电路,属于二端口网络电路的一种应用,它的作用是实现负阻抗变换。当在 22' 端口接上电阻 R_L 时,从 11' 端口看,等效电阻为负值。分析如下:

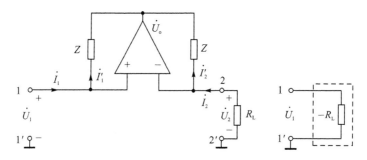

图 3-23　负阻抗变换器电路

设在 11' 端口电压为 $\dot{U}_1$,22' 端口电压为 $\dot{U}_2$,根据运放"虚短路"原则,可得出

$$\dot{U}_1 = \dot{U}_+ = \dot{U}_- = \dot{U}_2$$

又因

$$\dot{I}_1' = \frac{\dot{U}_1 - \dot{U}_o}{Z}$$

和

$$\dot{I}_2' = \frac{\dot{U}_2 - \dot{U}_o}{Z} = \frac{\dot{U}_1 - \dot{U}_o}{Z}$$

所以

$$\dot{I}_1 = \dot{I}_1' = \dot{I}_2' = \dot{I}_2$$

当 $22'$ 端口接有电阻 R_L 时

$$R_L = -\frac{\dot{U}_2}{\dot{I}_2}$$

将 $\dot{U}_1 = \dot{U}_2$ 和 $\dot{I}_1 = \dot{I}_2$ 代入，得

$$R_L = -\frac{\dot{U}_1}{\dot{I}_1}$$

或

$$\frac{\dot{U}_1}{\dot{I}_1} = -R_L$$

此关系说明：从 $11'$ 端口看，等效电阻为 $-R_L$。

再从另一个角度看，当在 $11'$ 端口接上内阻为 R_s、电压为 $\dot{U}_s$ 的电源时，从 $22'$ 端口看，等效电路为具有负内阻的含源支路，如图 $3-24$ 所示。

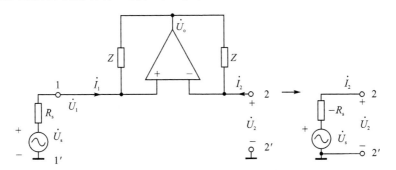

图 3 - 24　具有负内阻特性的含源支路

类似地进行分析，下列关系成立：

$$\dot{U}_1 = \dot{U}_2$$

$$\dot{I}_1 = \dot{I}_2$$

以及

$$\dot{U}_1 = \dot{U}_s - \dot{I}_1 R_s$$

整理后可得

$$\dot{U}_2 = \dot{U}_s - \dot{I}_2 R_s = \dot{U}_s + \dot{I}_2(-R_s)$$

此式说明,从 22' 向左面看等效为一个电压为 $\dot{U}_s$ 的电压源和内阻 $-R_s$ 相串联。

3. 一阶电路的零输入响应和零状态响应

如图 3-25 所示为 RC 串联电路,它是一个典型的一阶电路。

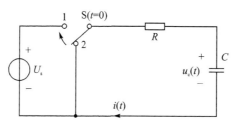

图 3-25 RC 一阶电路

① 开关 S 接到 1 端,且已达稳定,即 $u_c = U_s$。当 $t=0$ 时,开关 S 由 1 接到 2,此时电路响应为零输入响应,此电路的微分方程为

$$RC \frac{\mathrm{d}u_c}{\mathrm{d}t} + u_c = 0$$

求微分方程得 $u_c(t) = U_s e^{-t/\tau}$,电容两端电压 $u_c(t)$ 随时间变化的规律如表 3-1 所列(时间常数 $\tau = RC$)。

表 3-1 一阶电路零输入响应 $u_c(t)$ 的变化规律

t/s	0	τ	2τ	3τ	...	∞
$u_c(t)/\mathrm{V}$	U_s	$0.368U_s$	$0.135U_s$	$0.05U_s$	...	0

RC 一阶电路零输入响应波形如图 3-26 所示。

② 开关 S 处于 2 端,且已达稳定,即 $u_c = 0$ V。当 $t=0$ 时,开关 S 由 2 接到 1,此时电路响应为零状态响应,此电路的微分方程为

$$RC \frac{\mathrm{d}u_c}{\mathrm{d}t} + u_c = U_s$$

求微分方程得 $u_c(t) = U_s(1 - e^{-t/\tau})$,电容两端电压 $u_c(t)$ 随时间变化的规律如表 3-2 所列(时间常数 $\tau = RC$)。

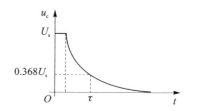

图 3-26 RC 一阶电路零输入响应

表 3 - 2 一阶电路零状态响应 $u_c(t)$ 的变化规律

t/s	0	τ	2τ	3τ	$\cdots$	∞
$u_c(t)/\text{V}$	0	$0.632U_s$	$0.865U_s$	$0.95U_s$	$\cdots$	U_s

RC 一阶电路零状态响应波形如图 3 - 27 所示。

4. 二阶电路的零状态响应

如图 3 - 28 所示为 RLC 串联电路,它是一个典型的二阶电路。此电路的微分方程为

$$LC\frac{\mathrm{d}^2 u_c}{\mathrm{d}^2 u_c} + RC\frac{\mathrm{d}u_c}{\mathrm{d}t} + u_c = U_s$$

初始条件为 $u_c(0)=0$,$i(0)=0$。

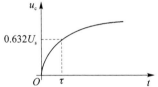

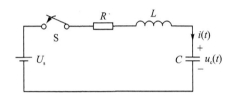

图 3 - 27 RC 一阶电路零状态响应　　　　图 3 - 28 RLC 串联电路

此方程的解,视参数不同分为下列几种情况:

① 当 $R > 2\sqrt{\dfrac{L}{C}}$ 时,响应是非振荡的,即

$$u_c(t) = U_s - \frac{U_s}{p_2 - p_1}\left(p_2 \mathrm{e}^{p_1 t} - p_1 \mathrm{e}^{p_2 t}\right)$$

式中:p_1、p_2 是微分方程的特征根,$p_1 = -\alpha + \sqrt{\alpha^2 - \omega_0^2}$,$p_2 = -\alpha - \sqrt{\alpha^2 - \omega_0^2}$,$\alpha = -\dfrac{R}{2L}$,$\omega_0^2 = \dfrac{1}{LC}$。

② 当 $R = 2\sqrt{\dfrac{L}{C}}$ 时,响应仍是非振荡的,即

$$u_c(t) = U_s - U_s(1 + \alpha t)\mathrm{e}^{-\alpha t}$$

③ 当 $R < 2\sqrt{\dfrac{L}{C}}$ 时,响应是振荡的,即

$$u_c(t) = U_s - U_s \frac{\omega_0}{\omega_d} \mathrm{e}^{-\alpha t}\cos(\omega_d t - \theta)$$

式中:$\omega_d = \sqrt{\omega_0^2 - \alpha^2}$;$\theta = \arcsin\dfrac{\alpha}{\omega_0}$。

④ 当 $R = 0$ 时,响应是等幅振荡的,即

$$u_c(t) = U_s - U_s \cos(\omega_0 t)$$

⑤ 当 $R < 0$ 时,响应是增幅振荡的,即

$$u_c(t) = U_s - U_s \frac{\omega_0}{\omega_d} e^{at} \cos(\omega_d - \theta)$$

图 3-29 所示的 4 个波形,分别表示为非振荡、减幅振荡、等幅振荡和增幅振荡的波形。

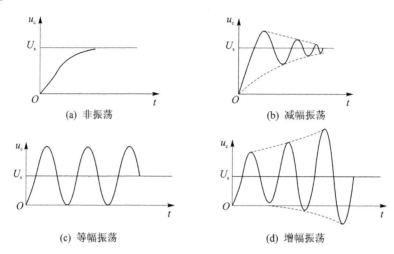

(a) 非振荡　　　　　　　　(b) 减幅振荡

(c) 等幅振荡　　　　　　　　(d) 增幅振荡

图 3-29　四种典型响应波形图

为了在示波器屏幕上观察到稳定的、重复的波形,用周期性方波作为 RLC 电路的输入电压,让电容周期性地充电和放电,以便得到重复的周期波形,如图 3-30 所示。为了观察等幅和增幅的情况,所需电路比较复杂,后面将结合具体的实验电路加以说明。

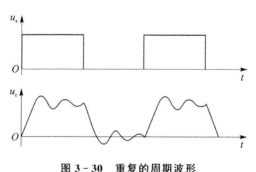

图 3-30　重复的周期波形

三、预习要求

① 查阅 6.1 节内容,了解集成运放的有关知识,掌握集成运放 LM324 的使用方法。
② 拟定用伏安法测试具有负内阻电压源输出特性的方法和步骤。所测电路由

直流电压(1.5 V)、电阻和负阻抗变换器组成,如图 3 - 31 所示。请预估测量结果。

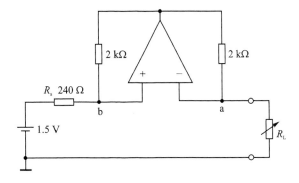

图 3 - 31 具有负内阻特性的电压源

③ 结合实验内容,复习 RC 一阶电路的零输入响应和零状态响应的有关理论知识。

④ 图 3 - 32 为测试 RLC 二阶电路电容电压 $u_c(t)$ 波形的电路,$R = 240\ \Omega$,$L = 10\ \text{mH}$,$C = 0.033\ \mu\text{F}$。定性分析该电路的工作原理。

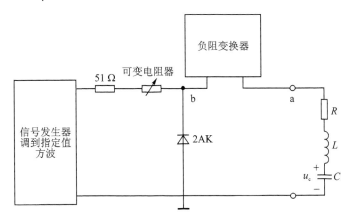

图 3 - 32 测试 RLC 二阶电路电容电压波形电路

注意:二极管的作用。在方波的正半周,二极管不导通,从 a 点经负阻抗变换器向左看,相当于具有负内阻,整个回路的电阻为 R 和负内阻之和。调可变电阻器的阻值,整个回路的电阻可为正电阻、零和负电阻。电容电压 u_c 的波形可以是衰减振荡、等幅振荡和增幅振荡。当方波为负半周时,二极管导通,相当于将 b 点接地,这时再从 a 点经负阻变换器向左看,电阻为零,于是整个回路的电阻就等于 R,$u_c(t)$ 为减幅振荡。由于方波周期足够长,电容电压衰减为零。到下一方波的正半周二极管又截止,电容重新充电。

因此,改变这个电路的可变电阻器的阻值,可以在方波的正半周观察到二阶电路的衰减振荡、等幅振荡和增幅振荡。

四、实验设备

双路可调直流稳压电源(0~30 V,2 A)   1台;

实验板(含所需元器件)   1块;

双踪示波器   1台;

函数信号发生器   1台;

数字万用表   1块。

五、实验内容及要求

1. 用伏安法测量具有负内阻电压源的输出特性

① 搭接如图 3-31 所示的电路,R_L 在 240 Ω~∞ 之间取 10 个点测输出电压。

② 将测量结果列表,算出其开路电压和内阻,绘制出伏安特性曲线,标记转折点参数及呈现正负电阻值特性的曲线段。

注意:① 测输出特性时,负载电阻 R_L 必须大于 R_s,否则负阻抗变换器工作不正常。② 设计 1.5 V 直流信号产生电路并考虑带载能力。

2. RC 一阶电路的零输入响应和零状态响应

① 搭接如图 3-25 所示的 RC 一阶电路。

② 在 U_s 端加 +1 V 直流电压信号,$R=10$ kΩ,$C=47$ μF。第一步,开始电容 C 上没有储能,开关 S 接到 1 端时,电路产生零状态响应;第二步,操作开关 S 由 1 端切换到 2 端,电路产生零输入响应。用示波器分别捕捉并观察 $u_c(t)$ 随时间的变化规律,并测出 τ、2τ 对应的输出电压值并画出其波形。

注意:实验过程中,若重复操作开关 S 时,一定要清楚零输入和零状态响应的前提条件。

③ 参数更改为 $R=10$ kΩ,$C=0.47$ μF,其他不变,重复步骤②完成实验内容。

④ 在电路输入端加上适当的方波信号,输出端将得到什么波形?(选做)

3. RLC 二阶电路的方波响应

① 搭接如图 3-32 所示的电路,$R=240$ Ω,$L=10$ mH,$C=0.033$ μF,用示波器观察 $u_c(t)$ 的波形。

② 将函数信号发生器产生的方波信号输出调到频率 $f=500$ Hz、幅值 $U_{im}=1.0$ V,接入如图 3-32 所示的电路中,逐渐从 0 增大可变电阻器的阻值,观察方波正半周 $u_c(t)$ 波形的变化,画下等幅、增幅、减幅 3 种波形,并记下对应的可变电阻器的阻值。

六、注意事项

① 合理设置示波器时间轴和扫描起始位置,捕捉电路过渡过程的波形。

② 在 RLC 二阶电路实验中,二极管好坏和极性要提前判断。

③ 自行设计的信号源,要注意带载能力问题。

④ 集成运放的有关知识,请参阅 6.1 节内容,运放 LM324 的正、负供电电源不要接反。

七、总结要求

① 以表格形式列出具有负内阻电压源的输出特性,在坐标纸上画出其输出特性曲线,算出该电源的开路电压和内阻。

② 在坐标纸上画出所测的二阶电路等幅、增幅、减幅振荡的曲线,注明每种曲线对应的可变电阻器的阻值。

③ 以表格形式记录一阶电路的测量数据,在坐标纸上分别画出一阶电路零输入和零状态输出波形,注明关键参数值。

④ 写出设计和调试体会。

第4章　工频交流、变频调速及工业控制

4.1　功率表、调压器和实验操作台

一、功率表

功率表可以用来测量交流电路的平均功率。它是一个电动系测量机构。功率表中的固定线圈导线粗而匝数少,电阻很小,叫电流线圈,构成功率表的电流支路。功率表中的活动线圈,导线较细,与附加电阻串联起来,构成电压支路。功率表实物图如图4-1所示,常用图4-2所示的符号来表示功率表。

用功率表测量某负载的功率时,要按图4-3接线:把电流支路与负载串联,使电流线圈中通过负载电流i;把电压支路与负载并联,它两端的电压就是负载电压u(在图4-3中,实际为负载电压与电流线圈两端电压之和,但后者很小,可不计),流过电压线圈的电流与负载电压成正比,则仪表指针的偏转角为

$$\beta \propto IU\cos\phi$$

式中:I、U分别为负载电流i和电压u的有效值;ϕ为u、i的相位差,$\cos\phi$是负载的功率因数。可见,用功率表按图4-3接线可以测得负载消耗的平均功率,即

$$P = IU\cos\phi$$

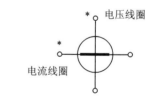

图4-2　功率表符号

图4-1　功率表实物图

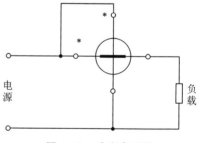

图4-3　功率表连接

当然功率表也可用在直流电路中测量功率。

使用功率表时应注意以下几点：

1．量程选择

选择功率表的量程，也就是选择功率表的电流量程和电压量程，所选择的电流量程必须大于负载电流，所选择的电压量程必须超过负载电压。如果选量程时只注意是否能满足所测功率，而忽视电压、电流量程是否能适应负载电压和电流的要求，则可能会损坏功率表。

例如，某感性负载，其功率约为 800 W，电压为 220 V，$\cos \phi = 0.8$，那么怎样选择功率表的量程呢？

正确的选法是：因负载电压为 220 V，故所选功率表的电压量程应大于 220 V，例如，选 240 V 量程，则负载电流为

$$I = \frac{P}{U \cos \phi} = \frac{800\ \text{W}}{220\ \text{V} \times 0.8} = 4.54\ \text{A}$$

故所选功率表的电流量程应大于 4.54 A，选 5 A 量程。

此时，功率表的量程就是 240 V×5 A＝1 200 W，满足测量功率的需要。

如果不是这样选，而是选电压量程为 120 V、电流量程为 10 A，则功率量程同样还是 1 200 W，但负载电压 220 V 超过了功率表所能承受的电压 120 V，这是不允许的。

2．功率表的接线应遵守"发电机端"接线规则

功率表的电流支路和电压支路的一个接线端钮上各标有一个特殊标记："＊"、"±"或"↑"，称为"发电机端"。为了保证用功率表测出的读数是输入到负载的功率 $P = IU \cos \phi$，必须按下面的规则把功率表接进被测电路中。

第一步：把功率表的电流支路串进被测负载支路中，并把标有"＊"的一端接到电源一侧，另一端接到负载的一侧。

第二步：把功率表的电压支路与负载支路并联，并把标有"＊"的一端接到电流钮的任一端，另一端则跨接到负载的另一端。

以上就是"发电机端"接线规则。

如果功率表的接线是正确的，但是发现指针反转（则表明负载中含有电源，是在输出功率），这时应将电流端钮换接，不能将电压端钮换接。

3．功率表读数

用功率表测量时，所测功率值＝C×指针所指格数，其中

$$C = \frac{U_\text{N} I_\text{N}}{\alpha_\text{m}}$$

式中：U_N 和 I_N 分别表示电压端钮和电流端钮上所标的量程或额定值；α_m 是刻度尺满刻度的格数。

4. 功率表接法

功率表有两种接法,即电压线圈"发电机端"可以接在电流线圈的"发电机端",也可以接在电流线圈的另一端。为了减少测量误差,应该合理地选取一种。图4-3的接法适用于负载阻抗远大于电流线圈阻抗的情况;另一种接法适用于负载阻抗与电流线圈的阻抗可比拟的情况。

5. 功率表具体接法

根据被测电路的电压,选择适当电压量程,在电压端钮接上电压测试笔;根据被测电路的电流大小,选定电流量程,在电流线圈端钮接上电流测量专用插头线,如图4-4所示,在被测电路中串入电流测量专用插座。测量时,只需按图4-5接上电压测试笔并将电流插头插入测试插座即可测出功率。

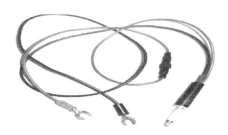

图 4-4 电流插头线

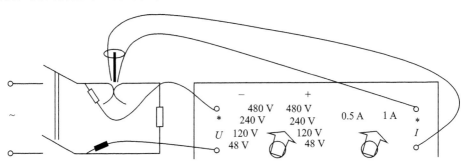

图 4-5 功率表的测试连线

二、调压器

调压器是实验室用来调节工频交流电压的常用设备,又名自耦变压器。它的单相原理图如图4-6所示。

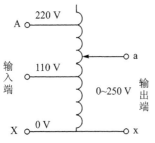

图 4-6 调压器原理图

使用时要把电网的 220 V 电压接到输入端 X(0 V)和 A(220 V)两端,可调电压从输出的两端钮 a 和 x 输出。转动连接滑块的手柄,滑块位置改变,输出电压的大小也随着改变,从输出端可以输出 0～250 V 之间的任何电压。

使用时应注意下列几点:

① 电源电压要接到输入端,切勿错接到输出端。

② 为了安全,电源中线应接在输入/输出的公共端钮 X 上。

③ 输入端另有 110 V 端钮,当电网电压是 110 V 时,把电网电压接到 0 V 和 110 V 两端,从输出端得到 0～250 V 可调电压。但我国的电网相电压一般为220 V,所以通常不用 110 V 端钮。接线时切勿接错。

④ 通电前,调压器的转动手柄应置于输出电压为零的位置,通电后再逐渐转动手柄,使输出电压由零增加到所需数值。每次实验完毕后,应随手把手柄调回零位,必须养成这种习惯。

⑤ 调压器的输入电压和工作电流不得超过铭牌上所规定的额定值。例如实验室中常用的一种调压器 TDGC2J－1 的铭牌上规定有:额定容量 1 kV·A、输入电压 220 V/110 V、频率 50～60 Hz、输出电压 0～250 V、输出电流 4 A/18 A。

三、实验操作台

实验操作台提供三相工频电源和一些电路中常用的设备和元器件。这里介绍工频交流实验中所要用到的器件和设备,包括三相工频电源、三相负载和电流插座。实验操作台实物图如图 4－7 所示。

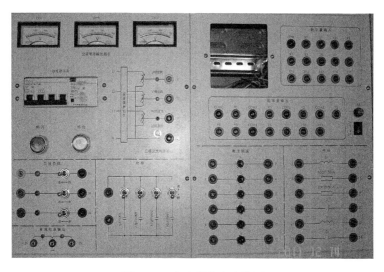

图 4－7 实验操作台实物图

1. 三相电源

实验台提供的三相电源是工频电,在实验台上的布置情况如图 4－8 所示。三相电源由一个三相空气开关控制接通或断电。三相电源采用三相四线制供电,相线标为 U、V、W,中线标为 N。

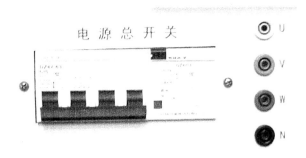

图 4 - 8 三相电源

2. 电流插座

实验台上有 6 个独立的电流插座,实物图如图 4 - 9 所示。电流插座内部结构示

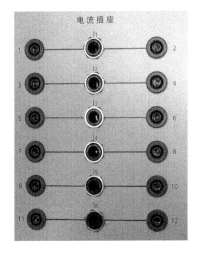

意图如图 4 - 10 所示,电流插头不插入时,内部两个金属片搭接在一起,电流插座类似于一根导线连通两端,当插入电流插头后,内部两个金属片被分开,分别连接电流插头线缆的两端,便于连接外部电流表。电流插座的用途是在实验电路需要测量电流的支路中串入一个插座,在不测电流时,插座"空闲"保持连通状态;而需要测量电流时,把接有电流表的专用插头插入电流插座中,即把电流表串入到待测支路中,可以进行电流的测量。这样,在各个电流不必同时测量的情况下,只需一块电流表,就可以方便地测量多个支路的电流。

图 4 - 9 电流插座实物图

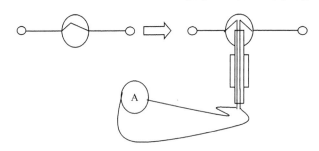

图 4 - 10 电流插座结构示意图

3. 三相负载

三相负载由 3 个独立的电阻性负载组成,面板布置如图 4 - 11 所示。每相负载

设有一个钮子开关(S_1、S_2、S_3),当开关拨向"通"时,该相的负载是通的;当开关拨向"断"时,该相的负载是不通的。每相负载上设置了一个指示灯,它的亮度与通过该相的电流大小有关。电流为零时灯不亮,电流较小时灯的亮度相应地较暗,电流较大时亮度也较亮。因此,实验过程中可以根据指示灯的亮度变化来判断负载中流过的电流大小的变化。

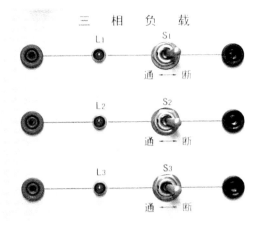

图 4 - 11　三相负载

4.2　实验五　铁芯线圈参数测量和三相电路

一、实验目的

① 学习拟定实验方案测有铁芯线圈参数的方法。
② 熟悉三相电源和三相电路各参数的测量方法。
③ 学习正确使用功率表、电流表、万用表和交流调压器。
④ 学习测单相和三相电路的功率。
⑤ 验证感性负载通过并联电容提高功率因数。

二、预习要求

1) 自学第 2 章中的相关内容,拟定测试方案。
① 在特定工作电流下,测带铁芯线圈的参数 L、R。
② 带铁芯线圈并联电容方式提高功率因数。
方案中包括下列内容:写出所依据的原理;画出实验电路图;选实验设备和仪表;写出测试步骤和注意事项;设计好记录表格;列出必要的计算公式。
思考:为什么带铁芯线圈的参数要在一定的工作电流下测量?

2）复习三相电路的有关理论知识。

① 从第 2 章中学习三相功率的测量方法。

② 结合本次实验电路，具体画出测量各电压、电流、功率时，各种仪表应该怎样连接。

③ 实验台上的三相电源的线电压为 0～440 V 可调。本次实验时，线电压调至 220 V。利用实验台上的三相负载（为带指示灯的功率电阻）作为负载，每个电阻的规格是 510 Ω、100 W。请根据表 4-1 和表 4-2 的测试项目预估各电压、电流及功率表的读数，并选好仪表量程。

思考：Y 形连接无中线时，要求测量各相电压，在电源端测量和在负载端测量，其结果有什么不同？

3）简单了解三相异步电动机的工作原理。

三、实验设备

实验操作台（带调压器三相电源、三相负载、铁芯线圈、功率电阻、电容器若干等）   1 台；

测试线缆   1 套；

电流表（0.5 A、1 A）   1 块；

功率表（60 V、120 V、240 V，0.5 A、1 A） 1 块；

三相异步电动机   1 台；

数字万用表   1 块。

四、实验内容及要求

1）结合实物，熟悉所用的仪表和设备，特别是功率表和数字万用表，仔细了解实验操作台上器件的布置和用法，准备好功率表、电流表、测试线缆和万用表（选 ACV 挡位）。

2）单相电路。

① 讨论测量带铁芯线圈参数的实验方案。

② 输入电压 U 从 0 V 开始调节，在线圈电流 I_L 达到指定值下（例如设定为 0.4 A），测量输入电压 U 的电压值、W 表（P1 和 P2 的位置）的功率，利用公式推导计算出带铁芯线圈的参数 R_L 和 L，以及功率因数 $\cos \phi$。数据记录表如表 4-1 所列。有关公式如下：

$$P = UI \cos \phi$$

$$Z = U/I$$

$$R_L = Z \cos \phi$$

$$L = \sqrt{\frac{Z^2 - R_L^2}{2\pi f}}$$

$$P = I^2 R_L$$

③ 带铁芯线圈支路上并联不同容量的电容 C,在铁芯线圈支路电流 I_L 保持不变的前提下(例如设定为 0.4 A),测量电容支路电流 I_C 和电路总电流 I,找到使电路总功率因数 $\cos \phi$ 最大时的并联电容值。数据记录表格如表 4－1 所列(第一行除外,"＊"代表功率因数最大时对应的电容值)。

表 4－1　带铁芯线圈参数测量记录表

并联电容 $C/\mu F$	输入电压 U/V	总电流 I/A	线圈电流 I_L/A	电容电流 I_C/A	功率 P/W		$\cos \phi$
					P1	P2	
0			0.4				
4.7			0.4				
10			0.4				
＊			0.4				
15.7			0.4				
16			0.4				

3) 三相电路。

进一步熟悉实验台,根据电源、负载的分布,结合实验线路图 4－12 和图 4－13 做好连接实验电路的准备,然后进行如下实验操作。**注意:电路中负载 R 为实验台上的三相负载单元。**

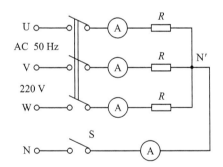

图 4－12　星形负载接线图

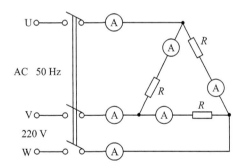

图 4－13　三角形负载接线图

① 连接图 4－12 的电路,连接完成后检查并确认无误才能接通电源。按表 4－2 的测量条件和测量项目进行测量,并把测量结果填入表中,同时观察比较灯的亮度是否有变化。(在基本亮度的前提下,灯的变化分为变亮、变暗、不变、灯灭;星形负载情况下增加功率测试项。)

表 4 - 2 负载星形连接的测量

测量项目 \ 测量条件			线电压/V			相电压/V			功率/W			线电流或相电流/A			中线		各相灯的亮度变化
			U_{UV}	U_{VW}	U_{WU}	$U_{UN'}$	$U_{VN'}$	$U_{WN'}$	P_U	P_V	P_W	I_U	I_V	I_W	电流/A I_N	电压/V $U_{NN'}$	
星形接法	三相负载均接通	有中线															
		无中线															
	一相断，另两相相接通	有中线															
		无中线															

② 连接图 4 - 13 所示的电路，连接完成后检查并确认无误才能接通电源。按表 4 - 3 的测量条件和测量项目进行测量，并把测量结果填入表中。**注意：**第 2 章中有讲解测量功率的方法：两表法、三表法，对这两种方法进行比较分析。

表 4 - 3 负载三角形连接的测量

条 件	线电压/V			线电流/A			相电流/A		
	U_{UV}	U_{VW}	U_{WU}	I_U	I_V	I_W	I_{UV}	I_{VW}	I_{WU}
对称三角形每相一灯									
	测三相总功率/W								
	两表法			三表法			用电压、电流计算每一相的功率		
	$P_{UW,U}$	$P_{VW,V}$	$P_总$	P_{UV}	P_{VW}	P_{WU}	$P_总$	P_{UV}	P_{VW}	P_{WU}	$P_总$

4）选做。

如图 4 - 14 所示，在三相电源的不同接法下，观察三相异步电动机的转动现象。你还能提出更多的接法吗？若能，实现相应的电路并观察电动机的转动现象。

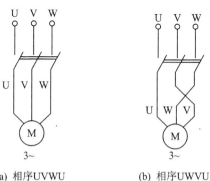

(a) 相序 UVWU   (b) 相序 UWVU

图 4 - 14 三相异步电动机电路

适当减小电源的电压,观察电机的转速是否有变化。

五、注意事项

① 本次实验电压高,注意安全。

② 拆、接线时,应关断电源。

③ 接通和断开电源时,各仪表不能接在电路中。

④ 不能带电改换仪表量程。

⑤ 测试完毕必须把测试笔都取下,防止不小心触电。

⑥ 接线时一条支路最好采用同一颜色,方便检查。

六、总结要求

① 整理测量数据,分析并计算所要求参数的结果。

② 画出功率因数最大时的向量图,由实验数据和向量图分析并联电容对功率因数的影响,并说明其实际意义。

③ 通过实验,你认为自己的设计方案还存在什么问题?对拟定实验方案有什么体会? 讨论出最佳的设计方案。

④ 根据观察到的现象,说明三相异步电动机的转动方向、速度取决于什么?

⑤ 在三相电路各参量及三相功率测量时,分析表格测量数据并比较所测结果、误差。说明 Y 形电路中线有何作用。

4.3　变频调速技术与变频器简介

一、变频与变频调速原理简介

1. 变频原理

在我国常用的三相工频交流电为 380 V、50 Hz。对于 50 Hz 电源,常用的三相异步电动机的同步转速只能是 3 000 r/min、1 500 r/min、1 000 r/min、750 r/min、600 r/min、500 r/min,电机实际带载运转的转速略低于相应的同步转速。如果能够连续地改变电机电源的频率,则可以连续地改变同步转速,达到三相异步电动机无级调速的目的。

改变电机电源的频率目前普遍采用变频器(VFD),由于对于交流线圈绕组来说,其两端的工作电压 U 基本上应该与频率 f 成正比,即

$$U \approx 4.44 f N \Phi_{\mathrm{m}}$$

式中:N 为定子绕组的匝数;Φ_{m} 为工作磁通的幅值,因此,目前的变频器基本上采用 VVVF(Variable Voltage and Variable Frequency)的变频方式,在改变频率的同时,必须相应地改变电压,才能使电动机正常工作。

为了产生可变的电压和频率,变频器首先要把三相或单相工频交流电(AC)通过整流电路变换为直流电(DC)。然后再把直流电通过逆变电路变换为三相电压与频率对应的交流电(AC)。因此,一般称作 AC – DC – AC 变频器。大多数变频器采用SPWM 逆变方式,其输出电压波形如图 4 – 15 所示。通过改变脉冲的宽度来改变正弦电压的大小,通过改变一个周期的脉冲数来改变正弦的周期,达到变频变压的效果。

变频器驱动电动机工作时,电机定子绕组上的电压是 SPWM 波,由于电感的作用,其电流基本呈现按正弦变化,激励出的工作磁场与加正弦电压时的一样。

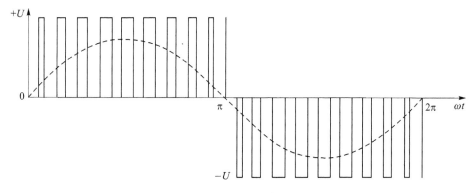

图 4 – 15　SPWM 波形图

2. 变频调速原理

异步电动机的转速表达式为

$$n = n_1(1 - S) = 60f_1(1 - S)/P$$

式中:n_1 为旋转磁场的同步转速;f_1 为电源频率;S 为转差率;P 为电动机的磁极对数。可看出,在不改变电机的结构的情况下,要实现异步电动机的调速,可以通过改变电源的频率,使同步转速作相应的变化,从而改变电动机的转速。图 4 – 16 所示的是三相异步电动机的固有特性,电动机只能稳定地运行于虚线上部的特性上。连续变频时将得到图 4 – 17 所示的变频特性区域,当频率在 $f_{min} \sim f_{max}$ 之间连续调节时,电机可以驱动负载 T_L 运行在 $n'' \sim n'$ 之间,实现无级调速。

3. 变频器构成

根据变频过程中有无中间直流环节,变频器可分为交—交变频器和交—直—交变频器两类。交—交变频器是将工频电源直接转换为另一个频率或可控频率的交流电;交—直—交变频器是先将工频电源转换成直流,然后再经过逆变器转换为可控的交流电。根据直流侧电源性质的不同,交—直—交变频器又可以分为电压源型和电流源型两种。目前应用较多的是交—直—交电压源型变频器。交—直—交变频器主要是由主电路、控制电路组成,如图 4 – 18 所示。

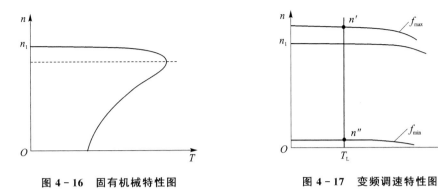

图 4 - 16　固有机械特性图　　　　　图 4 - 17　变频调速特性图

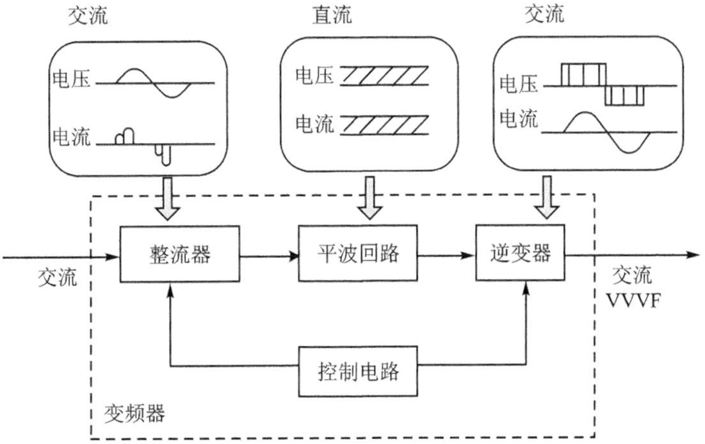

图 4 - 18　交—直—交变频器内部结构框图

主电路是给异步电动机提供调压调频电源的电力变换部分,它由整流器、平波回路、逆变器 3 部分构成,如图 4 - 19 所示。图中 R_0 为电容充电时的限流电阻,上电 10~20 ms 后由 S 短路 R_0。两个等值电阻 R_1、R_2 分别并联在串联电容 C_1、C_2 上,保证两个电容、电压均等。FU 是快速熔断器,主要对整流电路进行保护。表示 IGBT 管,并联在它旁边的二极管表示缓冲电路,用来吸收器件关断时的浪涌电压。

整流器的作用是将电网的交流电变换为直流电后给逆变器和控制电路供电。它常常采用全桥式二极管整流电路,比如用一个 6 单元的整流模块组成;而且整流电路的每一个器件侧都并联有阻容吸收电路,用来实现过压保护、浪涌电压等。

平波回路也称为直流滤波电路,其作用是对整流器输出直流电压滤波;吸收来自逆变器的由于元器件换向或负载变化等引起的纹波电压和电流。电压型采用电容滤波,电流型采用电感滤波。

逆变器是变频器最主要的部分,其作用是在控制电路的控制下将平波回路输出的直流电压或电流转换为所需频率的交流电压或电流。逆变器部分由 6 个开关器件

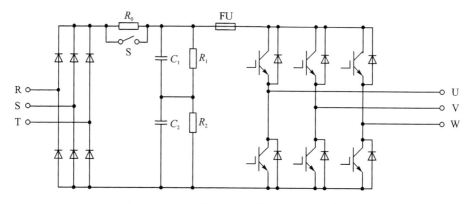

图 4 - 19　交—直—交变频器的主电路示意图

组成,可供采用的器件有 SCR(晶闸管)、GTR(大功率晶体管)、GTO(门极关断晶闸管)、MOSFET(大功率场效应管)、IGBT(绝缘栅双极型晶体管)、IPM(智能型 IGBT 功率模块)、IGCT(集成门极换流型晶闸管)等,目前逆变器采用的主流器件是 IGBT 和 IGCT。

控制电路是为主电路功率开关器件提供所需驱动信号的电路,其作用是实现事先确定的变频器控制方式,并产生所需的各种门极或基极驱动信号,如图 4 - 20 所示。控制电路包括频率、电压的"运算电路",主电路的"电压、电流检测电路",电动机的"速度检测电路",将运算电路的控制信号进行放大的"驱动电路",以及逆变器和电动机的"保护电路"等。

运算电路:将外部的速度、转矩等指令同检测电路的电流、电压信号进行比较运算,决定逆变器的输出电压、频率。

电压、电流检测电路:与主回路电位隔离检测电压、电流等。

驱动电路:驱动主电路器件的电路。它与控制电路隔离使主电路器件导通、关断。

速度检测电路:以装在异步电动机轴机上的速度检测器的信号为速度信号,送入运算回路,根据指令和运算可使电动机按指令速度运转。

保护电路:检测主电路的电压、电流等,当发生过载或过电压等异常时,为了防止逆变器和异步电动机损坏,使逆变器停止工作或抑制电压、电流值。

PWM 即脉宽调制控制,其基本思想是通过控制逆变器功率开关器件的通断,在逆变器输出端获得一系列等幅不等宽的矩形脉冲,改变矩形脉冲的宽度和调制周期就可以改变输出电压的幅值和频率。当调制波为正弦波时,通常称为正弦波 PWM,即 SPWM。PWM 控制方式能有效地消除或抑制低次谐波,开关频率高使得输出波形非常接近正弦波,负载电动机的转矩脉动小,扩展了传动系统的调速范围。目前,随着电力电子技术和计算机技术的发展,出现了采用 PWM 整流＋PWM 逆变的双 PWM 变频器,这种变频器对电网的谐波污染很低,同时具有较高的功率因数。

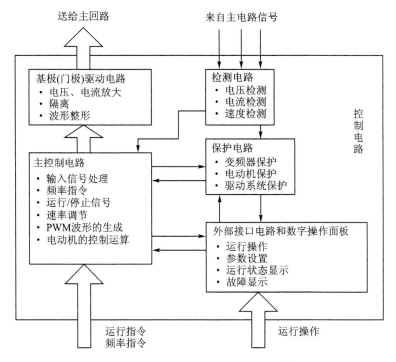

图 4 - 20 变频器控制电路的功能模块

4. 变频器的应用

变频器主要用于交流电动机(异步电机或同步电机)转速的调节,是公认的交流电动机最理想、最有前途的调速方案,除了具有卓越的调速性能之外,变频器还有显著的节能作用,是企业技术改造和产品更新换代的理想调速装置。自 20 世纪 80 年代被引进中国以来,变频器作为节能应用与速度工艺控制中越来越重要的自动化设备,得到了快速发展和广泛的应用。在电力、纺织与化纤、建材、石油、化工、冶金、市政、造纸、食品饮料、烟草等行业以及公用工程(中央空调、供水、水处理、电梯等)中,变频器都在发挥着重要的作用。

变频器应用系统的组成框图如图 4 - 21 所示。图中变频器和电动机作为系统的执行机构,是系统能量变换的核心和动力输出的关键。选择电动机时要考虑电动机的负载驱动能力、工作频率范围等指标。选择变频器时主要是选择其类型和容量。

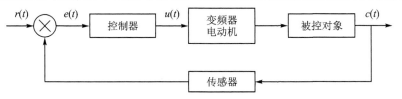

图 4 - 21 变频器应用系统框图

控制器可分为线性控制和智能控制。

使用变频器的温度调节系统如图 4-22 所示,这种系统由于使用了变频器使得该系统具有显著的节能效果,在空调设备、冷冻冷却设备、加热设备上得到了广泛应用。

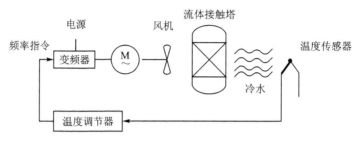

图 4-22 使用变频器的温度调节系统

二、VFD-L 系列变频器简介

1. 概　述

VFD-L 系列变频器是台湾台达电子工业股份有限公司生产的简易型交流电机变频驱动器,本实验采用的 VFD007L21A 型变频器,输入可采用单相 220 V 的工频电,输出最大电压为 220 V,频率可以在 400 Hz 到 1 Hz 之间调节,分辨率为 0.1 Hz。

VFD-L 系列变频器设有供用户方便操作的简易操作面板和显示变频器运行状态及设定运行参数的 LED 显示器,其面板如图 4-23 所示。用户可通过操作面板对变频器进行设定及运行方式控制,如设定电动机运行频率,V/F 类型,加、减速时间等。面板上部的数字显示器可以显示变频器的功能代码(不同参数)以及各参数的设定值。在变频器运行过程中,它又是一个监视窗口,显示电动机的运行状态。可以实时显示电动机的基本运行数据,如电动机电流、变频器输出频率等。在变频器发生故障时,显示故障种类以便分析故障原因。

VDF-L 系列变频器还配有远程操作接口,可以进行远程操作。为适应使用场地分散、远距离集中控制的要求,VFD-A/H 系列变频器还配有标准的 RS485 接口,这种接口具有控制距离远、抗干扰能力强等优点。

VDF-L 系列变频器的接线端子包括主回路接线端子与控制回路接线端子。主回路接线端子为输入、输出端子。控制回路端子包括频率指令的模拟设定输入、进行开关操作的输入、报警、监视等。模拟输入有两种模拟频率设定方式:一种为外接电位器,对应电压为 0~10 V;另一种为电流 4~20 mA。当用电压或电流进行设定时,最大电压或最大电流对应频率的最大设定值。为了减少外界干扰,外界模拟设定信号线应采用接地的屏蔽线。

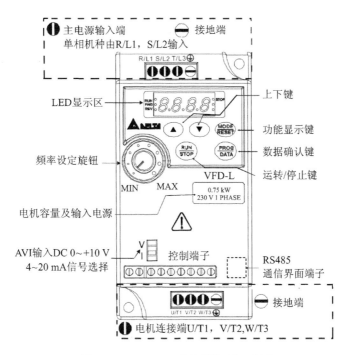

图 4 - 23　VFD - L 变频器面板示意图

2. 变频器参数及设置

（1）按　键

① MODE/RESET：用于 LED 显示参数模式选择和参数设置复位。显示模式有设定的频率（F）、实际输出的频率（H）、输出电流（A）三种，每按该键一次，显示模式按顺序依次循环改变。设置参数后，按该键回到显示初始状态。

② UP/DOWN：+1/-1 键，用于改变参数号或数值。

③ PROG/DATA：用于进入参数设置状态或参数数值确认。

④ RUN/STOP：面板控制启/停方式时，用于启动或停止变频器运行。

（2）实验常用参数

变频器供用户查看或设置的参数有 10 类：用户参数、基本参数、操作方式参数、输出功能参数、输入功能参数、多段速以及自动程序运行参数、保护参数、特殊参数、高功能参数、通信参数。详细参数请读者参看使用说明书，这里只列出与实验直接相关的一些参数，如表 4 - 4 所列。

表 4 - 4　VFD - L 变频器常用参数

参数号	参数功能	设定范围	出厂值
1 - 00	最大操作频率	d50.0 Hz～d400 Hz	d60.0
1 - 01	最大频率设定	d10.0 Hz～d400 Hz	d60.0

续表 4－4

参数号	参数功能	设定范围	出厂值
1－02	最大输出电压设定	d2.0 V～d255 V	d220
1－03	中间频率设定	d1.0 Hz～d400 Hz	d1.0
1－04	中间电压设定	d2.0 V～d255 V	d12.0
1－05	最低输出频率设定	d1.0 Hz～d60.0 Hz	d1.0
1－06	最低输出电压设定	d2.0 V～d255 V	d12.0
1－07	上限频率	d1％～d110％	d100
1－08	下限频率	d0％～d100％	d0.0
1－09	第一加速时间	d0.1 s～d600 s	d10.0
1－10	第一减速时间	d0.1 s～d600 s	d10.0
1－11	第二加速时间	d0.1 s～d600 s	d10.0
1－12	第二减速时间	d0.1 s～d600 s	d10.0
1－13	JOG 加速时间设定	d0.1 s～d600 s	d10.0
1－14	JOG 减速时间设定	d0.0 s～d600 s	d10.0
1－15	JOG 频率设定	d1.0 Hz～d400 Hz	d6.0
1－16	自动加/减速设定	d0：正常加/减速； d1：自动加速，正常减速； …	d0
1－17	加速 S 曲线设定	d0～d7	d0
1－18	减速 S 曲线设定	d0～d7	d0
2－00	频率指令输入来源	d0：由键盘输入； d1：由外部 AVI 输入 0～10 V； d2：由外部 AVI 输入 4～20 mA； d3：由面板上的 VR 控制； d4：RS485 输入	d0
2－01	运行指令来源	d0：由键盘操作； d1：由外部端子操作，键盘 STOP 有效； d2：由外部端子操作，键盘 STOP 无效； d3：由 RS485 操作，键盘 STOP 有效； d4：由 RS485 操作，键盘 STOP 无效	d0
2－02	停车方式	d0：减速刹车停止； d1：自由运转停止	d0
2－03	载波频率设定	d3 kHz～d10 kHz	d10
2－04	反转禁止	d0：可反转； d1：禁止反转； d2：禁止正转	d0

续表 4 - 4

参数号	参数功能	设定范围	出厂值
4 - 04	多功能输入选择一 M1(d0～d20)	d0：无功能； d1：M0(正转/停止)、M1(反转/停止)； d2：M0(运行/停止)、M1(正转/反转)，…； d6：RESET 指令； d7：多段速指令一，…	d1
4 - 05	多功能输入选择二 M2(d0,d4～d20)		d6
4 - 06	多功能输入选择三 M3(d0,d4～d20)		d7

3. 变频器接线

在使用变频器时，首先要对主电路、控制电路根据使用说明和应用方式进行配线，图 4 - 24 所示的是 VFD - L 变频器的典型配线。

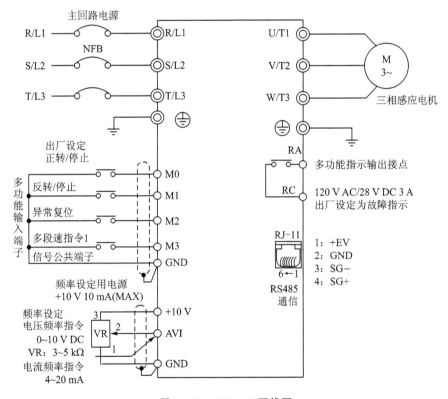

图 4 - 24　VFD - L 配线图

（1）主电路的接线

变频器的输入(R、S、T)接至工频电源，输出(U、V、W)接至三相电机，两者绝对不能接错，否则会损坏变频器。输入如果采用单相电源，则选择其中的两个端子连接即可。

（2）控制电路的接线

① 模拟量控制线建议使用屏蔽线，以减少电磁干扰，屏蔽层的一端接变频器控制电路的公共端（COM），不要接变频器地端（E）或大地，另一端悬空。

② 开关量控制线允许不使用屏蔽线，但同一信号的两根线建议互相绞在一起，避免受干扰。

（3）变频器接地

多台变频器接地，各变频器应分别和大地相连，不允许一台变频器的接地端和另一台变频器的接地端连接后再接地。

三、变频调速实验系统工作原理

实验系统组成框图如图 4-25 所示，系统由实验板、变频器、异步电动机、转速转矩测量仪等组成。

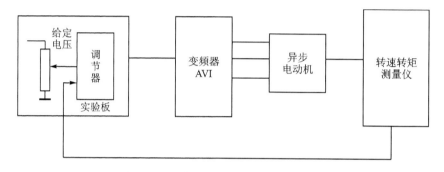

图 4-25　变频调速实验系统组成框图

系统工作原理：由实验板上的运放、电阻、电容等元件组成调节器，对转速给定值和反馈量的差进行调节（可以采用 P、PI 或 PID 等调节方法），调节器的输出连接到变频器的 AVI 端（模拟电压输入端），AVI 端的电压决定变频器输出三相电压的频率，从而决定与变频器三相电压输出端连接的三相异步电动机的转速。转速转矩测量仪可以测量三相异步电动机的转速以及调整电动机的电磁涡流负载转矩，该实验把转速转矩测量仪检测到的转速电压信号输出作为反馈量，构成转速控制系统。

1. 调节器中采用的运放芯片

调节器由运算放大器 LM358 及电阻、电容等元件组成。LM358 是通用双运放集成电路，其引脚如图 4-26 所示。其中 +V 和 -V 分别接 +12 V 和 -12 V。黑点处是第一个引脚，一定要看清楚引脚位置，否则，正、负电源接反就会损坏芯片。

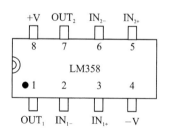

图 4-26　LM358 引脚图

2. 调节器工作原理

以比例调节器为例,参考电路如图 4 - 27 所示。**注意:调节器上的参数只是参考,要根据自身系统的实际进行调试,使测出的效果更好。需要调节的参数是调节器本身的放大倍数、闭环后转速的反馈深度、在需要的地方所接的电容值等,以使测量稳定,反馈效果明显。**

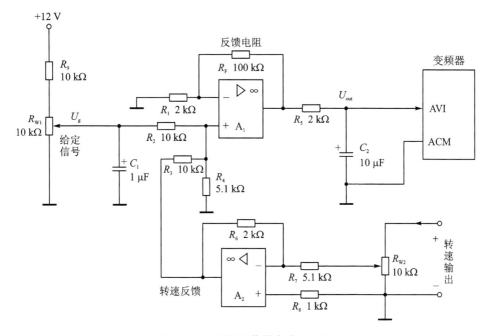

图 4 - 27　比例调节器电路原理图

转速给定 U_g 来自电位器 R_{w1} 的滑动输出端,其中一个固定端连接 10 kΩ 电阻 R_9,10 kΩ 电阻 R_9 起分压作用;R_{w1} 的另一个固定端接地(与变频器的 ACM 接在一起)。转速反馈电压信号来自转速转矩测量仪的转速输出,注意转速输出电压的极性,保证其正端接 R_{w2} 的一个固定端,负端接 R_{w2} 的另一个固定端(接地)。R_{w2} 的滑动端接放大器 A_2 的反向输入端,A_2 放大器的输出作为转速反馈信号与给定信号 U_g 进行差值运算后,输入到第一级放大器 A_1 中。

4.4　实验六　变频器与异步电动机的变频调速

一、实验目的

① 了解变频器(VFD)的性能、结构及工作原理。

② 学习变频器的基本使用方法。

③ 熟悉一般变频调速系统的基本组成、系统调试及基本特性的测试方法。

④ 加深理解对基于运放的运算电路的调节作用。

二、预习要求

① 了解变频调速原理及变频器的使用。

② 了解有关异步电动机控制和调速原理的知识,分析实验系统框图(见图 4 - 27)中各组成部分的功能。

③ 复习运算放大器的工作原理与应用,计算变频调速控制系统中比例放大器的放大倍数。

三、实验设备

VFD - L 变频器　　　1 台;

转速转矩测量仪　　　1 台;

异步电动机　　　　　1 台;

电磁加载器　　　　　1 台;

数字万用表　　　　　1 块;

实验板　　　　　　　1 块。

四、实验内容及要求

1) 熟悉变频器操作面板,了解各按键的作用。

2) 变频器主回路连线:R、T 两端连接相电压 220 V。U、V、W 端连接三相异步电动机,三相异步电动机采用三角形连接。

3) 变频器参数设置与电机运行。

① 由面板键盘设定输出频率。按要求设置操作方式参数:"2 - 00＝d0""2 - 01＝d0",设置基本参数"1 - 09＝d5.0""1 - 10＝d5.0"。用"增"或"减"设置好变频器的频率(**注意**:频率不要超过 50 Hz),然后按控制面板的"RUN/STOP"键,仔细观察电机开始运行。再按"RUN/STOP"键,电机将进入停止过程,设定其他频率再重复以上操作,熟悉变频器面板上各按键的作用。

② 由外部模拟输入端 AVI 控制输出频率。把操作方式参数设置为:"2 - 00＝d1""2 - 01＝d0"。输出频率取决于从 AVI 端输入的电压,电机的运行和停止还是由控制面板的"RUN/STOP"键来控制。变频器 AVI 输入电压由电位器 R_{W1} 来调节,如图 4 - 28 所示。只要调节 R_{W1},就可以改变变频器的输出频率,从而改变电动机的转速。仔细调节、观察并作必要的测量和记录。

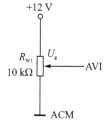

图 4 - 28　调节 AVI 的
输入电压

4）调节器调试。

① A_1 的放大倍数测量。断开变频器电源,按图 4 - 27 连接调节器电路,先不接入转速反馈电路(即 A_2 放大器电路),确保 A_1 工作正常,然后测量调节器电路中 A_1 的放大倍数 A_V,测量数据填入表 4 - 5 中。

表 4 - 5　测量调节器中 A_1 的电压放大倍数 A_V

U_g/V	0.02	0.04	0.06	0.08	0.10	0.12	0.14	0.16	0.18	0.2
U_{out}/V										
A_V										

② 检查 A_2 的工作情况。放大器 A_1 工作正常后,在 R_{W2} 的正端也加 +12 V 电压,检查 A_2 是否工作正常。调节 R_{W2},用数字万用表测量 A_2 的输出电压,判断 A_2 是否处于正常状态。A_2 正常后才能进行后面的操作。

5）变频调速系统的调速特性测量。

① 按图 4 - 27 接线,但先不加入转速反馈信号,即将 A_2 放大器输出与 A_1 放大器输入断开连接,使其处于开环状态,且电机空载。测量转速与电压 U_g 的关系。

调节电压 U_g,使电机转速达到设定值,将对应的 U_g 值填入表 4 - 6 中。

表 4 - 6　转速与电压的关系

转速 $n/(r \cdot min^{-1})$	1 400	1 200	1 000	800	600
U_g/V					

② 加负载转矩,观测变频调速系统的机械特性。

➢ 开环特性。在开环状态下,设定空载转速 n_0 分别为 1 400 r/min、1 200 r/min、1 000 r/min、800 r/min 和 600 r/min,调节转速转矩测量仪的转矩调节旋钮,使负载从最小慢慢增加,按照表格中设定的负载值,读取电机转速值,并将转速值分别填入表 4 - 7～表 4 - 11 中。

➢ 闭环特性。在主电路断开电源的情况下,接转速反馈回路,使变频调速系统形成闭环。先把 R_{W2} 调至最下端,使转速反馈信号为零。接着调节 R_{W1} 使 U_g 为 4.0 V。然后,接通主电路电源,观察电机将以最高转速运转,慢慢地调节 R_{W2},使转速反馈逐渐加大,观察变频器输出频率的反应,直到变频器输出频率从最高频率开始下降,说明进入闭环状态,固定 R_{W2} 不变。调节 U_g 使闭环的空载转速分别为 1 400 r/min、1 200 r/min、1 000 r/min、800 r/min 和 600 r/min,并调节转速转矩测量仪的转矩调节旋钮,使负载从最小慢慢增加,按照表格中设定的负载值,读取电机转速值,并将转速值分别填入表 4 - 7～表 4 - 11 中。

表 4－7　加负载转矩时，转速的变化情况$(n_0 = 1\ 400\ r/min)$

$T/(N \cdot m)$	0.10	0.20	0.30	0.40	0.50
$n_{开环}/(r \cdot min^{-1})$					
$n_{反馈}/(r \cdot min^{-1})$					
加入积分调节（选做）					

表 4－8　加负载转矩时，转速的变化情况$(n_0 = 1\ 200\ r/min)$

$T/(N \cdot m)$	0.10	0.20	0.30	0.40	0.50
$n_{开环}/(r \cdot min^{-1})$					
$n_{反馈}/(r \cdot min^{-1})$					
加入积分调节（选做）					

表 4－9　加负载转矩时，转速的变化情况$(n_0 = 1\ 000\ r/min)$

$T/(N \cdot m)$	0.10	0.20	0.30	0.40	0.50
$n_{开环}/(r \cdot min^{-1})$					
$n_{反馈}/(r \cdot min^{-1})$					
加入积分调节（选做）					

表 4－10　加负载转矩时，转速的变化情况$(n_0 = 800\ r/min)$

$T/(N \cdot m)$	0.10	0.20	0.30	0.40	0.50
$n_{开环}/(r \cdot min^{-1})$					
$n_{反馈}/(转 \cdot 分^{-1})$					
加入积分调节（选做）					

表 4－11　加负载转矩时，转速的变化情况$(n_0 = 600\ r/min)$

$T/(N \cdot m)$	0.10	0.20	0.30	0.40	0.50
$n_{开环}/(r \cdot min^{-1})$					
$n_{反馈}/(r \cdot min^{-1})$					
加入积分调节（选做）					

6）选做。

在 R_F 支路中串入 $0.1\ \mu F$ 的电容，改成 PI 调节器，选取 5）中两项闭环情况进行测量、观察，并就数据和观察到的现象作相应的比较。**注意**：PI 调节器易出现振荡现象，适当改变串接电容的电容值，找到较稳定的电容值进行相关实验测试。

五、注意事项

① 变频器的电源接线一定要接相电压(220 V),切勿接成线电压(380 V),否则,会烧坏变频器。

② 调节器芯片 LM358 的正、负电源千万不要接错,否则就会损坏芯片。

③ 在更换变频器的连线时,要等变频器指示灯灭了再操作,以防触电。

④ 电机接线一定要牢固可靠,如在实验过程中电机线脱落,要关断电源后把电机线接好,否则容易损坏变频器。

⑤ 在启动电机时,要先把转速转矩测量仪的转矩调至零或很小,避免电机无法正常启动。

⑥ 除要求设置的几个参数外,设置其他参数运行必须经老师允许。

六、总结要求

① 结合实验操作,总结变频器的使用方法。

② 熟悉变频调速系统的工作原理。

③ 通过变频调速系统开环、闭环的测量,总结闭环系统的作用(作定量分析)。

4.5　工业控制器件——继电控制电器与可编程控制器(PLC)

一、常用继电控制电器

1. 按　钮

按钮通常用来接通或断开控制电路,从而控制电机或其他电气设备的运行。如图 4 - 29 所示,这是一种复合按钮,每个按钮包含一对动合触点和一对动断触点。

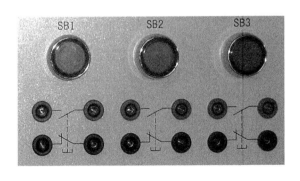
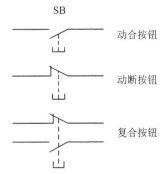

图 4 - 29　按钮及符号

2. 空气开关

空气开关是一种利用空气来熄灭开关过程中产生的电弧的开关,其外形如图 4 - 30 所示。开关的脱扣机构是一套连杆装置。当主触点通过操作机构闭合后,就被锁钩锁在合闸的位置。如果电路中发生故障,则有关的脱扣器将产生作用使脱扣机构中的锁钩脱开,于是主触点在释放弹簧的作用下迅速分断。

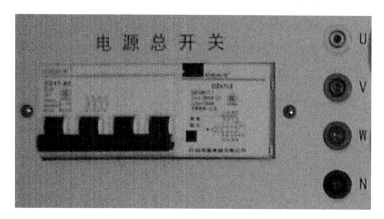

图 4 - 30　空气开关

3. 交流接触器

接触器是继电接触控制中的主要器件之一。它是利用电磁力来动作的,每小时可开闭几百次,常用来接通和断开电动机或其他设备的主电路,其外形和符号如图 4 - 31 所示。此交流接触器有 3 对动合主触点,允许通过较大的电流,通常接在主

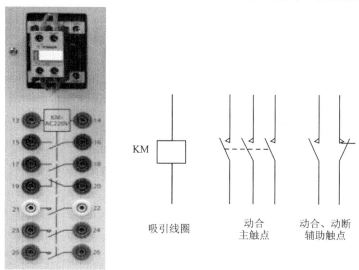

图 4 - 31　交流接触器及符号

电路中;另外还有 2 对辅助触点,一对是动合触点,一对是动断触点,它们允许通过较小的电流,只能接在辅助(控制)电路中。

选用交流接触器时,应注意它的线圈的额定电压、主触点的额定电流和额定电压、辅助触点的数量和类型。

4. 中间继电器

中间继电器用于继电保护与自动控制系统中,以增加触点的数量及容量。它用于在控制电路中传递中间信号,其外形及符号如图 4-32 所示。中间继电器的结构和原理与交流接触器基本相同,与接触器的主要区别在于:接触器的主触头可以通过大电流,而中间继电器的触头只能通过小电流。所以,它只能用于控制电路中。中间继电器一般是由直流电源供电,少数使用交流电源供电。例如,沙河电工电子强电实验室配置的中间继电器就是由直流供电的,采用 ±12 V 的直流电源。

图 4-32　中间继电器及符号

选择中间继电器时要考虑环境、机械作用、线圈的激励参量、触点的输出参量等因素。

二、可编程控制器(PLC)

1. 概　述

可编程控制器的全称是可编程逻辑控制器 PLC(Programmable Logic Controller)。它是一种专门为在工业环境下应用而设计的数字运算操作的电子装置。它采用可编程存储器,用来存储执行逻辑运算、顺序运算、计时、计数和算术运算等操作的指令,并能通过数字式或模拟式的输入和输出,控制各种类型的执行机构工作。PLC及其有关的外围设备都应该按照易于与工业控制系统形成一个整体、易于扩展其功能的原则而设计。

PLC 的特点是可靠性高、抗干扰能力强,控制程序可变、柔性好,编程简单、使用方便,功能完善、扩充方便、组合灵活、体积小、质量轻。在生产工艺流程改变或生产线设备更新的情况下,不必改变 PLC 的硬件设备,只需修改程序就可满足要求。

从结构上,PLC 分为固定式和模块式两种。固定式 PLC 包括 CPU 板、I/O 板、显示面板、内存块、电源等,这些元素组合成一个不可拆卸的整体。模块式 PLC 包括

CPU 模块、I/O 模块、内存、电源模块、底板或机架,这些模块可以按照一定规则组合配置。

CPU 是 PLC 的核心。CPU 主要由运算器、控制器、寄存器及实现它们之间联系的数据、控制及状态总线构成,CPU 单元还包括外围芯片、总线接口及有关电路。内存主要用于存储程序及数据。I/O 模块集成了 PLC 的 I/O 电路,其输入寄存器反映输入信号的状态,输出点反映输出锁存器的状态。输入模块将电信号变换成数字信号进入 PLC 系统,输出模块相反。I/O 分为开关量输入(DI)、开关量输出(DO)、模拟量输入(AI)、模拟量输出(AO)等模块。开关量按电压水平分为 220 V AC、110 V AC、24 V DC。模拟量按信号类型分为电流型(4~20 mA,0~20 mA)、电压型(0~10 V,0~5 V,-10~10 V)等。电源模块用于为 PLC 各模块的集成电路提供工作电源,分为交流电源(220 V AC 或 110 V AC)和直流电源(常用的为 24 V DC)。编程器是 PLC 开发应用、监测运行、检查维护不可缺少的器件,一般由计算机(运行编程软件)充当编程器。多数 PLC 具有 RS422,RS232 接口,还有一些内置有支持各自通信协议的接口。PLC 的通信现在主要采用通过多点接口(MPI)的数据通信,由 PROFIBUS 或工业以太网进行联网。

PLC 软件系统由系统程序和用户程序两部分组成。系统程序包括监控程序、编译程序、诊断程序等,主要用于管理全机,将程序语言翻译成机器语言,诊断机器故障。系统软件由 PLC 厂家提供并已固化在 EPROM 中,不能直接存取和干预。用户程序是用户根据现场控制要求,用 PLC 的程序语言编制的应用程序(也就是逻辑控制),用来实现各种控制。

在可编程控制器中有多种程序设计语言,它们是梯形图语言、布尔助记符语言、功能表图语言、功能模块图语言及结构化语句描述语言等。梯形图语言和布尔助记符语言是基本程序设计语言,它通常由一系列指令组成,用这些指令可以完成大多数简单的控制功能,例如,代替继电器、计数器、计时器完成顺序控制和逻辑控制等,通过扩展或增强指令集,它们也能执行其他的基本操作。功能表图语言和语句描述语言是高级的程序设计语言,它可根据需要去执行更有效的操作,例如,模拟量的控制、数据的操纵、报表的打印和其他基本程序设计语言无法完成的功能。功能模块图语言采用功能模块图的形式,通过软连接的方式完成所要求的控制功能,它不仅在可编程控制器中得到了广泛的应用,而且在集散控制系统的编程和组态时也被常常采用,它具有连接方便、操作简单、易于掌握等特点。

梯形图程序设计语言是最常用的一种程序设计语言。它来源于继电器逻辑控制系统的描述。在工业过程控制领域,电气技术人员对继电器逻辑控制技术较为熟悉,因此,由这种逻辑控制技术发展而来的梯形图受到了欢迎,并得到了广泛的应用。

梯形图程序设计语言的特点是:与电气操作原理图相对应,具有直观性和对应性;与原有继电器逻辑控制技术相一致,对电气技术人员来说,易于掌握和学习;与原有的继电器逻辑控制技术的不同点是,梯形图中的能流(Power FLow)不是实际意义上的电流,内部的继电器也不是实际存在的继电器,因此,应用时需与原有继电器逻辑控制技术的有关概念区别对待;与布尔助记符程序设计语言有一一对应关系,便于相互的转换和程序的检查。

2. PLC 的内部结构

不同型号的 PLC 具体结构虽然不同,但其构成的一般原理基本相同,都是以微处理器为核心的电子电气系统。实际上 PLC 是一种工业控制计算机,其系统组成、工作原理与计算机相同。它是为取代传统的继电接触控制系统和其他顺序控制器而设计的,但它又与继电器控制逻辑的工作原理有很大区别。

PLC 主要由中央处理单元(CPU)、存储器(ROM、RAM)、输入/输出元件(I/O 单元)、电源和编程器几大部分组成。其结构框图如图 4-33 所示。

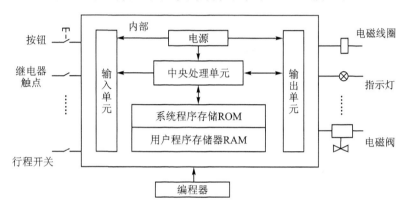

图 4-33　PLC 的结构框图

(1) 中央处理单元(CPU)

PLC 中所采用的 CPU 随机型不同而有所不同,通常为通用微处理器或者单片机。PLC 的档次越高,CPU 的位数也越多,运算速度也越快,其指令功能也越强。通过输入装置将外设状态读入,并按照用户程序去处理,根据处理结果通过输出装置控制外设。

(2) 存储器

PLC 的存储器分为两个部分。一是系统程序存储器,它是由生产 PLC 的厂家事先编写并固化好只读存储器(ROM),它关系到 PLC 的性能,不能由用户直接存取更改。其内容主要为监控程序、模块化应用功能子程序、命令解释和功能子程序的调用管理程序以及各种参数等。二是用户程序存储器(RAM),它主要用来存储用户编制的程序、输入状态、输出状态、计数和计时值以及系统运行必要的初始值。

(3) 输入/输出(I/O)接口模块

I/O 接口是 PLC 与现场 I/O 装置之间的连接部件。通过输入接口,PLC 可以接收外部设备的输入信号。输入信号来自按钮、传感器、行程开关等装置或元件。输入模块中的输入电路,根据输入信号或输入装置使用电压的不同分为直流(DC)输入电路和交流(AC)输入电路。外部输入开关是通过输入端子(例如 X0,X1,…)与 PLC 相连。PLC 的输出有 3 种形式:第一种是继电器输出型,CPU 输出时接通或断开继电器线圈,通过继电器触点控制外电路的通断;第二种是晶体管输出型,通过光耦合使晶体管截止或饱和导通以控制外电路;第三种是双向晶闸管输出型,采用的是光触发型双向晶闸管。在这 3 种输出中,以继电器型响应最慢。

（4）编程器

编程器是编制、编辑、修改、调试和监控用户程序的必要设备。它通过通信接口与 CPU 联系,完成人机对话。编程器按结构和功能可以分为简易型和智能型两种。小型 PLC 常用简易编程器,大、中型 PLC 常用智能型编程器。除此以外,还可以用通用计算机作为编程器,配备相应软件包,能进行编程、编辑、生成事件等。目前,大多数 PLC 都可以用个人计算机作为编程器。

（5）电　源

PLC 的工作电源一般为单相交流电源,电源电压必须与 PLC 上标出的额定电压相符(通常为 220 V)。PLC 对电源的稳定度要求不高,一般允许电源电压额定值在 ±15% 的范围内波动。PLC 包括一个稳压电源,用于对 CPU 和 I/O 单元供电。有些 PLC 电源部分还提供直流电压输出,用于对外部传感器供电。

3. PLC 的工作方式

PLC 采用循环扫描的工作方式。用户通过编程器将设计好的程序送入 PLC 中,CPU 将它们按先后次序放在指定的区间,启动命令输入后,CPU 从第一条指令开始顺序执行,完成指令规定的操作,直到遇到结束符号(END)后又返回第一条指令重复执行程序。CPU 的工作流程图如图 4-34 所示。

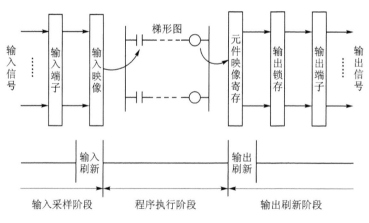

图 4-34　PLC 的工作流程

（1）输入处理阶段

PLC 在输入处理阶段,以扫描方式顺序读入输入端的通/断状态,并将此状态存入输入映像寄存器。此时，输入映像寄存器被刷新。接着进入程序执行阶段。在程序执行期间，即使输入状态发生变化，输入映像寄存器的内容也不会发生变化，只有在下一扫描周期的输入处理阶段才能被读入。

（2）程序执行阶段

PLC 在程序执行阶段，按先左后右先上后下的顺序，逐条执行程序指令，从输入映像寄存器和其他元件映像寄存器中读出有关元件的通/断状态。根据用户程序进行逻辑运算，运算结果再存入有关的元件映像寄存器中，即对每个元件而言，元件映像寄存器中所寄存的内容会随程序的进程而变化。

（3）输出处理阶段

在所有的指令完成后，将输出映像寄存器（即元件映像寄存器中的 Y 寄存器）的通/断状态，在输出处理阶段转存到输出寄存器，通过隔离电路、驱动功率放大电路、输出端子，向外输出控制信号，这才是 PLC 的实际输出。

由 PLC 的工作过程可见，在 PLC 的程序执行阶段，即使输入发生了变化，输入状态寄存器的内容也不会变化，要等到下一周期的输入处理阶段才能改变。暂存在输出状态寄存器中的输出信号，等到一个循环周期结束，CPU 集中这些信号输送给输出锁存器，这才成为实际的 CPU 输出。因此，全部输入、输出状态的改变，就需要一个扫描周期。换言之，输入、输出的状态保持一个扫描周期。PLC 的循环扫描时间一般为几毫秒至几十毫秒。

4. PLC 程序的表达方式

PLC 的操作是以其程序要求进行的，而程序是用程序语言表达的。不同生产厂家生产的 PLC 以及不同机型采用的表达方式（编程语言）不同，但基本上归纳为两大类：图形符号（梯形图）和文字符号（类似于汇编语言的助记符），也有将这两种结合起来表示的 PLC 程序。

梯形图编程语言与电气控制原理图相似，它形象、直观、实用，易于熟悉掌握。这种编程语言继承了传统继电控制逻辑中使用的框架结构、逻辑运算方式和输入/输出形式，使程序直观易读。当今世界各国的厂家所生产的 PLC 大都采用梯形图编程语言。这种继电控制线路如图 4-35 所示，梯形图语言编程方式及对应的符号语言的关系如图 4-36 所示。

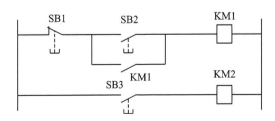

图 4-35　继电控制电路

图 4-35 中,将继电控制电路中的 SB1 用 X1("—⊣⊦—"常闭触点)取代,SB2 用 X2("—⊣⊢—"常开触点)取代,KM1 用线圈 Y1("—( )—")取代,以此类推。PLC 梯形图左、右两条公共线称为母线(BUS BAR)。两条母线间按照一定的逻辑关系排列着触点和线圈,这些触点和线圈称为元件,它们只是逻辑定义上的元件,也就是说,实际上 PLC 内部没有这些元件。这种继电器的连接方式及工作状态均是用程序(软件)来控制的,故称之为软继电器。除此之外,电器的其他功能与传统的继电器一样,使用方便,修改灵活,是原继电器硬件无法比拟的。

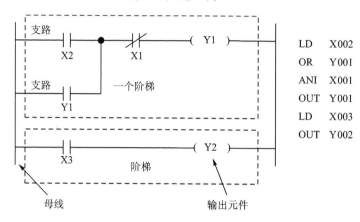

图 4-36 相应的梯形图与汇编语言

每个梯形图由多个阶梯组成,每个阶梯可由多个支路构成(每个输出元件可构成一个阶梯),每个支路可容纳多个编程元件。一个阶梯最右边的元件必须是输出元件。PLC 梯形图从上至下按阶梯绘制,只有当一个阶梯完成后才能继续后面的程序。每个阶梯从左至右,对于串联电路,并联触点多的支路应放在左边,对于并联电路,串联元件多的支路应放在上面。所有触点不论是外部按钮、行程开关还是继电器触点,在图形符号上只用"—⊣⊢—"(常开)和"—⊣⊦—"(常闭)表示,输出用"—( )—"表示,而不计其物理属性。

5. FX_{1N}-24MR 型 PLC

FX_{1N} 系列 PLC 不仅具有小型可编程控制器所必需的结构紧凑、功能丰富、性能价格比高等优点,而且应用范围广泛,如注塑机、电梯控制、印刷机、包装机、纺织机等。FX_{1N} 系列 PLC 的符号含义如图 4-37 所示。FX_{1N} 系列 PLC 的型号如表 4-12 所列,FX_{1N} 系列 PLC 性能规格如表 4-13 所列。

图 4-37 基本单元型号的含义

表 4 - 12　FX$_{1N}$ 系列 PLC 的型号

FX$_{1N}$ 系列		输入点数	输出点数
继电器输出	晶体管输出		
FX1N - 14MR	—	8	6
FX1N - 24MR	FX1N - 24MT	14	10
FX1N - 40MR	FX1N - 40MT	24	16
FX1N - 60MR	FX1N - 60MT	36	24

表 4 - 13　FX$_{1N}$ 系列 PLC 的性能规格

操作名称	性能指标			备　注
运算控制方式	对所存程序作反复运算处理			有中断指令
I/O 控制方式	批处理方式			有 I/O 刷新的指令、脉冲捕捉功能
运算处理速度	基本指令 0.55～0.7 μs			
编程语言	梯形图和符号语言			
程序容量	内置 8 KB EEPROM			可选 FX$_{1N}$ - EEPROM - 8L 存储器
指令种类	顺控指令 27 种，步进梯形图指令 2 种，应用指令 89 种			
输入输出点数	输入点数	X000～（八进制编号）		总数在 128 点之内
	输出点数	Y000～（八进制编号）		
辅助继电器	通用	M0～M383		共 384 点
	保持用	M384～M511		共 128 点
	特殊用	M8000～M8255		共 256 点
状态寄存器	初始化用	S0～S9		共 10 点
	保持用	S10～S127		共 118 点
定时器（延时置 ON）	100 ms	T0～T199（0.1～3 276.7 s）		共 200 点
	10 ms	T200～T245（0.01～327.67 s）		共 46 点
	1 ms	T246～T249（0.001～32.767 s）通过电容停电保持		共 4 点
	100 ms	T250～T255（0.1～3 276.7 s）通过电容停电保持		共 6 点

操作名称		性能指标	备 注
计数器	16 位通用	C0～C15 共 16 点,增计数器	
	16 位保持用	C16～C31（0～32 767 计数器）	共 16 点,EEPROM 保持
		C32～C199（0～32 767 计数器）	共 168 点,电容保持
	32 位高速双向计数器	C200～C255 （－2 147 483 648～＋2 147 483 647）	共 56 点
数据寄存器（使用一对为 32 位）	16 位通用	D0～D127	共 128 点
	16 位保持用	D128～D255	共 128 点,EEPROM 保持
		D 256～D7999	共 7 744 点,电容保持
	16 位特殊用	D8000～D8255	共 256 点
	文件寄存器	D1000～D7999	最大 7 000 点,取决于存储器容量
	16 位变址用	V0～V7、Z0～Z7	共 16 点
指针	JAMP、CALL 调转用	P0～P127	共 128 点
	输入中断、定时中断用	10～15	共 6 点
嵌套	主控用	N0～N7	共 8 点
常数	十进制（K）	16 位：－327 678 ～＋32 767 32 位：－2 147 483 648 ～＋2 147 483 647	
	十六进制（H）	16 位：0000～FFFF 32 位,00000000～FFFFFFFF	

FX$_{1N}$系列 PLC 既能独立使用基本单元,又可将基本单元与扩展单元、扩展模块组合使用。基本单元内置电源、输入、输出电路及 CPU 与存储器,是可编程控制器的核心部分。扩展单元是为扩展基本单元的输入、输出点数的单元,也有内置电源。扩展模块与扩展单元同样是为了扩展输入、输出点数,所不同的是扩展模块的电源由基本单元提供。

FX$_{1N}$ - 24MR 型 PLC 是将 CPU、电源、存储器、输入/输出都组成一个单元的可编程控制器,而且内置 DC 24 V 的传感器用电源。输入/输出设备可扩展至 128 点;内置 RUN/STOP 开关;内置电位器用来调整定时器的时间;内置 8 KB 的 EEP-ROM 的程序内存;可连接 RS232、RS485 用于通信;具有模拟量输入口等,如图 4 - 38 所示。

FX$_{1N}$ - 24MR 可编程控制器面板如图 4 - 39 所示,它可分为 3 部分:输入部分、输出部分和状态指示部分,其中▨表示连接线的接点。各部分的名称及作用如下:

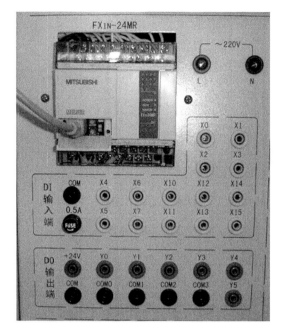

图 4-38　FX_{1N}-24MR 型 PLC

① 电源端子(L、N),100～240 V 交流电源,严禁把交流电源线接到输入端子或 +24 V 端子上,那样会烧坏可编程控制器。

② 空端子(·),请勿在空端子上接线。

③ 输入端子(COM,X_0,X_1,…),所有输入端子的一端都连接到公共端 COM 上。

④ 输入 LED 指示灯(状态指示灯),若某一输入端子通电,则相应的输入 LED 指示灯亮。

⑤ 辅助电源(24V+、COM、传感器电源)。

⑥ 输出端子(COM0,COM1,…;Y0,Y1,…)。

⑦ 输出 LED 指示灯(状态指示灯),若某一输出端子通电,则相应的输出 LED 指示灯亮。

⑧ PLC 状态指示灯:"POWER"表示电源状态,"RUN"表示运行状态,"ERROR"表示出错。

⑨ 座盖板,盖板内设置了 RUN/STOP 开关和串行口插座。当 RUN/STOP 开关设置在 RUN 时,可编程控制器进入运行。当计算机与可编程控制器在进行通信时,RUN/STOP 开关应放在 STOP 位置。

⑩ 外部设备插座,该插座用于 PLC 与计算机进行通信。

对于 FX_{1N}-24MR 可编程控制器,软件使用操作步骤如下:

① 进入编程状态。在 Win 97 或 Win 10 下双击 FXGPWIN 图标,则可进入编程

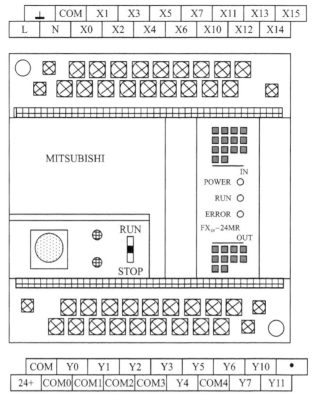

	COM	X1	X3	X5	X7	X11	X13	X15
L	N	X0	X2	X4	X6	X10	X12	X14

MITSUBISHI

IN
POWER ○
RUN ○
ERROR ○
FX$_{1N}$-24MR
OUT

RUN

STOP

COM	Y0	Y1	Y2	Y3	Y5	Y6	Y10	•
24+	COM0	COM1	COM2	COM3	Y4	COM4	Y7	Y11

图 4 - 39　FX$_{1N}$ - 24MR 型 PLC 面板

状态。

　　② 建立新文件。在菜单栏中,单击 File,弹出菜单后,单击新文件。

　　③ 选 PLC 的机型。单击 FX$_{1N}$ 后确认。

　　④ 输入元件。进入梯形图画面后,蓝色方块为光标,光标在哪儿,即可在哪儿输入元件。只要按设计要求单击相应元件,如"—┤├—"、"—┤/├—"和"—( )—"等。单击元件后,弹出对话框,在对话框中说明该元件的名称如 X1、Y1 等,然后单击确认即可把元件输入到梯形图上。最后一行要用 END 结束,先单击"[ ]",然后在对话框中输入 END。

　　⑤ 将梯形图转换成 PLC 的可执行代码。单击菜单栏下面一行工具栏中的"转换按钮"图标,即可自动完成将梯形图到机器码的转换。

　　⑥ 程序传送下载。单击菜单中的 PLC,出现子菜单,单击"传送",再单击"写出",出现范围选择,可选所有范围,也可以选步数。**注意**:程序传送下载是利用 RS422 串行口完成的,传送到 PLC 的 EEPROM 中。在传送前,应将 PLC 的"RUN/STOP"开关设置在"STOP"位置。

　　⑦ 运行程序。将 PLC 的"RUN/STOP"开关拨到"RUN"位置,运行已下载到

PLC 中的程序(在线路已经接好的情况下)。

4.6　实验七　异步电动机的继电控制与 PLC 控制应用

一、实验目的

① 加深了解几种常用的继电控制电器的基本结构和作用。

② 学习连接和检查继电控制电路的方法。

③ 了解可编程控制器 PLC 的基本结构和工作原理,掌握弱电控制强电的基本方法。

④ 学习可编程控制器 PLC 的基本编程和使用方法。

二、预习要求

① 复习理论课中三相异步电动机正反转控制电路的工作原理。

② 熟悉正反转控制电路中各种符号的意义及其在电路中的作用。

③ 复习"可编程控制器 PLC"的工作原理及编程方法。

④ 预习本实验使用的各种继电控制电器和 PLC 的使用方法。

⑤ 用传统的继电控制电器设计出具有自锁和电气互锁功能的三相异步电动机正反转控制线路图,要求该线路图包括主电路和控制电路,而且只能使用本实验中介绍的继电控制电器。

⑥ 将上述正、反转控制电路转化成 PLC 的编程语言——梯形图。

⑦ 思考题:

➤ 三相异步电动机在启动时断了一根电源线,电动机能否启动? 若在运行中,断了一根电源线,电动机是否会停止运转? 此时对电动机有何影响?

➤ 若按下启动按钮时,交流接触器的线圈吸合,手抬起后马上释放,试问电路有何问题?

➤ 采用什么方法避免两个交流接触器的主触点同时接通造成电源短路?

➤ 如何实现电机正反转的转换?

三、实验设备

操作台	1 套;
按钮	3 个;
交流接触器	2 个;
中间继电器	2 个;
FX$_{1N}$ - 24MR 可编程控制器	1 台;

三相异步电动机　　　　　　　　1 台；

数字万用表　　　　　　　　　　1 块；

微型计算机　　　　　　　　　　1 台。

四、实验内容及要求

① 熟悉各种继电控制电器。

② 利用传统的继电控制电器设计三相异步电动机正反转控制电路,并完成调试。

参考电路如图 4 - 40 所示,先调试控制电路:断开主电路的电源开关,接通控制电路的电源,分别按两个启动按钮和一个停止按钮,观察两个交流接触器的动作是否符合设计要求,尤其是自锁和互锁现象是否正常。若不符合要求,则可用数字万用表通过测交流电压或电阻的方法来检查电路,排除其故障。测电阻时,一定要关断电路电源。

再调试主电路:控制电路工作正常后,方可接通主电路电源,观察整个电路工作是否正常。若电机不转动或转速很慢并发出嗡嗡声,则应立即断电,检查主电路的故障并排除。

整个电路调试完成后,关断电源,拆除该电路。

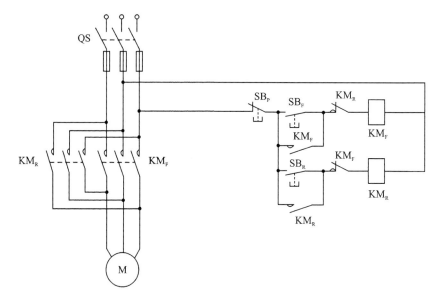

图 4 - 40　继电控制三相异步电机正反转电路图

③ 利用 PLC 设计一个三相异步电动机正反转控制电路,并完成调试。

硬件参考电路如图 4 - 41 所示。L、N 端接 220 V 交流电,作为 PLC 的供电电源。X0、X1 和 X2 为 PLC 的开关量输入端子,按钮 SB0、SB1、SB2 分别作为停止、正转和反转按钮。Y0 和 Y1 为 PLC 的输出端子，KA1、KA2 为中间继电器的线圈，设置中间继电器，目的是保护 PLC。K_{11}、K_{12} 为中间继电器 KA1 的常开触点，K_{21}、K_{22} 为中间继电器 KA2 的常开触点。KM_R、KM_F 分别表示两个交流接触器。

注意： 若中间继电器 KA1、KA2 工作电源为直流，如图 4-41 所示，中间继电器需要 24 V 直流电，使用实验台上的 ±12 V 直流电时，COM0、COM1 是输出公共端，接 -12 V，+12 V 接继电器线圈另一端。

连接硬件电路，设计梯形图，将梯形图转换并通过下载器下载到 PLC 的存储器中。观察整个电路的运行情况。

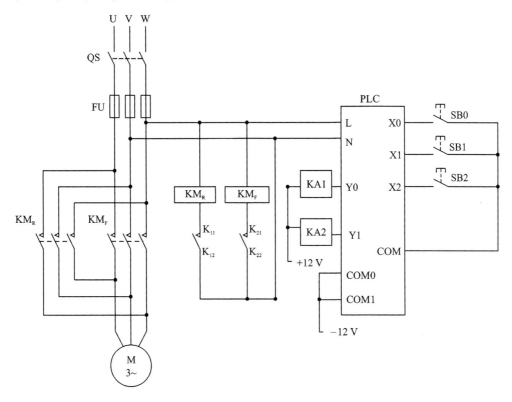

图 4-41　利用 PLC 控制三相异步电机正反转电路图

④ 利用 PLC 设计一个三相异步电机正反转定时控制电路，并完成调试。

参考电路如图 4-41 所示。要求电路能实现电机"正转 6 s—停机 5 s—反转 6 s—自动停机"的功能。设计梯形图，实现该功能。

该设计中需要用到 PLC 中的定时器 T，定时器的用法如图 4-42 所示。X000 为启动按钮，Y000 为交流接触器，T0 为定时器，K60 表示定时时间为 6 s。该程序实现电机启动运转 6 s 后自动停止的功能。

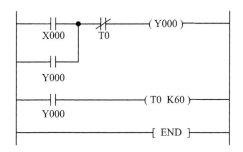

图 4 - 42　实现定时控制的梯形图

五、注意事项

① 连接电路时,先连接控制回路,并运行观察是否工作正常。在控制回路工作正常的前提下,再连接电机主回路,进行相关测试。学会用万用表按从前向后的顺序检查控制电路。

② 启动电机时要密切观察电机是否有异常现象,若电机转动缓慢、发出嗡嗡声或电机不转等,应立即关断电源开关,检查主电路。

③ PLC 的输入端子 Xn 千万不能接到 220 V 电源上,否则将烧毁 PLC。

六、总结要求

① 根据实际使用情况,画出实验内容②的电动机正反转的控制电路图,描述工作过程。

② 根据实际使用情况,画出实验内容③、④的硬件电路图和梯形图,描述工作过程。

③ 写出本次实验的心得体会与建议。

第5章　分立元件放大电路的构造和调试

5.1　分立元件放大电路的布线和调试基础

一般情况下,同批次半导体器件参数具有分散性(参数值差异),对电子电路的设计计算不可能做到足够精确。因此,一个电子电路设计安装好后,总要有一个实际调整和测试的过程,以达到预期效果。低频分立元件放大电路的调整和测试比较典型,有一定的代表性,下面主要以低频分立元件放大电路为例介绍相关基础知识。

一、放大电路的布线

放大电路的布线要合理,否则容易受到干扰,影响放大电路的正常工作或给测量带来额外的误差。通常进行实验时,载体采用模拟电路实验箱或实验板,各种元器件固定在实验箱或实验板上,它们的位置不能改变。所以在连接放大器线路时应注意以下几点,以减小干扰。

① 放大电路的布线应顺着信号传输的方向依次布线,输入线和输出线要分开,不要交叉也不要平行走线,以免输出信号耦合反馈到输入端。

② 在实验箱上选用元件时,尽量把接到输出回路的元件与接到输入回路的元件分开。

③ 选择合适的接地点,正确地接地。图5-1(a)为正确的接地,图5-1(b)为不正确的接地,因为输出回路中的电流流过了输入回路的线,而实际导线都是有一定电阻的,因此这会使输出信号部分串入到输入回路中,引起不良后果。

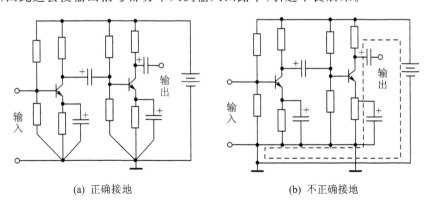

(a) 正确接地　　　　　　　　　　(b) 不正确接地

图5-1　放大电路接地方式示意图

二、电子仪器仪表的正确接地

为了安全和屏蔽干扰,电子仪器的外壳(GND 端)应该接大地(一般电工电子实验室都设有接地端)。有些仪器、仪表的外壳是和其参考测量端(信号参考地)连通的。在使用这些仪器的时候,各个"地"端要连在一起,如图 5-2 所示。所有测试仪器、仪表的"地"端要与放大电路的参考地相接,这就是所谓的"共地"。**注意**:不可以把仪器的"地"(外壳)端接放大器的输出端、输入端,这样不但容易引入干扰,而且在某些情况下还可能造成输出短路引起事故。

放大电路的零电位参考地,通常取直流电源的正极或负极。例如,使用 NPN 晶体管构成放大器时,一般取电源的负极端为地;而使用 PNP 晶体管构成放大器,则取电源正端为地。

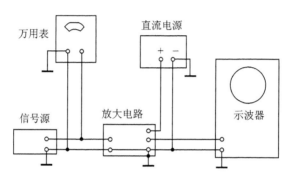

图 5-2　仪器仪表与电路的共地连接

如图 5-3 所示为电子仪器和放大器电路没有正确地把地端连在一起,各设备中的电源变压器或多或少总有一点漏电,用等效电源 e 和内阻 Z_i 来代表。由于仪器的地端没有和放大器的地端连在一起,如图 5-3 中虚线所示。在这种情况下,即使仪器的输出电压为零,变压器的干扰电压 e_1 和 e_2 也能加到放大器的输入端,从而产生干扰。反之,若把仪器的地端和放大器的地端接在一起,输入、输出端接在一起,干扰电压就不会加到放大器的输入端了。

顺便说明一下一种常见的现象,当人用手摸到等效阻抗较高的端子时,会产生较大的交流信号。比如用手摸示波器的输入端,在显示屏上可以看到几伏大小的工频交流信号;又如用手捏住交流毫伏表的输入端,表头显示信号的大小大约为几伏;生活中使用的触摸开关利用的就是这种信号。这个信号产生的原因可以从图 5-4 分析得出。由于仪表(示波器或类似的电路)的输入阻抗(Z_i)较高,又因为它以 50 Hz 市电作为电源,所以电源变压器与仪表的输入端地线间的绝缘电阻为有限值。当仪表的输入端开路(即未接至测量点)或仪表的输入端触及人身(手指)时,形成耦合回路,将有工频电流流经输入阻抗而产生输入电压。

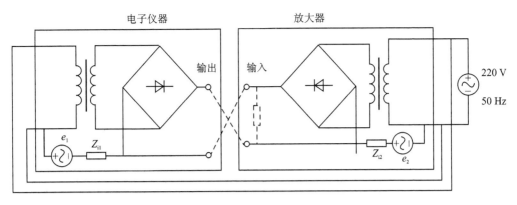

图 5 - 3　不正确接地引起干扰

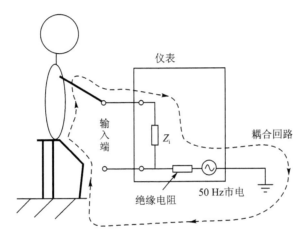

图 5 - 4　工频电通过人体耦合到输入端

三、静态工作点调整

放大器静态工作点的测量与调整,是在输入信号为零(即输入端短路)的情况下进行的。静态工作点可选用示波器或数字万用表的直流挡来测量。为了避免更多接线,在测量时应尽可能测量电压而不直接测量电流。电流可以通过测量待测支路上的已知电阻的两端电压,然后通过换算来得到。例如,在图 5 - 5 所示电路中,集电极电流可通过测量 U_{CC}、U_C 和已知电阻 R_c 算出,即

$$I_{CQ} = \frac{U_{CC} - U_C}{R_c}$$

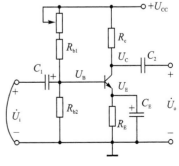

图 5 - 5　分立元件放大器

测量静态工作点时,必须选用内阻较高的电压表,以减小测量误差。测量静态工作点的电流 I_{CQ} 和电压 U_{CEQ} 的值,目的是了解静态工作点的位置是否合适,如果测出 $U_{CEQ} < 1.0$ V,则说明晶体管已经接近饱和;如果 $U_{CEQ} \approx U_{CC}$,则说明晶体管已接近截止;如果遇到这两种情况,或测量值与所选的静态工作点不一致时,就需要对静态工作点进行调整。

静态工作点通常是利用基极电阻来进行调整的,因为改变 R_{b1} 就可以改变 U_B 和 I_B,而 I_B 一改变,I_C、U_C、U_E 等都会随之而变。当工作点偏低时,可将 R_{b1} 适当减小,工作点就会向上移;反之,将 R_{b1} 调大就可以使静态工作点往下移。

多级放大电路各级的工作点,如果级间采用阻容耦合,由于各级的静态是独立的,则可按各级不同要求逐级调整;如果采用的是直接耦合,则需要从粗到细反复调节,直至各级都满足要求。

四、电压放大倍数测量

调好静态工作点后,就可根据技术要求在放大器的输入端加入适当的交流信号,利用示波器观察输入/输出波形有无失真,信号是否得到应有的放大,以及输入/输出的相位关系。放大器的动态参数的测量必须在无失真的情况下进行。如果出现了信号失真,就要根据失真的具体情况设法消除失真,然后才能做动态参数测试。常见的波形失真现象有以下 3 种基本形式(输入采用正弦信号):

① 静态工作点偏高,接近饱和区,输出波形产生了饱和失真,这种情况可通过增大 R_{b1},即降低静态工作点来消除失真。

② 静态工作点偏低,接近截止区,输出波形产生了截止失真,这种情况可通过减小 R_{b1},即升高静态工作点来消除失真。

③ 输出波形顶部和底部均有失真(两头平顶),可能是由于输入信号过大或 U_{CC} 偏低造成的。如果不允许减小信号的幅度,则应在允许范围内增大 U_{CC} 以扩大放大器的动态范围。

消除了波形失真后,再开始测量放大倍数。通过测量放大器的输入电压 u_i 和输出电压 u_o,由下面公式计算其电压放大倍数。

$$A_V = \frac{u_o}{u_i}$$

如果所得电压放大倍数不符合要求,则可适当提高 I_C 或换用 β 值较大的晶体管,或适当增加 R_c 来提高放大倍数。

放大器的其他动态参数的测量方法,如输入电阻、输出电阻等,请读者参考第 2 章关于二端电路参数的测量。

5.2　实验八　共发射极电压放大电路

一、实验目的

① 进一步熟悉和掌握直流稳压电源、示波器、函数信号发生器、交流毫伏表和数字万用表的使用。

② 学会静态工作点的调整方法和放大器动态特性参数的测试方法。

③ 巩固放大电路的有关理论,学习放大器的设计和调试。

二、理论准备

1. 放大器的偏置电路和静态工作点

放大器的作用是在不失真的条件下,对输入信号进行放大。放大器的性能与其静态工作点的位置有十分密切的关系。而静态工作点是由晶体管的参数与放大器的偏置电路共同决定的。

很明显,静态工作点设置不当会使放大器产生波形失真,图 5 - 6(a)和(b)分别表示静态工作点 Q 选得偏高和偏低时输出电压波形产生失真的情况。图 5 - 6(a)表示静态工作点 Q 偏高,产生了饱和失真;图 5 - 6(b)表示静态工作点 Q 偏低,产生了截止失真。

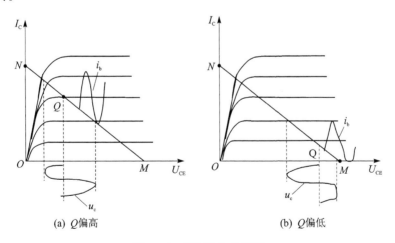

(a) Q偏高　　　　　　　　　　　(b) Q偏低

图 5 - 6　静态工作点设置

影响静态工作点的因素很多,如温度改变,元件参数、晶体管参数不同等,而这些影响最终表现在集电极电流变化上。为了保证放大器能够可靠地工作,必须采用稳定静态工作点的措施,即设计一个稳定静态工作点的偏置电路。

如图 5-7 所示是一种常用的偏置电路(仅画出直流通路)。这种电路能使静态工作点(即 $I_C \approx I_E$)稳定的原理如下:当不管由于什么原因而使 I_C 增大时,在发射极电阻 R_E 上的电压也将增大。而基极电位 U_B 基本取决于 R_{b1} 和 R_{b2},对电源 U_{CC} 的分压,其值若保持一定,则 $U_{BE} = U_B - I_E R_E$ 要减小,于是 I_B 减小,从而牵制住 I_C 的增大,使 I_C 保持基本稳定。同理,当 I_C 要减小时,I_E 也要减小,则 $U_{BE} = U_B - I_E R_E$ 要增大,I_B 增大,从而牵制住 I_C 的减小,从而使 I_C 保持基本稳定。

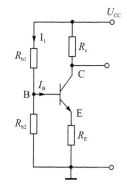

图 5-7　直流通道

由以上分析可见,这种偏置电路能稳定静态工作点的条件有两个:

(1) U_B 保持恒定

R_{b1} 和 R_{b2} 构成分压电路,以确定 U_B 的大小。但 U_B 的大小还取决于 I_B,而 I_B 是不稳定的。为了保证 U_B 基本不变,要求电流 I_1 远大于 I_B。这就要求 R_{b1} 和 R_{b2} 的取值小,但 R_{b1} 和 R_{b2} 取值太小会使电源供给功率增加,还使放大器的输入电阻下降。为了解决这个矛盾,一般取 $I_1 = (5 \sim 10) I_B$(硅管)或 $I_1 = (10 \sim 20) I_B$(锗管)。

(2) $U_B \gg U_{BE}$

因为 $U_B = U_{BE} + I_E R_E$,当 $U_B \gg U_{BE}$ 时,$U_B \approx I_E R_E$,这时,$I_C \approx I_E$ 就能稳定。但是,U_B 也不允许太大,太大了会导致管压降 U_{CE} 减小,从而减小放大器的动态范围,一般取 $U_B = (5 \sim 10) U_{BE}$。

2. 单管放大器的小信号分析

图 5-8 为共发射极低频交流放大器的小信号等效电路,图中虚线方框为晶体管的低频小信号等效模型。

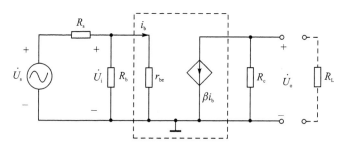

图 5-8　小信号微变等效电路

R_b 为偏置电路的等效电阻,$R_b = \dfrac{R_{b1} R_{b2}}{R_{b1} + R_{b2}}$($R_{b1}$、$R_{b2}$ 为偏置电路分压电阻),U_s 和 R_s 为信号源的电压和内阻,R_c 为放大器的集电极电阻,R_L 为负载电阻。在下面

的分析中取 $R_L = \infty$。

由公式可知小功率晶体管的输入电阻 r_{be} 与静态工作电流 I_E 有关：

$$r_{be} \approx 300 + (1 + \beta) \frac{26\ mV}{I_E} \quad (I_E\ 单位为\ mA)$$

放大电路的输入电阻 $r_i = R_b // r_{be}$；电路的输出电阻 $r_o \approx R_c$；电路的电压放大倍数有 $A_s = \dfrac{U_o}{U_s}$ 和 $A = \dfrac{U_o}{U_i}$，它们与电路参数有何关系，请读者可自行推导。

3. 负反馈放大器的 4 种反馈方式

为了改善放大器的性能，常在放大器电路中加入负反馈。引入适当的负反馈后，放大器的放大倍数可得到稳定，通频带可以加宽，非线性失真可得到改善，输入电阻和输出电阻可以改变（增大或减小，视反馈方式而定）。当然，负反馈会使放大器的放大倍数降低，这是为了改善放大器的其他性能所付出的代价。

负反馈放大器可以有 4 种反馈方式，即电压并联负反馈、电压串联负反馈、电流并联负反馈和电流串联负反馈。

图 5-9 分别表示了上述 4 种反馈方式，图中表示了反馈量是怎样从输出回路中取得，又是怎样加入到输入回路中。这些反馈方式对输入电阻和输出电阻各有不同的影响。对于输入电阻，串联负反馈可以提高输入电阻，并联负反馈则会降低输入电阻。对于输出电阻，电流负反馈会使输出电阻升高，电压负反馈则会使输出电阻降低。

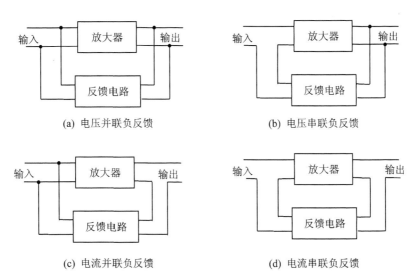

图 5-9　4 种负反馈方式

4. 常用小功率三极管

三极管是半导体基本元器件之一,具有电流放大作用,是电子电路的核心元件。三极管是在一块半导体基片上制作两个相距很近的 PN 结,两个 PN 结把整块半导体分成 3 部分,中间部分是基区,两侧部分是发射区和集电区。三极管的排列方式有 PNP 和 NPN 两种。S9014、S9013、S9015、S9012、S9018 系列的晶体小功率三极管,如图 5 - 10 所示,以 S9013(NPN)为例,使其平面朝向自己,三个引脚朝下放置,从左向右依次为 E 发射极、B 基极、C 集电极。

1—发射极(E)
2—基极(B)
3—集电极(C)

图 5 - 10   S9013 实物示意图

三、预习要求

图 5 - 11 为本次实验的放大器基本电路。

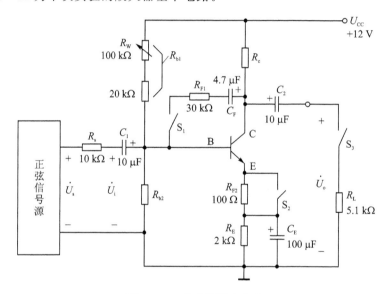

图 5 - 11   放大器基本电路

① 给定 $U_{CC}=12$ V,管子的 β 值为 $80\sim150$,要求放大器的静态集电极电流 $I_{CQ}=1$ mA,并且放大器有最大动态范围($R_L=\infty$),估算选取 R_c、R_{b1} 和 R_{b2}(本实验中 R_E 的参考值已取为 2 kΩ,从而 U_B 也就确定了)。为了留有调节余地,R_{b1} 由 100 kΩ 可变电阻器和一固定电阻串联而成。电阻要选用实验板上有的。

② 选取 C_1、C_2 和 C_E,使它们在中频段的阻抗小到可以忽略不计。图 5 - 11 中已给出了 C_1、C_2、C_E 的参考值,可以分析电容值变化对电路的影响,从而选择合适的电容,自选范围不超出实验板上有的。

③ 当 $R_L=\infty$，S_1 打开，S_2 闭合（无反馈）时，计算放大器的中频电压放大倍数（$A=U_o/U_i$，$A_s=U_o/U_s$）、输入电阻 r_i 和输出电阻 r_o，计算时取 $\beta=80$。

④ 估计 $R_L=\infty$，S_1 闭合，S_2 闭合，且加上负反馈（判断是什么反馈方式）后，放大器的 A_s、r_i、r_o 是变大还是变小。如果读者有兴趣，还可用图 5-11 的小信号等效电路来计算它们。

结合后面的实验要求，拟定测试指定放大器的静态工作点、A_s、A、r_i、r_o 的线路、测试步骤、计算公式、记录表格以及需用的设备，以便实验课上调整及测试。

四、实验设备

双路可调直流稳压电源（0～30 V，2 A）　　　1 台；

实验板（含所需元器件）　　　　　　　　　　1 块；

双踪示波器　　　　　　　　　　　　　　　　1 台；

双路交流毫伏表　　　　　　　　　　　　　　1 块；

函数信号发生器　　　　　　　　　　　　　　1 台；

数字万用表　　　　　　　　　　　　　　　　1 块。

五、实验内容及要求

1）用图示仪测出本实验所用三极管的 β 值，并记录下来。

2）通过调整 R_W 把 R_{b1} 调到所需的数值，用万用表测电阻 R_{b1}。**注意**：与电路断开连接的前提下测电阻 R_{b1}，且测完电阻后应立即随手把万用表调回电压挡，便于后续使用。

3）按图 5-11 所示电路布置、连接所选元件，检查无误后再接通稳压电源电压 $U_{CC}=12$ V 和测试仪器。**注意**：稳压电源要在接通到电路之前，预先调到 12 V；连接测试仪器时要"共地"；尽量减弱输出回路对输入的影响。

4）设置静态工作点。

令 $u_i=0$，S_1 打开，S_2 闭合，调节可变电阻器 R_W 使 $I_C=1.0$ mA，然后测出 U_C、U_B、U_E，并计算 U_{BE}、U_{CE}。

5）测电路动态参数。

在步骤 4）设置好静态工作的点前提下，由函数信号发生器输入交流电压有效值 $u_i=8$ mV，$f=1$ kHz 的正弦信号。**注意**：示波器要接在输出端观察输出波形，下列测试要在输出无失真的条件下进行（若有失真，则必须做适当调整）。

① 分别在 $R_L=\infty$ 和 $R_L=5.1$ kΩ 下，测量并记录 u_s、u_o 和 u_{RL}，然后计算出

$$A=-\frac{u_o}{u_i},\quad A_s=-\frac{u_o}{u_s},\quad r_i=\frac{u_i R_s}{u_s-u_i}（在 R_L 为 \infty 时测的，下同）和 r_o=\left(\frac{u_o}{u_{RL}}-1\right)R_L。$$

（测量时，注意 u_s、u_i 的位置）

② S_1 闭合、S_2 闭合，即接入电压并联负反馈，重复以上测量及计算。此外，还要

令 $R_s = 0$，测量并计算出 A 和 r_o，以便与 R_s 不等于零的情况进行比较。

6）研究放大器的静态工作点与波形失真的关系。

通过设置不同的静态工作点和改变输入信号电压 u_i，调出 3 种典型的失真波形。记录波形及当前的静态工作点，判断波形为何种失真。

7）选做。

S_1 打开、S_2 打开，即接入电流串联负反馈，测量动态参数 A_s、A、r_i、r_o，并与上面的测试结果作比较，说明反馈的作用。

【思考题】

① 在示波器上显示的 PNP 型与 NPN 型晶体管放大器输出电压的饱和失真波形与截止失真波形是否相同？

② 并联负反馈时，信号源支路电阻对反馈的效果有什么影响？

六、注意事项

① 晶体管的极性。

② 电解电容的极性。

③ 注意"共地"测量。

④ 注意 u_s、u_i 的测量位置，不要弄错。

⑤ 遇到问题，用仪器、仪表按照支路、节点检查，不要反复拆线、接线。

七、总结要求

① 画出测试时所用仪器与放大电路间的接线图，理解电路的"共地"测量。

② 写出测量 A、A_s、r_i、r_o 的步骤。

③ 整理实验数据，与计算结果一起列于表格中。

④ 画出放大电路各情况下对应的输入/输出波形。

⑤ 结合所测数据及计算结果，讨论负反馈对放大器性能的影响。

5.3　实验九　功率放大器的调整与测量

一、实验目的

① 学习 OTL 功率放大器的调整和测试方法。

② 学习集成功率放大器的使用。

二、理论准备

功率放大器将前级送来的信号进行功率放大，以获得足够大的功率输出。功率管通常是在大信号状态下工作的，其工作电压和电流都比较大，并且往往是在接近极

限状态下工作的。这些情况都和工作在小信号线性状态下的电压放大器有很大差别。所以,在功率放大器中应该考虑以下问题:

① 应在一定的信号噪声比的情况下有足够的功率输出。

② 由于功放管是在大信号下工作,所以非线性失真的问题很突出,而且同一只功率管,输出功率越大,则非线性失真越严重。

③ 一台电子设备消耗的电源功率,主要是在功放级,所以效率问题也是很重要的,因此低频功放级一般使用乙类和甲乙类放大。在安装功放电路时,还应注意按手册的建议给功放管装散热片,否则管子的使用功率会下降很多,甚至损坏功放管。

从输出耦合方式看,功率放大器常用的有变压器耦合、电容耦合和直接耦合 3 种方式。前者便于利用变压器进行阻抗变换,但频率特性不好,效率也相对较低,电容耦合方式因电容的存在也不便于集成。现在一般采用直接耦合的功率放大器。

本实验采用的是 OTL 功率放大器和集成功率放大器,下面对它们进行简单介绍。

1. OTL 功率放大器

OTL 功率放大器采用互补对称电路,不需要变压器的功率放大器。它具有输入电阻高、输出电阻低的特点,所以可以代替输出变压器的阻抗变换作用,低负载阻抗可直接接入输出端。本实验电路如图 5 - 12 所示,采用了深度负反馈来改善非线性失真,并利用自举电路提高输出幅度。

(1) 静态工作点的调整

静态工作点的调整是利用电位器 R_{W1} 改变 T_1 管的偏置,调整 T_1 管集电极电压 U_A,电位器 R_{W2} 用来调整输出管 T_2 和 T_3 的基极偏置电压 U_{CA},使输出管获得所需要的静态电流,使它们工作在乙类放大状态。改变 R_{W1} 和 R_{W2} 时,它们是互相影响的,所以需要反复调节,以满足 U_B 和 I_C 的要求。

(2) 功率放大器最大输出功率及效率的测量方法

① 输出功率 P_{max} 的测量。当电路在带载 R_L 的情况下,增大功率放大器的输入电压 u_i,使输出 u_o 最大且不失真,测输出电压的有效值 U_o,计算输出功率。

$$P_{max} = \frac{U_o^2}{R_L}$$

② 直流电源供电功率 P_E 的测量。测出稳压电源供给功率放大器的直流电流值 I_Q,然后计算

$$P_E = U_{CC} I_Q$$

③ 功率放大器的效率是最大输出功率与供电功率之比

$$\eta = \frac{P_{max}}{P_E} \times 100\%$$

式中:P_E 是输出功率为最大时所测的值。

2. LM386 低压音频功率放大器

半导体集成音频功率放大器的内部电路一般均为 OTL 或 OCL 电路形式的功

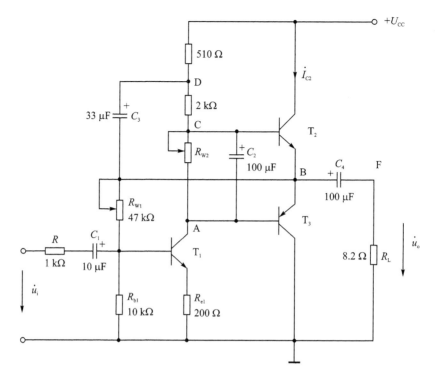

图 5 - 12　OTL 功率放大器电路

率放大器(简称功放)。这类集成功放不仅有 OTL 或 OCL 音频功放的优点,而且还有体积小,工作电压低,效率高,可靠性好,应用方便等优点,现在已被广泛地应用于收音机、电视机、录音机等音响产品中。

(1) LM386 的引脚及其功能

图 5 - 13 是 LM386 集成功率放大器的封装引脚图,图 5 - 14 是 LM386 集成功

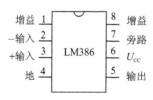

图 5 - 13　LM386 引脚图

率放大器的内部等效电路。LM386 是一种设计用于低压应用的电路。它由输入极、中间极和输出极组成。三极管 T_1 和 T_3、T_2 和 T_4 构成复合管差动输入极,由 T_5、T_6 构成镜像电流源作为有源负载,这一级的主要作用是差分输入和提高电压放大倍数,T_7、T_8、T_9 和 D_1、D_2 组成互补对称输出极。T_8、T_9 等效为一个 PNP 管。由于集成电路中的

PNP 管的电流放大系数较低,故采用复合管结构。差动输入电路的静态工作电流分别由电源通过电阻 R_1、R_2 和 R_3 提供,静态时输出电压为电源电压的一半,使用 6 V 电池供电时,静态功耗为 24 mW。

为改善电路的性能,引入了交直流两种反馈,直流反馈是由输出端通过 R_3 到输入极,以保持直流输出电压 U_o 基本恒定。交流反馈是由 R_3、R_6、R_7 引入深度电压

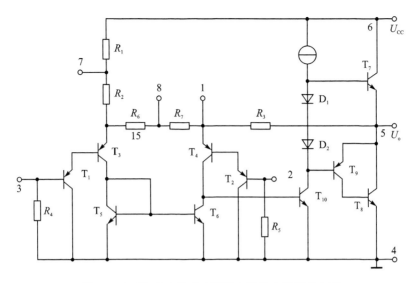

图 5 - 14　LM386 集成功率放大器的内部等效电路

串联负反馈。故放大器的增益主要由 R_3、R_6、R_7 的参数来决定,增益控制端 1、8 开路时,电路增益为 20(26 dB),若在引脚 1、8 之间接入电容则增益可增大到 200 (46 dB),若将电阻、电容串联接在引脚 1、8 之间,改变阻容参数可使增益在 20～200 之间任意调节。在引脚 1 对地之间接入阻容耦合元件也可用来进行增益控制。为改变电路的增益和频率响应,在引脚 1 与输出端 5 之间外接 RC 串联电路以改变电路对不同频率信号的反馈系数,从而改变电路的频率响应。例如可以用此方法来补偿劣质喇叭的低频特性。

（2）LM386 的主要特性参数

① 电源电压:4～12 V;

② 静态电流:4 mA;

③ 电压增益:20～200;

④ 在 $U_{CC} = 6$ V,$R_L = 8$ Ω,$P = 125$ mW,$f = 1$ kHz 下的总谐波失真(THD)为 0.2%;

⑤ 总谐波失真(THD)为 10% 时,功率输出可达 300 mW;

⑥ 输入电阻 50 kΩ;

⑦ 输入偏置电流为 250 nA($U_{CC} = 6$ V,输入端 2,3 开路下)。

（3）实验参考

实验参考电路如图 5 - 15 所示。

三、预习要求

① 自学第 2 章有关电路频率特性的测量方法,掌握测试步骤和注意事项。

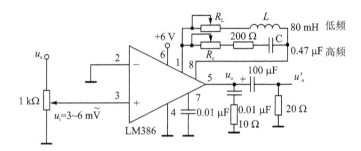

图 5-15 LM386 集成功放参考电路

② 结合实验内容要求,拟定出正确的实验步骤。

四、实验设备

双路可调直流稳压电源(0～30 V,2 A)	1 台;
专用实验板(含所需元器件)	1 块;
双踪示波器	1 台;
双路交流毫伏表	1 块;
函数信号发生器	1 台;
数字万用表	1 块。

五、实验内容及要求

1. OTL 功率放大电路

1)熟悉给定的实验电路板,结合原理图确定各元器件的位置和测试点。

2)调整静态工作点。

一般情况下应使 $U_B = \dfrac{1}{2} U_{CC}$, I_{C2} 不应太大。本次实验中取 $U_{CC} = 12$ V,且应事先限定直流稳压电源的输出电流,如限定为 0.3 A,若负载电流超过限定值,则电源进入稳流状态,电压降低,从而起到保护电路的作用。

$U_{CC} = 12$ V,接入电路前,应把 R_{W1}、R_{W2} 的初始位置逆时针旋转到底,即接入电阻最小。然后再接通电源电压 $U_{CC} = 12$ V,保持 R_{W2} 初始位置,缓慢调节可变电阻器 R_{W1},令 $U_B = 6$ V。

注意: 调整静态工作点必须要保证功率管不会过热损坏。先把可变电阻器 R_{W2} 调至最小,即 C 点电位最低,保证 T_2、T_3 的偏置不会过大。然后调节 R_{W1},使 U_B 达到指定值。

3)测最大输出功率及电压放大倍数。

把函数信号发生器调到频率 $f = 1.0$ kHz 正弦信号加入到电路 u_i 输入端,输出接上负载 R_L,用示波器观测输出信号 u_o。当输入信号 u_i 从 0 V 缓慢增大,示波器观

察到输出波形 u_o 失真时,再微调 R_{W2} 使失真刚刚消除,然后反复微调 R_{W1}、R_{W2}、u_i,直到输出波形 u_o 尽可能大且不失真为止。此时测量 u_i、u_o 并画出其波形,计算电压放大倍数和最大输出功率;此时再测静态工作点 U_B、U_C、U_A、U_D,计算 U_{CA}。

4)测效率(思考:I_Q 应在什么位置测?)。

5)观察自举电容 C_3 的作用。将 C_3 断开,观察并记录 u_o 波形,与 3)中加入 C_3 而观察到的 u_o 波形进行比较。

6)用示波器观察 C_3 抬高电位的作用并画出 F、B、D 各点的波形。

【思考题】

从什么现象观察到 C_3 抬高电位的作用?

提示:

① 要测出 B 点、D 点及 U_{CC} 的直流电位值。

② 要观察 F 点、B 点、D 点、U_{CC} 的波形,并画在同一图上。

7)用示波器观察并画出 T_2 管和 T_3 管的电流波形,判断放大器的工作状态。

思考:

如何用示波器两通道同时观察 T_2 管和 T_3 管的电流波形?

8)研究交越失真波形(**思考**:在什么情况下产生交越失真?拟定观察交越失真的步骤),画出 u_o 波形及静态工作点 U_B、U_C、U_A,计算 U_{CA} 并与 3)中所测 U_{CA} 进行比较。

2. LM386 音频功率放大器电路

1)按图 5 - 15 连接 LM386 低压音频功率放大器电路。

2)测量两条幅频特性曲线:

① $R_L=0\ \Omega$,$R_c=470\ k\Omega$,在 u_o 处测出低频提升高频衰减的幅频特性曲线。

② $R_L=470\ k\Omega$,$R_c=0\ \Omega$,在 u_o' 处测出低频衰减高频提升的幅频特性曲线。

注意:保持 u_i 为 5 mV 左右正弦波,频率在 20 Hz~20 kHz,取 8~10 个点即可。

六、注意事项

① 对于功放电路,最好对直流稳压电源的输出电流进行限定,避免过流损坏电路器件。

② 电路板上电前,OTL 电路 R_{W1}、R_{W2} 的起始位置应逆时针旋到底。

③ 在 LM386 电路中,注意适当减小输入信号大小,以防产生自激震荡或输出失真。

④ 为防止干扰,应避免输入与输出交叉,并尽量减少导线的使用量。

七、总结要求

① 整理实验结果并以表格方式列出。

② 说明产生交越失真的原因。

③ 在坐标纸上画出实验中所有观察到的波形图。

④ 总结 OTL 功率放大电路中的实验操作步骤，分析并理解电路工作原理。

第6章 集成运放的特性与应用

6.1 集成运算放大器基础知识

一、集成运算放大器的常用特性参数

集成运算放大器(简称集成运放)的应用非常广泛,电气特性参数很多。通用集成运放的主要特性参数及其取值范围如下(一些专用集成运放或高性能运放的特性指标会更优):

① 开环差模电压增益,可达 $10^5 \sim 10^6$。

② 输入基极电流,几十~几百 nA。

③ 输入失调电流,几~几十 nA。

④ 输入失调电压,几 mV。

⑤ 增益带宽积,1~几十 MHz。

⑥ 上升速率,零点几~几十 V/μs。

⑦ 共模抑制比,几十~100 多 dB。

⑧ 电源电压抑制比,几十~100 多 dB。

二、特性参数意义

① 开环差模电压增益,简称开环增益,通常用 A_{od} 表示。它是指运放在无外加反馈情况下的直流差模电压放大倍数,即输出电压与差模输入电压之比,即

$$A_{od} = \frac{U_o}{U_+ - U_-}$$

它对温度、电源电压等因素十分敏感,因此没有必要规定其准确数值,通常使用者关心的是它的数量级要足够大。

② 输入基极电流:当输入信号为零时,从运放两个输入端流过的偏置电流的平均值,即

$$I_B = \frac{I_{B+} + I_{B-}}{2}$$

③ 输入失调电流:当输入信号为零时,从运放的两个输入端流过的偏置电流之差,即

$$I_{os} = |I_{B+} - I_{B-}|$$

④ 输入失调电压:在室温及标称电源电压下,当输入信号为零时,为使输出电

压为零,在运放输入端所要加的补偿电压值。它是由运放输入差分电路不对称所引起的。

$$U_{os} = \frac{U_o}{A_{od}}$$

⑤ 单位增益带宽:指 A_{od} 下降到 0 dB 时的信号频率。运放的增益和它的带宽的乘积称为增益带宽积,对同一运放来说该参数基本上是一常数。

⑥上升速率:是表示运放对信号变化速度能力的参数,常作为衡量运放工作速度的参数。

⑦ 共模抑制比 CMRR:是运放对差模电压的放大倍数与对共模电压的放大倍数之比,用分贝(dB)表示,即

$$CMRR = 20lg \frac{A_d}{A_c}$$

式中:A_d 和 A_c 分别为运放的差模和共模电压放大倍数。

⑧ 电源电压抑制比 PSRR:输入电压为零时,电源电压变动与此变动在运放输出端所引起的电压变动之比,用分贝表示,即

$$PSRR = 20lg \frac{\Delta U_{pf}}{\Delta U_{of}}$$

式中:ΔU_{pf}、ΔU_{of} 分别为电源电压变动和相应的输出电压变动。

PSRR 与电源电压变化的频率有关,频率高,则 PSRR 降低;不同的集成运放对正、负电源有不同的 PSRR。

三、集成运放的增益带宽积 GBP

集成运放的开环增益很大,但它的上截止频率却很低,如图 6 - 1 所示的曲线为集成运放 $\mu A741$ 的频率响应特性。可以看出,开环时它的截止频率低于 10 Hz,随着频率的增加,它的增益按 20 dB/10 倍频下降。这表明,这种集成运放有一个很低频率的极点。

当加入负反馈(如图 6 - 2 所示)使整个放大器的闭环增益降低到 20 dB 后,它的截止频率也相应得到提高,如图 6 - 1 中的虚线所示。

可以证明,对于具有图 6 - 1 所示的那种频率特性的运放来说,外加负反馈和未加负反馈时的上截止频率存在下列关系:

$$\frac{f_{H(反馈)}}{f_{H(开环)}} = \frac{A_{v(开环)}}{A_{v(反馈)}}$$

式中:$f_{H(反馈)}$ 为外加负反馈后放大器的上截止频率;$f_{H(开环)}$ 为未加负反馈,运放开环时的上截止频率;$A_{v(开环)}$ 为运放的开环电压放大倍数;$A_{v(反馈)}$ 为运放的闭环电压放大倍数。

因为集成运放是直流放大器,下截止频率为零,所以它的通频带就等于上截止频率。于是

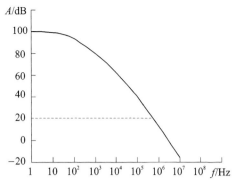

图 6 - 1　μA741 的频率响应

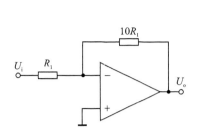

图 6 - 2　加入负反馈的放大器

$$f_{H(反馈)} \cdot A_{v(反馈)} = f_{H(开环)} \cdot A_{v(开环)}$$

即集成运放的增益带宽积 GBP(Gain Bandwidth Product)是常数,它等于增益为 1 时的通频带宽度。

必须指出,许多集成运放有上述这种关系。但也有些集成运放的频率特性不能用单极点表示时其增益带宽积就不是常数了。

四、集成运放的上升速率 S

上升速率就是输出电压的最大变化速率,即

$$S = \frac{\mathrm{d}u_o}{\mathrm{d}t}\bigg|_{max}$$

式中: u_o 为输出电压; S 的单位为 V/μs。

测试上升速率的方法是,给被测运放加一幅度足够大的方波,运放要有足够大的负反馈,闭环增益为 1,这时输出电压波形发生失真,前沿倾斜,甚至变成三角波。输出电压波形倾斜的斜率就是运放的上升速率,如图 6 - 3 所示。

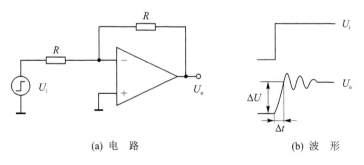

(a) 电　路　　　　　　　　(b) 波　形

图 6 - 3　上升速率示意图

1. 上升速率与输出电压振幅的关系

设输出电压 $u_o = U_{om} \cdot \sin \omega t$,则输出电压变化率为

$$\frac{\mathrm{d}u_\mathrm{o}}{\mathrm{d}t} = \omega U_\mathrm{om} \cdot \cos \omega t$$

显然输出电压的最大变化率为 ωU_om，如果运放的上升速率小于 ωU_om，那么输出电压就改变不了那么快，就会产生失真，所以使用时要求：

$$S \geqslant \omega U_\mathrm{om} \quad \text{或} \quad U_\mathrm{om} \leqslant \frac{S}{\omega}$$

换句话说，特定的运放，在一定的频率下所能输出的电压振幅有一定限制。例如，某种集成运放的 $S = 0.5$ V/μs，在频率 $f = 100$ kHz 时，它所输出的电压最大值为

$$U_\mathrm{om} \leqslant \frac{0.5 \times 10^6}{2\pi \times 10^5} \text{ V} = 0.8 \text{ V}$$

2. 全电源电压带宽（Full-Power Bandwidth）

由以上讨论可见，如果输出电压的振幅一定时，那么放大器所能放大的信号的最高频率就为

$$f_\mathrm{max} = \frac{S}{2\pi U_\mathrm{om}}$$

输出电压的振幅最大接近于电源的电压 U_CC，这时的最高频率称为全电源电压带宽。例如，上例中运放的电源电压若为 12 V 时，则

$$f_\mathrm{max} = \frac{0.5 \times 10^6}{2\pi \times 12} \text{ Hz} = 6.6 \text{ kHz}$$

就是说，若想得到振幅为 12V 的正弦电压，其频率就不能高于 6.6 kHz。

五、运放补偿

一个多级放大器的负反馈越强则产生自激的可能性越大。为了保证放大器的稳定性，就要压缩它的通频带。

集成运放是一个高增益的多级放大器，为了保证它不产生自激要给它加上电容，来压缩通频带，这个电容叫补偿电容。

有的集成运放在制造时已在内部加上了补偿电容，当放大器的闭环增益为 1 时，仍能保持稳定。有的集成运放，其内部所加补偿电容只能在放大器的闭环增益较大时，才能使放大器稳定，而在低增益时，则可能产生高频振荡。另有一些集成运放，补偿电容需要外接，为的是设计放大器时有较大的灵活性，既能保证放大器的稳定，又能使放大器有较宽的通频带。还有一些集成运放，除了内部有补偿电容之外，还可以外接电容，使放大器"过补偿"。为了缩短放大器的过渡过程，有时需要"过补偿"。

六、运放调零

由于失调电流和电压的影响，集成运放即使在输入电压为零时，其输出电压也不为零。为使集成运放在输入为零时输出也是零，可以采用调零的方法。

1. 引出端调零法

　　有的集成运放从内部引出调零端,使用时按要求外接调零电位器进行调零。具体做法是:将运放接成所需电路,把输入端对地短路,电压表接于输出端,调节调零电位器,使输出为零。如图 6-4 中所示运放 F007(μA741)是高增益通用放大器,其调零端是 1、5 端,外接 100 kΩ 电位器,滑动端接负电源$-U_{CC}$(即 4 端)。

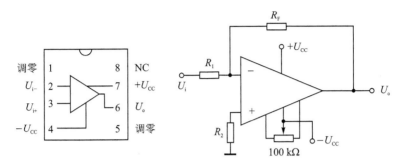

图 6-4　μA741 典型接线图

2. 基极调零法

　　基极调零法是把一个直流电压引入到运放的输入端,以抵消运放本身的失调电压。此法多用于为了简化封装工艺而没有调零引出端的运放。基极调零电路参数的选择原则是:一方面应考虑外部调零电路对运放闭环增益和输入阻抗的影响;另一方面应保证加到输入端的补偿电压足够大,以补偿失调电压。几种常用的基极调零电路如图 6-5 所示。

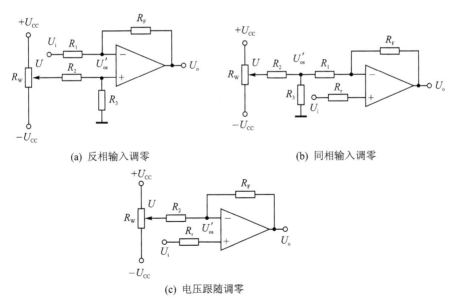

(a) 反相输入调零　　　　　　　　　　　　(b) 同相输入调零

(c) 电压跟随调零

图 6-5　几种基本调零电路

反相输入调零：

$$U'_{os} = \pm U \frac{R_3}{R_2 + R_3} \approx \pm U \frac{R_3}{R_2} \quad (R_2 \gg R_3)$$

同相输入调零：

$$U'_{os} = \pm U \frac{R_3}{R_2 + R_3} \approx \pm U \frac{R_3}{R_2} \quad (R_2 \gg R_3)$$

电压跟随调零：

$$U'_{os} = \pm U \frac{R_F}{R_F + R_2} \approx \pm U \frac{R_F}{R_2} \quad (R_2 \gg R_F)$$

七、运放用作比较器——施密特触发器

施密特触发器工作在集成运放的饱和区，它的输出电压不是接近 $+U_{CC}$ 就是接近 $-U_{CC}$。通常在饱和区工作的集成运放电路中要采用正反馈。

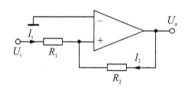

图 6-6　正反馈电路

如图 6-6 所示的电路为正反馈电路。在输入电压为零的情况下，当 U_o 为正时，U_+ 也为正，使 U_o 保持为正。同样，当 U_o 为负时，U_+ 也为负，以保持 U_o 为负。下面分析加入输入电压 U_i 时，电路状态会受什么影响。

由于集成运放的输入电阻接近于无穷大，所以

$$I_i = -I_2$$

即

$$\frac{U_i - U_+}{R_1} = \frac{U_+ - U_o}{R_2}$$

由此式导出 U_+，则有

$$U_+ = U_i \frac{R_2}{R_1 + R_2} + U_o \frac{R_1}{R_1 + R_2}$$

由此可见，若 $U_o = +U_{CC}$，只要所加电压 U_i 为负，并且足够大时，U_+ 就能转变为负。一旦 U_+ 转变为负，它就能迫使 U_o 从原来的 $+U_{CC}$ 翻转到 $-U_{CC}$，并保持下去。使 U_o 从 $+U_{CC}$ 翻转为 $-U_{CC}$ 所需的输入电压称为下限触发电压，即

$$U_{iL} = -\frac{R_1}{R_2} U_o = -\frac{R_1}{R_2} U_{CC}$$

类似地，若 $U_o = -U_{CC}$，也可使输出电压从 $-U_{CC}$ 翻转到 $+U_{CC}$，这时要在输入端加上正的输入电压：

$$U_{iU} = -\frac{R_1}{R_2} U_o = \frac{R_1}{R_2} U_{CC}$$

式中：U_{iU} 称为上限触发电压。在这里，上、下限电压是对零点对称的。如图 6-7(a)所

示为这种情况下的滞回特性。

如果图 6 - 6 所示的集成运算放大器的反相端不接地,而加上一个参考电压 U_R ,即

$$U_- = U_R$$

则

$$U_+ - U_- = 0$$

$$U_i \frac{R_2}{R_1 + R_2} + U_o \frac{R_1}{R_1 + R_2} - U_R = 0$$

这时触发器的上、下限触发电压为

$$U_{iU} = -\frac{R_1}{R_2}U_o + \left(1 + \frac{R_1}{R_2}\right) \cdot U_R \quad (U_o < 0)$$

$$U_{iL} = -\frac{R_1}{R_2}U_o + \left(1 + \frac{R_1}{R_2}\right) \cdot U_R \quad (U_o > 0)$$

可见,加上 U_R ,上、下限触发电压就不零点对称了。改变 U_R 的值,可以任意改变上、下限触发电压,其滞回特性如图 6 - 7(b)所示。

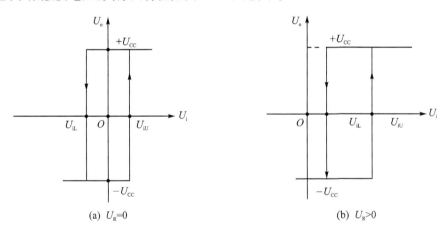

(a) $U_R = 0$ (b) $U_R > 0$

图 6 - 7 滞回特性

6.2 实验十 集成运放的特性测试和基本应用

一、实验目的

① 了解集成运放的主要电气特性。

② 学习集成运放常用电气特性参数的测试方法。

③ 验证集成运算放大器在模拟运算方面的应用。

④ 学习用示波器观测电路的滞回特性曲线。

二 、预习要求

① 自学 6.1 节内容,根据实验要求,了解运放的主要电气特性,并拟定相应的测试电路及步骤。

② 设计能够提供－4～＋4 V 可调直流电压信号的电路。

③ 设计一个施密特触发器,其上、下限触发电压分别为＋1 V 和－2 V。$\pm U_{CC}$ 为 ±12 V,集成运放采用 LM324。

三、实验设备

双路可调直流稳压电源(0～30 V,2 A)	1 台;
实验板(含所需元器件)	1 块;
双踪示波器	1 台;
双路交流毫伏表	1 块;
函数信号发生器	1 台;
数字万用表	1 块。

四、实验内容及要求

1. 集成运放特性参数测试

本实验所采用的测试电路如图 6-8 所示。通过开关 S_1、S_2、S_3 的接通或断开,以及在不同端钮上加入不同电压进行测量,就能测出集成运放的几种特性参数,如失调电压、开环增益等。

本实验对集成运放 LM324 进行测试,它内部含有 4 个独立运放。其引脚图见附录。

开始测试前,先用双路直流稳压电源产生＋12 V 和－12 V,然后关断电压,再接到 LM324 的 $+U_{CC}$ 端(4 脚)和 $-U_{CC}$(11 脚)。当要更换或插入集成运放或要改换线路时,请先把电源断开。

注意:一定要看清引脚方向,不要插错。

在以下各项测试中,未给出具体步骤及所用仪器,实验者应根据要求,自己预先拟定。

(1) 测失调电压 U_{os}

闭合 S_2 使运放的同相端接地;闭合 S_3 和 S_1,将电容器 C_G 短路;U_i 端悬空,取 $R_{F2}=0$ Ω,$R_{F1}=100$ kΩ。分别调 R_G 为 100 Ω 和 1 kΩ(相当于闭环增益为 1 000 和 100),测输出电压 U_o,算出失调电压 U_{os}。

【思考题】

① 把图 6-8 中没有用的开关和元件去掉,画出简明的测失调电压的电路图。

② 测 U_o 时是使用直流电压表还是交流电压表？

③ 怎样从测出的 U_o 计算失调电压 U_{os}？

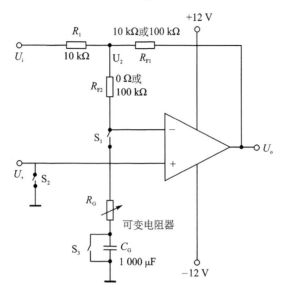

图 6 - 8　集成运放特性参数测试电路

（2）测开环增益 A_{od}

S_1、S_2、S_3 仍闭合，取 $R_G = 10\ \Omega$，$R_{F1} = 100\ k\Omega$，$R_{F2} = 100\ k\Omega$。

将函数信号发生器输出接到 U_i 端，信号频率调到 5 Hz，将函数信号发生器的输出电压调至足够大，保证集成运放的输出电压波形不失真。然后用交流毫伏表测 U_2 和 U_o，经过换算，可得集成运放的开环增益。其中 U_2 为 R_1、R_{F1}、R_{F2} 连接点对参考地的电压。换算公式为

$$A = \frac{U_o}{U_2 \cdot \dfrac{R_G}{R_{F2}}}$$

在这里，S_3 是闭合的，电容器 C_G 被短路。如果失调电压太大，使运放不能正常工作，影响测量时，则可打开 S_3，接入 C_G 以消除失调电压的影响，电容 C_G 串入后，将会改变 U_o 和 U_2 的分压关系。

【思考题】

① 画出测集成运放开环增益的简明电路。

② 导出换算公式。

③ 为什么串入 C_G 能消除失调电压的影响？

④ 为什么测开环增益时要把信号频率取低？

（3）测增益带宽积 GBP

S_1 闭合，取 $R_{F1} = 100\ k\Omega$，$R_{F2} = 0\ \Omega$，将 S_2 打开，正弦信号由同相端输入。改变

R_G 使低频时的闭环增益分别为 10、100 和 1 000。通过改变正弦信号的频率测出运放在上述三种情况下的上截止频率,然后求出增益带宽积。测试时,运放的输出电压的峰值不要大于 1 V,波形不得失真,否则输入电压还需调小。

(4)测上升速率 S

S_1 打开,S_2 闭合。$R_{F1} = 10 \text{ k}\Omega$,$R_{F2} = 0 \text{ }\Omega$,将 1 kHz 的方波信号由 U_i 端输入,这时运放接成闭环增益为 1 的反相放大器。

运放的输出端接示波器,调输入方波信号的大小,使运放输出电压波形的峰-峰值为 4 V。观察其前沿波形,由前沿计算出上升速率。

2. 线性应用电路

(1)求和放大电路

如图 6-9 所示,是一个反相求和运算电路。搭接此电路,根据表 6-1 中给定的条件测出对应的输出电压。(**注意**:R_3 电阻的取值,以及 U_{i1}、U_{i2} 输入信号的产生。)

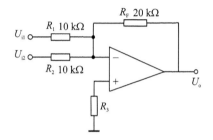

图 6-9 求和放大电路

表 6-1 求和放大电路测试表

U_{i1}/V	0.5	−0.8	4
U_{i2}/V	0.5	0.3	4
U_o/V			

(2)差动放大电路

① 差动放大电路模型如图 6-10 所示。根据所设计的参数,搭接差动放大电路。

② 根据表 6-2 中的输入条件,测出对应的输出电压。

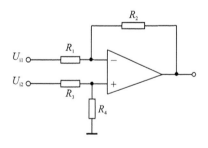

图 6-10 差动放大电路

表 6-2 差动放大电路测试表

U_{i1}/V	0.2	2.0	2.2
U_{i2}/V	−0.2	2.0	1.8
U_o/V			

(3)测量放大器

搭接图 6-11 所示的测量放大器电路,自行设置输入信号 U_{i1}、U_{i2},测出其电压放大倍数,与理论推导出的电压放大倍数进行对比分析。

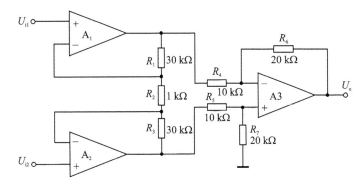

图 6 - 11　测量放大器电路

（4）积分器

① 搭接图 6 - 12 所示的积分器电路。

② 在 U_i 端加 -1 V 直流电压,$C=47\ \mu F$,合上和打开开关 S,用示波器观察 U_o 随时间的变化规律,并测出运放的饱和输出电压和有效积分时间。

③ 在图 6 - 12 所示的电路中,使 $C=0.2\ \mu F$。S 打开,输入端加 $u_i=1$ V,$f=100$ Hz 的正弦信号,用示波器观察 u_o 和 u_i 的大小及相位关系。

【思考题】

在图 6 - 12 所示的电路输入端加上适当的方波信号,输出端将得到什么波形的信号?

3. 非线性应用电路

① 用 LM324 集成运放搭接所设计的施密特触发器,可参考图 6 - 6 所示电路,运放反相端不接地,而加上一个参考电压 U_R。

② 用示波器测量施密特触发器的滞回特性,对电路中的元件进行适当调整,使它满足设

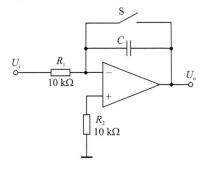

图 6 - 12　积分器电路

计要求。改变参考电压 U_R,观察示波器屏幕上的滞回特性如何变化。

③ 分别画出 $U_R=0.5$ V 和 $U_R=-0.5$ V 时的滞回特性图形,并注明条件。

五、注意事项

① 注意双路直流稳压电源正、负电源的接法,以及电源与电路共地的连接。

② 运放需要在有供电的前提下才可以正常工作。

③ 运放 LM324 的正、负供电电源不要接反。

④ 运放 LM324 的输入、输出端不要接错。

六、总结要求

① 以表格形式列出各项测试所得的数据及最后计算结果。

② 示波器上观察到的波形一律用坐标纸定量画出,并在图上注明必要的参数。

③ 讨论改变施密特触发器的 U_R 和 R_2/R_1,对滞回特性有什么影响。

6.3　实验十一　运放在波形产生和信号调制解调方面的应用

一、实验目的

① 进一步熟悉和巩固集成运放的使用。

② 熟悉振幅比和相位差的测量。

③ 了解调制与解调工作原理,掌握电路设计和调试方法。

④ 熟悉用集成运放、电阻、电容组建有源滤波电路。

⑤ 组装波形产生和调制与解调各模块电路并系统调试。

二、理论准备

1. 波形产生与调制解调系统原理

如图 6-13 所示为波形产生与调制解调系统原理框图,它包括以下 6 个基本部分。

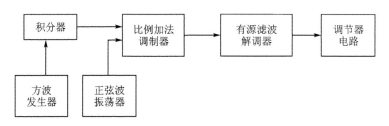

图 6-13　波形产生与调制解调系统原理框图

① 方波发生器:由运放、电阻和电容组成自激振荡发生电路。

② 积分器:产生三角波信号。

③ 正弦波振荡器:由运放、电阻和电容组成自激振荡发生电路。

④ 比例加法调制器:由运放、电阻组成线性应用电路。

⑤ 有源滤波器解调器:滤波器分有源滤波器和无源滤波器。在这里根据调制信号频率高低选择高通或低通滤波器。一般来说,其方案选用有源滤波器。

⑥ 调节器电路:把解调后的信号进行幅度变换。

2. 文氏电桥正弦波振荡器

文氏电桥正弦波振荡器由 RC 串并联选频网络和同相放大电路组成,如图 6-14 所示。图中左边部分为 RC 选频网络,亦即反馈网络,它的反馈系数为

$$F = \frac{\dot{U}_F}{\dot{U}_o} = \frac{j\omega RC}{3j\omega RC + 1 - \omega^2 R^2 C^2}$$

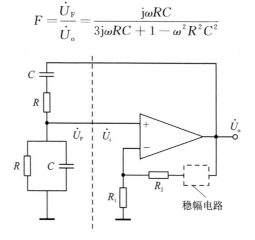

图 6-14　文氏电桥振荡电路

要想 $\dot{U}_F$ 和 $\dot{U}_o$ 相同,必须有

$$1 - \omega^2 R^2 C^2 = 0 \quad 或 \quad \omega = \frac{1}{RC}$$

这时

$$|F| = \frac{U_F}{U_o} = \frac{1}{3}$$

再看图 6-14 中右边部分,它是一个同相放大器,用集成运算放大器构成。为了满足 $|AF| = 1$ 的稳幅条件,则

$$A = 1 + \frac{R_2}{R_1} = 3$$

即

$$\frac{R_2}{R_1} = 2$$

如图 6-14 所示的正弦波振荡电路,为了使正弦波振荡振幅稳定及振荡的波形失真小,应采取稳幅措施。稳幅的方法是根据振荡幅度的变化,自动地改变同相放大器的电压放大倍数,以限制振幅的改变。图中所画的虚线方框就表示稳幅电路。它由两只反向并接的二极管和 R_3 并联而成,如图 6-15 所示。利用二极管正向电阻的非线性来实现稳幅。在振荡过程中,两只二极管

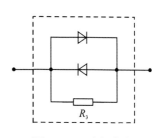

图 6-15　稳幅电路

交替导通和截止。如果由于某种原因,振荡振幅要增大时,二极管的正向电阻 r_D 减小,使反馈支路电阻减小,放大倍数减小,从而限制振荡幅度增大。二极管的非线性越大,稳幅效果越好。但是,由于二极管的非线性,又会引起振荡波形的失真,为了限制二极管的非线性所引起的失真,在二极管的两端并上一个小电阻 R_3。实验证明,当 R_3 与二极管的正向电阻接近时,对稳幅和改善波形失真都有较好的效果,通常选 R_3 为几 kΩ。

3. 方波发生器

常用的产生方波的电路如图 6-16 所示。它不需要外加激励,是自激振荡电路。图中 R_1、R_2 构成正反馈。这种电路产生方波的过程如下:

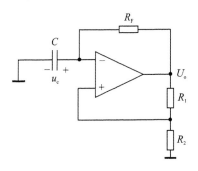

图 6-16　方波发生电路

设开始时电容电压 $u_c = 0$,$U_o = U_{CC}$,则

$$U_+ = U_{CC} \frac{R_2}{R_1 + R_2} = U_{REF}$$

而

$$U_- = u_c = 0$$

这时运放一定处于饱和状态,并保持 $U_o = U_{CC}$。

在这期间,电压 $U_o = U_{CC}$ 将通过 R_F 给电容充电,电容电压为

$$u_c = U_{CC} \left(1 - e^{-\frac{t}{R_F C}} \right)$$

当 $t = t_1$,电容电压充电到 $u_c = U_+ = U_{REF}$ 时,运放将开始翻转,其输出电压由 $+U_{CC}$ 跃变到 $-U_{CC}$。这时,U_+ 随着从 $+U_{REF}$ 跃变到 $-U_{REF}$,而电容的电压不能跃变,仍为 $+U_{REF}$,它将通过 R_F 向输出端(电压为 $-U_{CC}$)放电。在放电过程中,电容电压为

$$u_c = (U_{REF} + U_{CC}) e^{-\frac{t}{R_F C}} - U_{CC} \tag{6-1}$$

但是,电容的电压是达不到它的终值 $-U_{CC}$ 的,因为当电容电压放电到 $u_c = U_+ = -U_{REF}$ 时,运放就该发生翻转了。就这样,运放交替地翻转,电容 C 交替地充放电,一直循环下去,便产生了周期性方波。

方波周期的计算:设电容的电压从 $+U_{REF}$ 变化到 $-U_{REF}$ 所经历的时间为 t_0。很明显,t_0 相当于周期性方波的半个周期。由式(6-1)得

$$u_c = -U_{REF} = (U_{REF} + U_{CC}) e^{-\frac{t_0}{R_F C}} - U_{CC}$$

因此可得

$$e^{-\frac{t_0}{R_F C}} = \frac{U_{CC} - U_{REF}}{U_{CC} + U_{REF}} = \frac{R_1}{R_1 + 2R_2}$$

若取 $t_0 \ll R_F C$,则

$$t_0 \approx R_F C \frac{2R_2}{R_1 + 2R_2}$$

所以方波周期

$$T = \frac{4CR_F R_2}{R_1 + 2R_2}$$

4. 积分器

如图 6-17 所示,S 处于断开状态,积分器在 t_1 到 t_2 时间段的输出电压 u_o 为

$$u_o(t) = -\frac{1}{R_1 C} \int_{t_1}^{t_2} u_i(t) dt + u_o(t_1)$$

S 处于闭合状态,积分器在 t_1 到 t_2 时间段的输出电压 u_o 为

$$u_o(t) = -\frac{1}{R_1 C} \int_{t_1}^{t_2} u_i(t) dt + u_o(t_1) - \frac{R_W}{R_1} u_i(t)$$

5. 调制解调原理

（1）调　制

调制就是将待传输的基带信号（低频）加载到高频振荡信号上的过程。调制实质是将基带信号从低频（信息）搬移（转换）到高频（载波）上去,即频谱搬移的过程。

根据调制信号是模拟信号还是数字信号,可分为模拟调制和数字调制。模拟调制方式有幅度调制（AM）、频率调制（FM）和相位调制（PM）,如图 6-18 所示。数字调制方式有振幅键控、移频键控、移相键控、正交幅度调制等。信号调制原理是研究信号调制识别问题的基础。

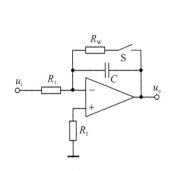

图 6-17　积分器电路

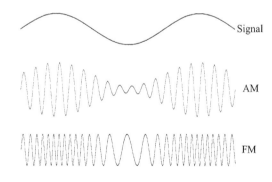

图 6-18　基带信号和 AM、FM 调制信号

如图 6-18 所示是基带信号 Signal、AM（Amplitude Modulation）幅度调制信号和 FM（Frequency Modulation）频率调制信号的示意图。在时间域上 AM 信号的振动幅度变化明显,FM 信号的频率随着时间"有紧有松"。

调制理论依据：在时间域上就是一个乘法操作,在频域上就相当于频谱的搬移。

例如,基带信号为 $m(t)$,即

$$m(t) = \cos \omega t$$

载波信号有多种,调制就是乘上载波 $s(t)$,其角频率为 $\omega_c = 2\pi f_c$(f_c 又称为中心频率)的余弦信号,即

$$s(t) = \cos \omega_c t = \cos 2\pi f_c t$$

得到调制信号 $s_M(t)$,即

$$s_M(t) = m(t)\cos \omega_c t = \frac{1}{2}\left[\cos(\omega_c - \omega)t + \cos(\omega_c + \omega)t\right]$$

调制后的信号中包含了两个频率成分 $\omega_c - \omega$ 和 $\omega_c + \omega$。比如,$m(t)$ 是一个低频率信号(如 100 Hz),而载波 $s(t)$ 是一个高频信号(如 10 kHz),已调制信号 $s_M(t)$ 频率分别为 9.9 kHz 和 10.1 kHz,都在 10 kHz 附近。调制原理就是把信号搬运到了载波频率附近,已调制信号的频谱已平移至载波频率的两边,已调制信号的带宽 BW 是基带信号的两倍,$BW = 2\omega$。

已调制信号通过某一信道进行传输,在接收端负责接收。信道是一种物理介质,一般来说,信号在经过信道时会产生变化。

(2) 解　调

解调是调制的逆过程,是从已调制的载波中提取低频信息(基带信号)。解调过程首先把位于载波附近携带有用信息的频谱搬移到基带中,然后用相应的滤波器滤出基带信号,完成解调任务。

假定信道不改变信号,接收到的信号就是已调制过的信号。在接收到这种信号后,需要从中恢复出基带信号。解调理论的依据是把接收到的信号假设为 $\cos \omega t \cdot \cos \omega_c t$,再次用一个载波 $s(t)$ 信号乘以接收到的信号,即

$$\cos \omega t \cdot \cos^2 \omega_c t = \cos \omega t (\cos 2\omega_c t + 1) = \frac{1}{2}m(t) + \frac{1}{2}m(t) \cdot \cos 2\omega_c t$$

解调后的信号包括一个低频信号 $m(t)$ 和一个高频成分 $m(t) \cdot \cos 2\omega_c t$,对这两个不同频率信号进行处理,原则是只能让低频率信号通过而高频滤掉(低通滤波器),解调出原始基带信号 $m(t)$。

若对接收到的信号作傅里叶变换,则可得到其频谱表达式:

$$\frac{1}{2}M(\omega) + \frac{1}{4}\left[M(\omega - 2\omega_c) + M(\omega + 2\omega_c)\right]$$

从频谱表达式可以看出低频部分为 $M(\omega)$,高频部分为 $\omega - 2\omega_c$ 和 $\omega + 2\omega_c$,将高频成分滤掉,就得到原始基带信号 $m(t)$。

6. 反相比例加法器和滤波器电路

反相比例加法器电路和有源低通滤波器电路的相关知识,请读者参阅相应理论资料,下面仅给出电路及参数作为参考。

三、预习要求

① 设计一个 500 Hz 的文氏电桥正弦波振荡器,所用元件要选取实验板上的。在同相输入放大器的负反馈电路中接入可变电阻器,以便调节放大倍数,使振荡器满足或不满足振荡的振幅条件。电容 C 选用 0.1 μF。

② 用集成运放组建方波发生器电路,其输出电压幅值为 1～4 V 可调,输出电压不应随负载电流而改变(即输出电阻小,有带载能力);方波频率可调(400～4 kHz)。请根据上述要求从实验板上选取适当的电阻、电容和可变电阻器。集成运放使用 LM324。

③ 用集成运放组建积分器电路,参考图 6-17,利用②中产生的周期性方波作为积分器电路的输入信号,合理调节电路元件参数,产生线性度较好的三角波信号。

④ 利用集成运放搭建两输入反相比例加法器电路,作为信号调制电路;搭建有源低通滤波电路,作为信号解调电路。参考电路及元件参数选择如图 6-19 和图 6-20 所示。(**思考**:如何实现解调后信号的带载能力?)

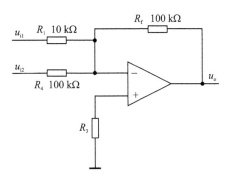

图 6-19 反相比例加法器电路

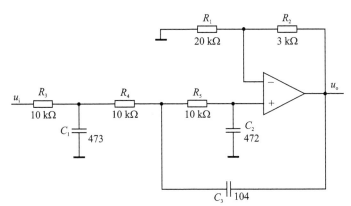

图 6-20 有源低通滤波器电路

四、实验设备

双路可调直流稳压电源(0～30 V,2 A) 1 台;

实验板(含所需元器件) 1 块;

双踪示波器 1 台;

数字万用表 1 块。

五、实验内容及要求

1. 正弦波振荡器

① 用 LM324 搭接所设计的正弦波振荡器电路,要求输出频率 $f = 500$ Hz,峰-峰值 $u_{i1p-p} = 0.5$ V 的正弦波 u_{i1}。

② 调节放大器增益,使系统产生无明显失真的稳定振荡波形,画出振荡波形,测量并记下振荡频率。

③ 去掉稳幅电路观察输出波形,体会稳幅电路的作用。

2. 方波发生器和三角波发生器

① 方波发生器要求幅度、频率均可调且要有带载能力。(**思考:如何实现带载能力?**)

② 用 LM324 搭接所设计的满足上述条件的方波发生器。

③ 将方波发生器的输出调到频率为 3 kHz,峰-峰值为 3 V 的方波信号。

④ 将方波信号转换成同频率的三角波 u_{i2} 或用单运放产生频率 $f = 3$ kHz,峰-峰值 $u_{i2p-p} = 3$ V 的三角波 u_{i2}。(线性度要好)

3. 调制解调电路

① 把正弦波 u_{i1} 和三角波 u_{i2} 作为反相比例加法器电路的两个输入信号,电路输出调制信号 A。提示:用 LM324 设计加法器来得到调制信号 A。

② 把①中得到调制信号 A 经解调电路得到正弦波信号 B。提示:用 LM324 设计有源滤波器作为解调电路,元器件参数自行选择设计,得到正弦波并要求其幅值可调、带载能力强。

六、注意事项

① 双路直流稳压电源正、负电源的接法,以及电源与电路共地连接。

② 运放需要在供电前提下才可以正常工作。

③ 运放 LM324 的正、负供电电源不要接反。

④ 运放 LM324 的输入、输出端不要接错。

七、总结要求

① 将正弦波振荡实验中观察到的正弦波画在坐标纸上,标明元器件参数值,并说明振荡器稳幅电路的作用。

② 记录方波及三角波发生电路产生的方波和三角波,标明元器件参数值。总结产生线性度较好的三角波方法。

③ 确定中心频率为 $f_c = 500$ Hz 的有源滤波电路元器件参数值,示波器观察输出波形,并把波形画在坐标纸上。

④ 写出设计和调试体会。

第7章 直流稳压电源

7.1 直流稳压电源的基础知识

在日常的科研、生产中经常需要使用直流稳压电源,而常备的电源为 220 V/380 V 的工频电。为了得到直流稳压供电,通常需要对工频电进行变压、整流、滤波和稳压等环节的处理。

一、变 压

220 V/380 V 的工频电是常备交流电源,在直流稳压电源制作中,因考虑安全、器件性能等因素,一般不直接对工频电进行整流处理,而是先将工频电变换成低压交流电,如 15 V/24 V 交流电,然后再经后续整流、滤波、稳压等电路,产生直流稳压电源。变压器作为传送电能的设备,可以实现变换交流电压、电流和阻抗的目的。其由铁芯(或磁芯)和线圈组成。线圈有两个或两个以上的绕组,其中接电源的绕组为初级线圈,其余的绕组为次级线圈。变压器变压、变流工作原理如下:

变压器是利用互感原理工作的。当把变压器的原线圈接在交流电源上时,在原线圈中就有交变电流通过,交变电流将在铁芯中产生交变磁通,这个变化的磁通经过闭合磁路同时穿过原线圈和副线圈。交变磁通将在线圈中产生感应电动势。因此,变压器在原线圈中产生自感电动势的同时,也在副线圈中产生感应电动势。根据法拉第电磁感应定律为

$$E = \frac{\Delta \Phi}{\Delta t}$$

这个感应电动势 E 不仅跟磁通的变化率成正比,也跟线圈的匝数成正比。只要将各线圈取合适的匝数比,就可以从副线圈中得到各种合适的电压。

如图 7-1 所示,在负载情况下,当一次边接通电源时,铁芯内产生磁通,一次线圈和二次线圈内都产生感应电动势,并符合以下关系:

$$E_1 = 4.44 f N_1 \Phi_m \approx U_1$$
$$E_2 = 4.44 f N_2 \Phi_m \approx U_2$$

式中:E_1、N_1 和 U_1 分别为变压器一次线圈的感应电动势、匝数和端电压;E_2、N_2 和 U_2 分别为变压器二次线圈的感应电动势、匝数和端电压;f 为电源频率;Φ_m 为铁芯内的主磁通。由以上基本关系可以得到

$$\frac{U_1}{U_2} \approx \frac{E_1}{E_2} = \frac{N_1}{N_2} = K$$

显然,变压器的端电压近似与线圈匝数成正比。变压器一次电压与二次电压之比,称为变压器的变压比 K。又由于变压器本身的功耗很小,其一次边的容量与二次边的容量近似相等,即

$$S_1 = U_1 I_1 \approx S_2 = U_2 I_2$$

由此可以得到

$$\frac{I_1}{I_2} \approx \frac{U_1}{U_2} \approx \frac{N_1}{N_2}$$

即变压器的电流近似与匝数成反比。变压器一次电流与二次电流之比,称为变压器的变流比。

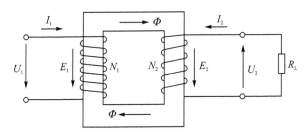

图 7-1　变压器原理图

二、整　流

1. 整流电路及种类

整流电路把交流电网电压变换为直流电压,常用二极管或可控硅构成。图 7-2 表示了几种不同的整流电路,(a)为半波整流电路,(b)和(c)为全波整流电路。半波整流用的整流元件少,但输出电压波形脉动大,直流成分(平均电压值)比较低,且由于交流电有一半时间没有利用上,变压器利用率低,故一般只用于负载功率不大、要

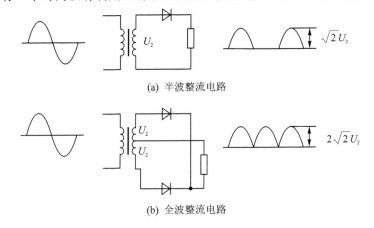

(a) 半波整流电路

(b) 全波整流电路

图 7-2　几种典型的整流电路

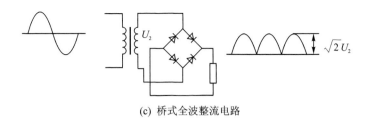

(c) 桥式全波整流电路

图 7 - 2　几种典型的整流电路(续)

求电路结构简单的场合。

　　全波整流输出波形的脉动较半波有所改善,在无滤波措施时直流成分为半波整流的 2 倍。但图 7 - 2(b)的电路中变压器次级的每半边也只有一半时间通过电流,利用率仍低;图 7 - 2(c)是桥式整流电路,变压器得到充分利用,在实际中使用得比较普遍,但所需要的元件多,需要 4 个整流元件组成整流桥。整流桥是基本的电子元件,市场上可以很方便地买到。

2. 整流电路基本参数

(1) 整流输出电压平均值

由平均值的定义,可对图 7 - 2 中所示输出电压的波形算出其平均值。

半波:

$$\overline{U}_d = 0.45U_2$$

全波:

$$\overline{U}_d = 0.9U_2$$

式中:U_2 为变压器次级的电压有效值。如果负载电流较大,考虑到变压器的内阻及整流二极管的压降,整流后的电压平均值还要略低。

(2) 整流输出电压脉动系数

电压脉动系数定义为整流输出电压的基波最大值与平均值之比,即

$$S = \frac{U_{d1m}}{\overline{U}_d}$$

利用傅里叶级数,不难对图 7 - 2 所示的波形分解出基波分量,算出脉动系数。

半波:

$$S \approx 1.57$$

全波:

$$S \approx 0.67$$

　　可见这两种整流电压中都包含了较大的脉动成分,半波整流时,其基波的最大值竟比平均值大 57%。

　　另外,还常用纹波系数来表征整流输出波形的脉动情况,其定义为整流输出波形的交流有效值和输出波形平均值之比,这个系数更便于用实验方法测量,因此常用它

来衡量脉动的情况。

（3）整流管的正向电流 I_F

整流管允许通过的正向电流,决定了管子的温升。每个管子出厂时工厂已对它的半波整流平均值 I_F 做了规定,应根据负载平均电流 I_L 选用合适的整流管。半波整流时 $I_F = I_L$;全波整流时 $I_F \geqslant I_L$(因为两部分管子轮流导电,所以流过整流管的电流仍为半波)。

（4）整流管的最大反向电压

整流管的最大反向电压指整流管截止时在它两端出现的最大反向电压。选整流管时,应选耐压比这个数值高的整流管,以免被击穿。整流线路不同,每个整流管所承受的最大反向电压也不同。

对于图 7－2(a),有:$U_{RM} = \sqrt{2} U_2 = 1.41 U_2$;

对于图 7－2(b),有:$U_{RM} = 2 \times \sqrt{2} U_2 = 2.82 U_2$;

对于图 7－2(c),有:$U_{RM} = \sqrt{2} U_2 = 1.41 U_2$。

三、电容滤波电路

为了尽量降低已整流电压的脉动成分和尽量保留直流成分,使输出电压接近理想的直流,在整流电路之后常需接上滤波电路。电容滤波是最简单的,也是小功率电源中最常用的方法。

如图 7－3 所示为桥式整流电容滤波电路。图 7－4 为电容滤波工作原理,图 7－4(a)为未加电容滤波时负载的电压和电流,这个电流也是整流管所供给的电流;图 7－4(b)表示加上电容滤波后,利用电容 C 通过 R_L 放电来减少脉动的情况,这时输出电压 u_d 的波形如图中实线所示;图 7－4(c)考虑了整流电路内阻的压降,因而输出电压的最大值稍有降低;图 7－4(d)说明,加上电容后,整流电路所输出的电流 i 也显著不同,它变成一个幅值较大的短脉冲,能在短时间内给电容充上足够的能量。

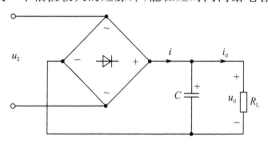

图 7－3 桥式整流电容滤波电路

整流加电容滤波电路后的参数估算及特性总结如下:

1. $\overline{U_d}$ 和 U_2 的关系

把图 7－4(c)所示的负载电压波形近似为锯齿波,如图 7－5 所示。设负载电流

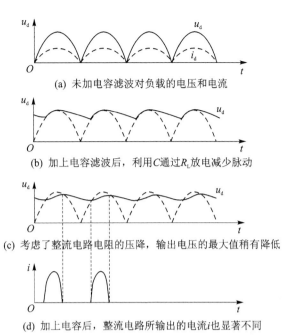

(a) 未加电容滤波对负载的电压和电流

(b) 加上电容滤波后，利用 C 通过 R_L 放电减少脉动

(c) 考虑了整流电路电阻的压降，输出电压的最大值稍有降低

(d) 加上电容后，整流电路所输出的电流 i 也显著不同

图 7 - 4 电容滤波工作原理

为 I_L ,则电容 C 在 $T/2$ 时间内通过 R_L 放电,电荷减少量 $\Delta Q = I_L \dfrac{T}{2}$,电容电压(等

于负载电压)的降低为 $\Delta U_c = \dfrac{\Delta Q}{C} = \dfrac{I_L T}{2C}$,电容放电到最低后,整流电路又立刻给电容充电到电压为 $\sqrt{2} U_2$,所以负载的平均电压为

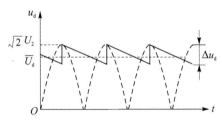

图 7 - 5 负载电压波形

$$\overline{U}_d = \sqrt{2} U_2 - \frac{\Delta U_c}{2} = \sqrt{2} U_2 - \frac{I_L T}{4C}$$

因为 $I_L = \dfrac{\overline{U}_d}{R_L}$,所以

$$\overline{U}_d = \frac{\sqrt{2} U_2}{1 + \dfrac{T}{4 R_L C}}$$

由此可见,当 $\dfrac{T}{4 R_L C} \leqslant 1$ 时, $\overline{U}_d \approx \sqrt{2} U_2$ 。(注意此公式在忽略整流电路内阻和 $R_L C$ 比较大的条件下才适用。)

在工程上,一般取 $R_L C = (3 \sim 5) T/2$, $\overline{U}_d \approx 1.2 U_2$ 。

2. 纹波系数

在上面的近似条件下计算纹波系数。因输出波形的交流成分为锯齿形,其有效值为

$$\widetilde{U} = \frac{\Delta U_{\mathrm{c}}}{2\sqrt{3}} = \frac{I_{\mathrm{L}} T}{4\sqrt{3}\, C} = \frac{\overline{U}_{\mathrm{d}} T}{4\sqrt{3}\, R_{\mathrm{L}} C}$$

则纹波系数为

$$S = \frac{\widetilde{U}}{U_{\mathrm{d}}} = \frac{T}{4\sqrt{3}\, R_{\mathrm{L}} C}$$

显然,增大 C 和提高频率(减少周期)都会使 S 减小。

3. 整流管选型

整流管的正向平均电流可以按照一般二极管选取,如前所述。但在电容滤波电路中,整流管要经受大的电流冲击,如图 7-4(d)所示,特别是在滤波电容大的时候,必要时可在整流电路中串联小电阻,对电流加以限制,或者选择整流管时,正向平均电流余量尽量大些。

4. 电容滤波电路的外特性

电容滤波电路的外特性是指电容滤波时负载电压 $\overline{U}_{\mathrm{d}}$ 随负载电流 I_{L} 的变化关系,如图 7-6 所示。

由图 7-6 可知,当 $R_{\mathrm{L}} = \infty$(即空载)时,负载电压最大接近于变压器副边输出 u_2 的幅值。随着 R_{L} 的减小,I_{L} 增加,$\overline{U}_{\mathrm{d}}$ 减小,最后趋近于 $\overline{U}_{\mathrm{d}} = 0.9U_2$,即趋近于不带电容滤波时的电压值。如果考虑整流电路的内阻,则电压随 I_{L} 降得更厉害。

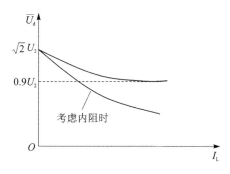

图 7-6　电容滤波外特性曲线

四、稳压电路

从整流滤波电路中得到的输出电压与理想的电源还有相当差距,主要表现在:第一,当负载改变时,输出电压将随之改变;第二,当电网电压波动时,输出电压也会随之改变。

可见,仅靠整流滤波电路还不能得到实用的稳定直流电压输出,需要再通过稳压电路进行调理。稳压电路是通过某些稳压措施来实现稳压输出的,稳压措施多种多样,常用的是串联型稳压电路结构,通过调整管的反馈调节作用,实现电路输出电压保持基本不变。根据调整管的工作状态,可分为线性稳压电源和开关稳压电源。调整管工作在线性状态,称为线性稳压电路;调整管工作在饱和导通和截止状态,称为

开关稳压电路。由于实际应用都很普遍,因此一般都有相应的集成模块可供使用。

1. 稳压的主要指标

通常从两个方面衡量稳压效果:一是内阻,体现了输出电压随负载变化的程度;二是稳压系数,表征了输出电压随输入电压变化的程度。内阻和稳压系数定义如下:

① 内阻:它的定义与放大电路的输出电阻一样,表示当电源输入电压不变时,由于负载变化所引起的输出电压的变化与输出电流变化之比。

② 稳压系数:当负载不变时,输出电压的相对变化量与输入电压的相对变化量之比。

对于一个稳压电路而言,内阻和稳压系数越小,表明其稳压性能越好。

2. 简单稳压电路

这种电路由稳压管和限流电阻构成,电路非常简单,如图 7 - 7 所示,利用稳压管反向击穿特性的调节,实现稳压。这种电路的主要不足是:第一,电源电压变化或负载电流变化较大时,稳压效果相对较差,即带载能力有限;第二,稳压管选定之后,稳压值不能改变。故常用这种电路产生基准信号,再通过运放可搭建可调的基准电压信号,如图 7 - 8 所示。图 7 - 8(a)为负基准电压发生电路;图 7 - 8(b)为正基准电压发生电路。

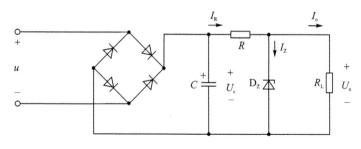

图 7 - 7　简单稳压电路

图 7 - 8 所示电路的缺点是不能输出大电流。要想输出大电流,可以在运放的输出端加一级射极输出器,如图 7 - 9 所示,这时晶体管 BG 所能提供的电流为 βI_{MAX},其中 β 为晶体管 BG 的电流放大倍数,I_{MAX} 为运放所能输出的最大电流。用复合管替代晶体管 BG,还可以获取更大电流。参考电压 U_{REF} 可以取自简单的稳压电路。

3. 串联型线性稳压电路

在如图 7 - 10 所示的电路中,晶体管 T 是调整管,正常工作时处于线性放大区。R_3 和稳压管构成简单稳压电路,提供基准电压 U_z。调整管 T 和取样电阻 R_1、R_2 构成运放的负反馈电路,此时电路可看作是同相输入的比例放大电路,调节 R_1 可改变输出电压的大小,即

$$U_{\text{o}} = \left(1 + \frac{R_1}{R_2}\right)U_z$$

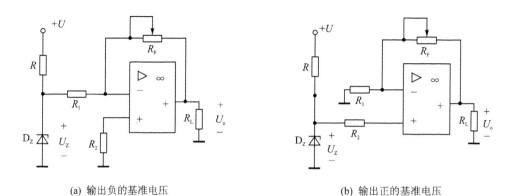

(a) 输出负的基准电压   (b) 输出正的基准电压

图 7 - 8   运放构成的基准电压发生电路

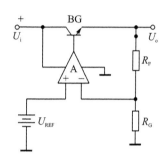

图 7 - 9   大电流稳压电路

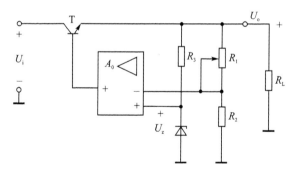

图 7 - 10   串联型线性稳压电路

4. 集成线性稳压器

线性稳压器中调整管工作在线性放大区,输出噪声相对较低。市场上集成线性稳压器的型号很多,其中 W78XX、W79XX 系列三端固定输出电压式集成稳压器较有代表性,78 系列为正电源,79 系列为负电源。78 系列封装外形和典型应用电路如图 7 - 11 所示。3 个端子:"1"为输入电压端;"2"为公共端;"3"为输出电压端。输入电压在指定的电压范围内时,输出电压是稳定的,且输出电压的数值为型号码中跟在

78 后的两位,如图 7-11 中 W78XX 是 W7812,其输出电压为 12 V。加装适当的散热器,这种稳压器的输出电流最大可达 1.5 A,稳压器内部还带有限流、过热及安全保护电路。

　　这类线性稳压器使用非常方便,几乎不需要额外的外围电路。图 7-11 中接在 1、3 引脚端的电容 C_1 和 C_2 是为了消除高频自激和改善暂态特性而设置的去耦电容。另外,市场上还有输出电压可调的集成线性稳压器,如 LM317,它不仅具有固定式三端稳压电路的最简单形式,还具备输出电压可调的特点,以及调压范围宽、稳压性能好、噪声低、纹波抑制比高等优点。这类输出可调稳压器的性能参数及典型应用,读者可自行查阅相关知识,在此不再赘述。

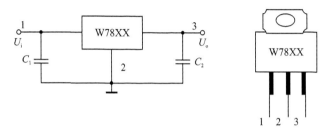

图 7-11　78 系列三端固定稳压器

5. 集成开关稳压器

　　由于开关稳压器的调整管工作于开关状态,功耗小、效率高,成品体积小、质量轻,在实际系统中应用很普遍。其产品种类也非常的多,本实验选用了 L4960,其封装形式及引脚排列如图 7-12 所示,其内部电路功能框图如图 7-13 所示。

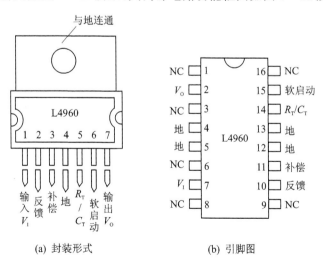

(a) 封装形式　　　　　　(b) 引脚图

图 7-12　L4960 封装图

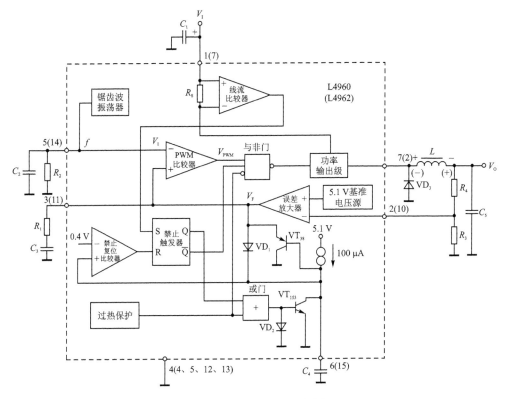

图 7 - 13　L4960 内部电路功能框图

7.2　实验十二　直流稳压电源

一、实验目的

① 了解直流稳压电源的工频变压、整流、滤波电路和稳压电路。

② 了解和学习直流稳压电源的性能指标和测试方法。

③ 了解串联型晶体管稳压电路的工作原理。

④ 了解开关电源的工作原理。

⑤ 学习一种 DC/DC 变换器(L4960)的使用。

二、预习要求

1. 直流稳压电源的组成

结合理论知识,了解经典 AC - DC 的实现方法及工作原理。如图 7 - 14 所示为直流稳压电源组成框图,是本次实验的原理框图,主要包括工频变压、整流电路、滤波电路、可调稳压电路和集成稳压器五部分。

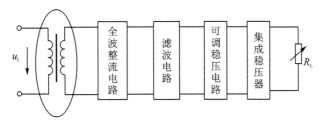

图 7 - 14   直流稳压电源组成框图

2. 整流及滤波电路

整流及滤波实验电路如图 7 - 15 所示。

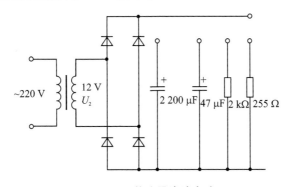

图 7 - 15   整流及滤波电路

① 桥式整流时,电容 C 分别取 $47\ \mu F$、$2\ 200\ \mu F$,负载电阻 R_L 分别取 ∞、$2\ k\Omega$、$255\ \Omega$,估算电容电阻在 4 种组合情况下输出电压中直流成分的平均值 $\overline{U}_d$、交流成分的有效值 u_d。利用理论推导得出的公式进行估算,尽管不够准确,但能够体会到:输出电压 $\overline{U}_d$ 和纹波 $\tilde{u}_d$ 都与负载电流的大小有密切关系。

② 估算 $R_L = 255\ \Omega$ 时,整流管的平均电流。

③ 估算整流管的最大反向电压。

④ 在整流滤波电路的实验中,要求测量变压器副边的输出电压 U_2、滤波后输出电压的直流分量 $\overline{U}_d$ 和交流纹波电压 $\tilde{u}_d$,并把波形画下来。请根据估算的结果选好仪表和量程,绘制好记录表格,还应考虑好如何用示波器来观察这些波形。

特别注意思考怎样用示波器观察变压器副边输出电压 U_2 的波形,它的特点是没有"共地端",观察信号波形时要避免造成电路短路。

【思考题】

① 提供示波器、交流毫伏表和能测电压有效值的数字万用表,请设计合适的测试方法获取 U_2、$\overline{U}_d$ 和纹波电压有效值 $\tilde{u}_d$。

② 在整流及滤波电路的实验中,怎样用示波器观察变压器副边输出电压 U_2 的

波形(U_2 特点是没有"共地端")？当负载 R_L 为 255 Ω，滤波电容 C 为 2 200 μF 和不接滤波电容时，U_2 波形有何不同，解释原因。

3. 稳压电路

拟定测试稳压电路内阻、稳压系数的方法和步骤，选用仪表，特别需要考虑：当稳压电路的输出电压的变化很小时，选用什么仪表仪器来测量。

三、实验设备

专用电源实验板（含所需元器件）	1 块；
功率负载板	1 块；
双踪示波器	1 台；
双路交流毫伏表	1 块；
数字万用表	1 块。

四、实验内容及要求

1. 工频整流滤波实验

在图 7-15 所示电路中，滤波电容分别取 47 μF、220 μF、2 200 μF，负载电阻分别取∞、2 kΩ 和 255 Ω（5 个 51 Ω 串联），在不同组合下，测 U_2 的有效值、$\overline{U}_d$ 和纹波电压有效值 $\tilde{u}_d$，用示波器观察并画出它们的波形，计算纹波系数 S。

2. 线性稳压电路实验

按照实验内容 1，将滤波电容选取 2 200 μF 时的输出电压接到串联型可调稳压电路的输入端 U_{in}（即 TIP122 的 C 引脚）。如图 7-16 所示为串联型可调稳压电路。

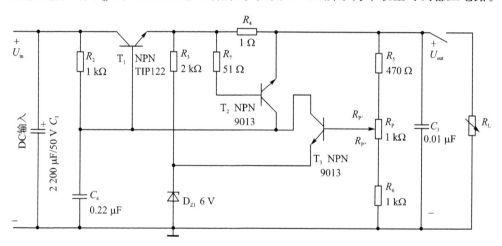

图 7-16　串联型可调稳压电路

1）调节可变电阻器 R_P，测输出电压 U_{out} 的范围。

2）当输出空载时，调节 R_P 使 $U_{out}=10$ V，负载电阻 R_L 在 20～120 Ω 间取值，选适当点数，测电路的输出特性。

3）集成稳压器电路如图 7 - 17 所示，将串联型可调稳压电路的输出 U_{out} 接到集成稳压器 7805 的输入端 U_i，测其稳压系数和内阻。

① 稳压系数测试：当 $R_L=51$ Ω 时，调节 R_P 使 U_i 在 7～11 V 间选取 5 个点，测出 5 组 U_o，计算稳压系数。

② 内阻测试：调节 R_P 使 $U_i=8$ V，在 R_L 为 1 个 51 Ω、2 个 51 Ω 并联、3 个 51 Ω 并联、4 个 51 Ω 并联、5 个 51 Ω 并联共 5 种条件下，测出 5 组 U_o，并计算内阻。

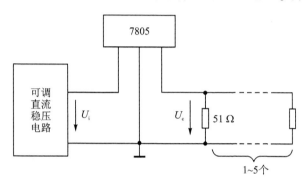

图 7 - 17　集成稳压器电路

3. 开关稳压电路实验

基于 L4960 的开关稳压电路如图 7 - 18 所示。按照实验内容 1，将滤波电容选取 2 200 μF 时的输出电压接到可调开关稳压电路输入 U_{in} 端（即 L4960 第 1 引脚）。

1）调节 R_{2P}，测 L4960 第 5 引脚振荡频率 f 范围。

2）将振荡频率 f 调节到 150 kHz，调节 R_{4P}，测输出电压 U_{out} 范围。

3）当振荡频率 $f=150$ kHz，负载 $R_L=120$ Ω 时，调节 R_{4P} 使 $U_{out}=12$ V，用示波器观测并画出 L4960 第 5、7 引脚波形，且记录 U_{out} 波形（含纹波）。

4）当振荡频率 $f=150$ kHz 时，空载调节 R_{4P} 使 $U_{out}=12$ V，然后负载电阻 R_L 在 20～120 Ω 间取值，选适当点数，测电路的输出特性。

5）集成稳压器电路如图 7 - 17 所示，把可调开关稳压电路输出 U_{out} 接到集成稳压器 7805 的输入端 U_i，测其稳压系数和内阻。

① 稳压系数测试：当 $R_L=51$ Ω 时，调节 R_{4P} 使 U_i 在 7～11 V 间选取 5 个点，测出 5 组 U_o，计算稳压系数。

② 内阻测试：调节 R_{4P} 使 $U_i=8$ V，在 R_L 为 1 个 51 Ω、2 个 51 Ω 并联、3 个 51 Ω 并联、4 个 51 Ω 并联、5 个 51 Ω 并联共 5 组条件下，测出 5 组 U_o，并计算内阻。

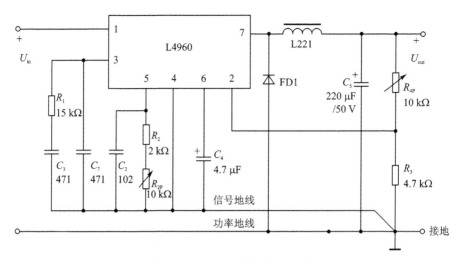

图 7 - 18　L4960 开关稳压电路

五、注意事项

① 用变压器时,先接好电路后,再接 220 V 交流电压;做完实验后,要先断开 220 V 交流电压,再拆线。

② 用示波器观察变压器副边 U_2 波形时,切记共地测量。

③ 为了人身安全,实验中避免接触变压器原边。

④ 用示波器观察整流滤波电路波形时,要注意示波器坐标的位置。

六、总结要求

① 列出整流滤波电路的测试结果,计算纹波系数。

② 画出 U_2 的波形,解释当负载 R_L 为 255 Ω,滤波电容 C 为 2 200 μF 和不接滤波电容时,U_2 波形改变的原因。

③ 列出对稳压电路进行测试的结果,计算它们的内阻和稳压系数。

④ 分析串联型稳压电源和保护电路的工作原理。

⑤ 分析在开关电源中为什么输出用多个并联电容比用单个电容的效果要好。

第 8 章　集成定时电路 555

8.1　集成定时电路 555 的组成与应用原理

集成定时电路也称为时基电路。它是一种将模拟功能与逻辑功能相结合的集成电路,能够产生精确时间延迟和振荡。由于定时电路在电路结构上是由模拟电路和逻辑电路组成的,所以它是一种模拟/数字混合电路。这种介于模拟和数字之间的集成电路,一般归于模拟集成电路的范畴。

目前市场上集成定时器有多种型号,主要有双极型和 CMOS 型两类,按集成电路内部定时器的个数又可分为单定时器和双定时器;双极型单定时器电路的型号为555,双定时器电路的型号为 556,其电源电压的范围为 5~18 V;CMOS 单定时器电路的型号 7555,双定时器电路的型号为 7556,其电源电压的范围为 2~18 V。下面以 LM555 为例介绍其工作原理。

一、集成定时电路 LM555 的组成

如图 8-1 所示为 LM555 的组成原理框图。该电路由 2 个高精度比较器 C_1 和 C_2、1 个 RS 双稳态触发器、输出级、放电管和电阻分压器组成。比较器 C_1 称为上比较器,它的同相输入电平设置为 $\frac{2}{3}U_{CC}$ 或者由外部通过芯片第 5 引脚提供参考电压,反相输入端为阈值电压输入端;比较器 C_2 称为下比较器,它的反相输入电平设置为 $\frac{1}{3}U_{CC}$,同相输入端为触发电压输入端。两个比较器的输出分别与 RS 双稳态触发器输入端相连,控制双稳态触发器工作,双稳态触发器的输出决定放电晶体管和输出端的状态。LM555 的封装为 DIP-8。

二、集成定时电路 LM555 的引脚功能

集成定时电路 LM555 的引脚功能如下:

引脚 1(地 GND):接地端。在通常情况下与电源地相连,作为整个电路的参考端。

引脚 2(触发 TR):触发电平输入端。当该引脚电平低于 $\frac{1}{3}U_{CC}$ 时,C_2 比较器的输出状态为低,RS 触发器的置位端有效,使引脚 3 呈高电平,同时使放电管截止。该引脚允许施加电压范围为 $0\sim U_{CC}$。

引脚 3(输出 U_o):状态输出端。此引脚根据实际控制信号输入情况,输出高电

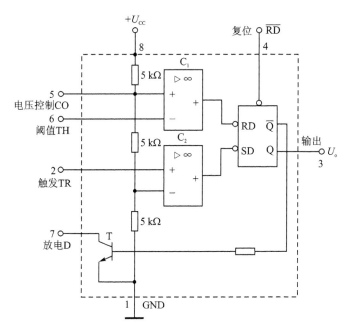

图 8-1　LM555 组成原理框图

平或低电平。

引脚 4(复位 $\overline{RD}$)：复位输入端。低电平有效,当该引脚电压低于 0.4 V 时,不管其他控制信号如何,引脚 3 强制处于低电平状态。不使用复位功能时,该引脚可固定为高电平,如与 U_{CC} 相连。该引脚允许外加电压范围为 $0 \sim U_{CC}$。

引脚 5(电压控制 CO)：电压控制端。该引脚与分压点 $\dfrac{2}{3}U_{CC}$ 相连。当该引脚外接接地电阻或电压时,可改变芯片内部比较器的基准电压。当不需要改变芯片内部比较器的基准电压时,应外接电容($C \geqslant 0.01$ μF),以便滤除电源噪声和其他干扰。该引脚允许外加电压范围为 $0 \sim U_{CC}$。

引脚 6(阈值 TH)：阈值电压输入端。当该引脚电平高于 $\dfrac{2}{3}U_{CC}$ 时,C_1 比较器的输出状态为低,RS 触发器的复位端有效,使引脚 3 呈低电平,同时放电管处于导通状态。该引脚允许施加电压范围为 $0 \sim U_{CC}$。

引脚 7(放电 D)：放电端。该引脚与放电管集电极相连,一般需要外接电路实现特定功能,使用时需要考虑放电管的集电极电流的限制。

引脚 8($+U_{CC}$)：电源端。该引脚可外接 4.5～16 V 的电源。一般情况下,电路的定时与电源电压无关,所以电源电压的变化所引起的定时误差通常小于 0.05%。

三、集成定时电路 LM555 的功能表

LM555 芯片引脚 8 接 $+U_{CC}$,引脚 1 接电源地,引脚 5 外接对地电容 0.01 μF,即

内部比较器 C_1 和 C_2 的基准电压分别为 $\frac{2}{3}U_{CC}$ 和 $\frac{1}{3}U_{CC}$，该芯片功能表如表 8-1 所列。

表 8-1 LM555 功能表

复位端 $\overline{RD}$ (4 引脚)	高触发端 TH (6 引脚)	低触发端 TR (2 引脚)	输出 Q_{n+1} (3 引脚)	放电管 T	功　能
0	X	X	0	导通	直接清零
1	$>\frac{2}{3}U_{CC}$	$>\frac{1}{3}U_{CC}$	0	导通	置 0
1	$<\frac{2}{3}U_{CC}$	$<\frac{1}{3}U_{CC}$	1	截止	置 1
1	$<\frac{2}{3}U_{CC}$	$>\frac{1}{3}Q_n$	Q_n	不变	保持

在表 8-1 中，不存在引脚 6 和引脚 2 输入电压同时分别为 $>\frac{2}{3}U_{CC}$ 和 $<\frac{1}{3}U_{CC}$ 的情况，在这种情况下，内部 RS 触发器置位和复位端同时有效，这是非法的，LM555 芯片实际输出状态会不正常，故这种情况在实际使用中应该避免出现。

四、LM555 的典型应用电路

LM555 的实际应用非常广泛，下面以用 LM555 构成单稳态和无稳态触发器为例说明电路的工作原理。

1. 单稳态触发器（又称定时电路或延时电路）

由 LM555 所组成的单稳态触发器如图 8-2 所示。当电源 U_{CC} 接通后，若引脚 2 处于高电平 $\left(>\frac{1}{3}U_{CC}\right)$，无有效触发信号输入，则引脚 3 输出低电平，电路处于复位状态，放电管导通，定时电容 C_T 对地短路。若向引脚 2 输入 $<\frac{1}{3}U_{CC}$ 的负脉冲，则输出端 3 由低电平变为高电平，放电管截止，电容 C_T 被充电，其两端电压按指数规律上升。当电容两端电压 $U_c \geqslant \frac{2}{3}U_{CC}$ 时（即超过阈值），上比较器翻转，放电管再次导通，C_T 开始放电，输出端 3 变为低电平，电路复位。必须注意，由于充电速度和比较器的阈值电压都与 U_{CC} 成正比，所以定时时间与 U_{CC} 无关。由 $R_A C_T$ 电路方程 $U_c(t)=U_{CC}\left(1-\mathrm{e}^{-\frac{1}{R_A C_T}}\right)$ 可求出电容 C_T 上的电压由零充到 $\frac{2}{3}U_{CC}$ 所需时间（即电路的定时时间）为

$$t_w = \ln 3 R_A C_T \approx 1.1 R_A C_T \tag{8-1}$$

如图 8-3 所示为单稳态触发器的工作波形图。

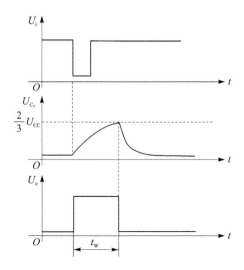

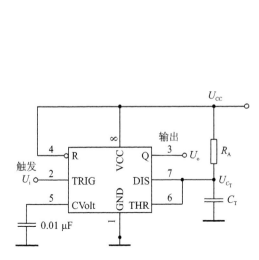

图 8-2 LM555 组成单稳态触发器   图 8-3 单稳态触发器工作波形图

在单稳态工作方式下，外电路参数的选择原则如下：

（1）定时电阻 R_A

R_A 的最小值应根据下述因素确定：起始充电电流不应大到妨碍放电电路正常工作，因此起始放电电流应不大于 5 mA。R_A 的最大值取决于 6 引脚所需的阈值电流，其起始电流为 1 μA。可见，在允许的某一给定电源电压条件下，只需改变 R_A，就能使计时时间 t_1 变化 5 mA/1 μA＝5 000 倍。

通常，选用定时电容 $C_T \geqslant 100$ pF，然后再由式（8-1）来确定 R_A。

（2）定时电容 C_T

实际选用的最小电容 $C_T \geqslant 100$ pF，选择此值的依据是：C_T 应远大于 6 引脚和 7 引脚的寄生非线性电容值。而实际使用的最大电容值通常由此电容的漏电流来确定。例如定时时间为 1 h，由 R_A 所确定的最小起始电流为 1 μA，则电容的漏电必须小于 0.01 μA，即应选用具有低漏电流的钽电容来作定时电容，或选用额定电压较高的电容。一般来说，当电容的工作电压是额定工作电压的二分之一时，该电容的漏电流为标称值的五分之一以下。

（3）触发电平

LM555 定时电路采用负脉冲触发，为了获得较高精度的计时时间，要求触发脉冲宽度 $t \ll 1.1R_A C_T$。

因此，在实际电路中往往需要接入如图 8-4 所示圆圈中的 RC 微分电路。但在微分输入情况下，可能出现幅度大于 U_{CC} 的尖峰电压，因此，用限幅二极管 D 使尖峰电压幅度小于 U_{CC}。引脚 2 触发端需馈入一个小的偏置电流，在通常情况下，这一电流可由触发信号源供给。但当触发源的输出电阻为无限大时，须在 U_{CC} 与引脚 2 之间加接上拉电阻 R,以便获得所需偏置。

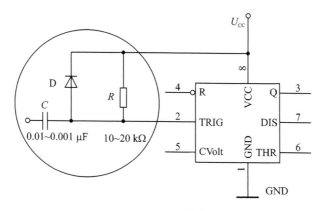

图 8 - 4　RC 微分电路

（4）控制电压

为了保证电路正常工作,引脚 5 端的控制电压(或控制电平)的变化范围为

$$2V_{BE}<U<U_{CC}-V_{BE}$$

式中: V_{BE} 为触发电平,因此,想要获得合适的控制电平,可在 5 端外接对地电阻或电压源。

由于比较器基本电压与加在控制端的信号成正比,而阈值电压就是控制端的控制电压,触发电平为阈值电压的一半,因此,当时基电路以无稳态方式工作时,改变控制电压的大小就可以改变定时范围和振荡频率。

2. 无稳态触发器(多谐振荡器)

若将引脚 2 与引脚 6 相连接,如图 8 - 5 所示,则可形成多谐振荡器。外接电容 C_T 通过 R_A、R_B 充电,而放电电流仅通过 R_B。图 8 - 6 为多谐振荡器输出波形。

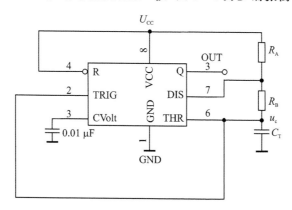

图 8 - 5　多谐振荡器电路

由充电电压 $u_c(t)$ 随时间变化的关系:

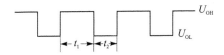

图 8－6　输出波形

$$u_c(t) = U_{CC} - \frac{2}{3}U_{CC}e^{\frac{-t}{(R_A+R_B)C_T}}$$

可求出充电时间 t_1。因为当 $t=0$ 时，$u_c = \frac{1}{3}U_{CC}$；当 $t=t_1$ 时，$u_c = \frac{2}{3}U_{CC}$，所以充电时间为

$$t_1 = \ln 2(R_A+R_B)C_T = 0.693(R_A+R_B)C_T$$

放电时间为

$$t_2 = 0.693R_BC_T$$

周期为

$$T = t_1 + t_2 = 0.693(R_A+2R_B)C_T$$

振荡频率为

$$f = \frac{1.44}{(R_A+2R_B)C_T}$$

占空比为

$$D = \frac{t_1}{T} = \frac{R_A+R_B}{R_A+2R_B}$$

需要指出，当复位控制端引脚 4 为低电平时，振荡停止，从而形成一个闸门振荡器，其闸门长度等于复位端引脚 4 处于高电平的持续时间。

无稳态工作时外电路参数的选择原则与单稳态工作方式相同。

3. 占空比可调的矩形波发生电路

利用两个二极管 D_1、D_2 把电容充放电定时电阻分开，占空比可调的矩形波发生电路如图 8－7 所示。请读者自行分析其工作原理。

4. 触摸开关电路

由定时电路和少数附加元件就可以构成多用途、方便可靠的触摸开关。如图 8－8 所示，复位功能不用时，可将引脚 4 接到 U_{CC} 上。通过可变电阻器改变引脚 5 的控制电压，从而改变 555 的阈值电压、输出脉冲的宽度。

5. 简易电容测量电路

如图 8－9 所示是由两个 NE555 构成的简易电容测量电路。该电路能测量 10 pF～1 μF 的电容。电路中右边的 NE555 及外围元件 R_1、R_2、C_1、C_2 等构成多谐振荡器，左边的 NE555 及外围元件构成单稳态触发器。多谐振荡器的输出给单稳态触发器作为触发端引脚 2 的输入；由 $R_3 \sim R_6$ 和被测电容 C_X 确定其输出脉冲的高电

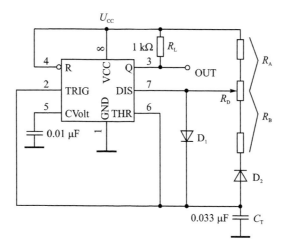

图 8-7 占空比可调的矩形波发生器

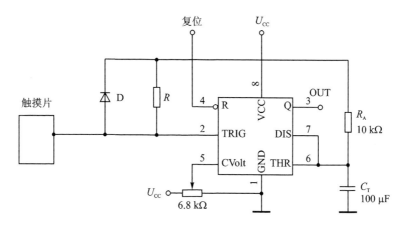

图 8-8 触摸开关电路

平宽度。根据选定的量程电阻 R 和测得的脉冲宽度 t 即可推出 C_X 的值。计算公式如下:

$$C_X = \frac{t}{1.1R}$$

式中: R 为量程电阻; t 为输出脉冲宽度(高电平)。在图 8-9 中, $R_3 \sim R_6$ 为量程选择电阻,与量程的关系如表 8-2 所列。

表 8-2 量程电阻与量程的对应关系

量程电阻	1 MΩ	100 kΩ	10 kΩ	1 kΩ
量 程	100~1 000 pF	1 000 pF~0.01 μF	0.01 μF~0.1 μF	0.1 μF~1 μF

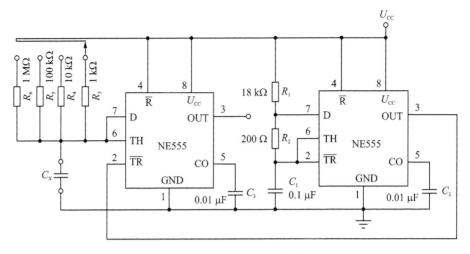

图 8 - 9　简易电容测量电路

8.2　实验十三　集成定时电路 555 的应用

一、实验目的

① 掌握 555、单稳态触发器和多谐振荡器的工作原理和特点。

② 用 555 和电子元器件设计几个实用功能电路,熟悉 555 外围电路元器件参数的计算。

二、预习要求

① 结合 8.1 节知识或查阅其他有关资料,了解集成定时电路 555 的组成和典型工作原理。

② 按实验内容及要求设计相应的实验电路,选定和计算元器件参数,拟定测试方法和步骤。

三、实验设备

双路可调直流稳压电源(0~30 V,2 A)　　　1 台;

实验板(含所需元器件)　　　1 块;

双踪示波器　　　1 台;

数字万用表　　　1 块。

四、实验内容及要求

① 选择 R_A、C_T 设计一个定时电路,使延迟时间为 5 s,请注意触发信号的产生

和实现。搭接电路进行调试,用示波器观察输出情况并画出波形。

② 设计一个 $f = 1$ kHz、占空比可调的矩形波发生器。

参考电路如图 8-7 所示,搭接电路,调节相关参数,用示波器观察矩形波发生器占空比的变化情况并画出波形、计算出占空比 D 的最大值和最小值。**注意**:调节占空比时信号频率的变化,请分析引起频率变化的主要原因。

③ 设计一个触摸开关。

参考电路如图 8-8 所示,触摸片可用导线或板上的连线端子代替,用示波器观测触摸开关输出情况。改变 555 芯片的电压控制端引脚 5 的电位,用示波器观察对输出波形的影响,画出波形并记录"引脚 5"相应的电位值,得出结论。

④ 设计简易电容测量电路。

选择合适的元器件,搭接简易电容测试电路,用示波器观察振荡器是否产生振荡,以及振荡波形是否正确,调试好后分别选择相应的量程,测试 0.1 μF、2 个 0.1 μF 并联;0.01 μF、2 个 0.01 μF 并联;0.001 μF、2 个 0.001 μF 并联的输出波形,根据输出脉冲高电平的宽度计算被测量的电容值进行验证并列表整理。

⑤ (选做)自拟用 555 设计的其他功能电路。

五、注意事项

① 555 芯片电源电压不要过高,5~10 V 即可。

② 观察 5 s 定时和触摸开关输出波形,合理设置示波器的时间灵敏度(建议为 1 s/格),以及正确使用示波器的单次触发功能。

③ 占空比可调的多谐振荡器中的 D_1、D_2 用 2CK(硅管)较好。

④ 触摸开关电路中二极管用 2AK(锗管)较好。

六、总结要求

① 观察的波形均定量画在坐标纸上,并标明相应参数。

② 根据触摸开关实验电路所测试的数据,用语言描述改变可变电阻器(即改变 555 芯片的"引脚 5"电位)对输出波形的影响。

③ 根据电容测量电路所测量的参数计算相应的电容值,并讨论提高精度的方法。

第9章　数字电路基础实验

9.1　数字电路实验基本要求及常用技巧

一、基本要求

① 实验前必须充分预习,根据实验要求,自行设计并画出完整的实验电路图并标注所用芯片的型号和引脚号。对于上机操作的内容,要仔细阅读有关软件操作说明,并准备好有关数据和代码。写好预习报告,待老师检查。

② 安装更换器件、连接线路时必须关闭电源,不允许带电操作,以免损坏器件。实验过程中发现发烫、冒烟、异常声响等情况,应及时关闭电源,避免身体烫伤。发现有损坏的器件,马上报告老师处理。

③ 每项实验内容完成后,请指导老师验收,要求实验参与者简单介绍实验过程,然后完整地演示实验结果,且回答老师的有关提问。所有实验内容完成后,及时完成实验报告,当堂交报告。

④ 实验完毕后,整理好仪器设备及导线,按老师的要求检查所用芯片的好坏,并整理好交还给老师;然后整理实验桌,打扫卫生,最后离开实验室。

二、常用技巧

① 预习设计实验电路图时,在每个元件逻辑符号或功能符号的输入、输出引线上注明相应集成电路芯片的型号和引脚号,还有电源、地引脚号,便于布线、检查和测试。常用集成电路芯片的引脚排列图见附录。

② 数字电路实验采用实验箱中的 DIP 集成插座来安装元器件与连线,为了便于布线和检查故障,所用集成电路芯片一般按同一方向安装,防止弄错引脚。

③ 实验中采用的集成电路芯片一般为 DIP 封装,在安装之前,一定要先检查芯片引脚是否整齐顺直,便于安装;安装芯片时应注意检查是否所有的引脚都能对准插座的孔,对准后轻轻地用手压紧并检查是否所有引脚接触良好,必须保证芯片的引脚和插座接触良好。拆卸时,使用镊子或其他工具从芯片的两端慢慢地使劲撬起,使芯片整体向上拔起,以免损坏芯片引脚(侧弯甚至折断)。

④ 实验时布线应表面整齐,连接可靠。为了保证检查、更换器件方便,布线时应在器件周围布线,引线不要跨过芯片而把芯片埋在里面,并应设法使引线尽量不去覆盖不用的插孔。

⑤ 布线的顺序通常是先连接电源和地线,然后顺序连接输入线、输出线、控制

线,对于比较复杂的电路应该分块连线,连好一块调试一块,最后联调。**注意**:集成电路芯片的电源与地线一定不要接错,否则会损坏芯片。对于 TTL 电路的芯片,电源只能用 5 V(实际为+4.5~+5.5 V),过高或过低均可能损坏芯片。

⑥ 实验中采用的芯片有 TTL 和 CMOS 两类。对于富余不用的输入引脚,理论上在某些情况下是可以悬空的,但在实验中,为了可靠稳定,接到固定电平为好。例如,对于 TTL 电路,理论上悬空认为是高电平,对于"与"逻辑输入端,可将不用的引脚接到电源正极,保证是高电平;对于"或"逻辑输入端,可将不用的引脚接到参考地,保证是低电平。

⑦ 一般情况下,门电路的输出不能短接在一起,这样既不能实现"线与",也很容易损坏器件。OC 门输出可以连接在一起实现"线与",但必须加上适当的上拉电阻;三态门输出也可以连在一起,但工作时必须保证每一时刻只允许其中一个输出有效,而其余输出都处于高阻态。当然,也必须避免把电路的输出端直接连接到电源端或地线端,造成短路,很容易损坏器件。

⑧ 调试时,若得不到设计所预想的功能,则应先检查是否是设计原理有问题,在确认原理无误的情况下,应耐心检查电路。一般先检查电源和地线间的电压是否正常,即供电是否正常;然后按逻辑块逐步检查输入、输出关系是否正常,时序电路还要检查时钟输入是否正常。

⑨ 相对于模拟电路,检查数字电路的状态较容易,因为正常时不是高电平就是低电平,且高低电平状态用实验箱上的发光二极管电路检测即可。但电路出现故障时,电路中的状态可能混乱,此时需要用诸如万用表、示波器、信号发生器等设备来检测和排查电路故障。

⑩ 在时序电路实验中,时钟脉冲必不可少。实验箱上提供了连续的时钟脉冲信号,也可以手动操作产生时钟。一般在电路调试初期,希望电路的工作流程或状态完全由人工控制,此时时钟采用手动操作产生,待电路调试好后,再用连续时钟进行电路功能验证。

⑪ 在实验过程中,若遇到门电路芯片输出电压处于高电平和低电平中间值,既不属于高电平,也不属于低电平,则应首先用相关仪器设备检查芯片供电是否正常,避免出现 VCC 或 GND 连接不可靠;其次检测芯片输入、输出引脚方向是否弄错,或者直接用集成芯片测试仪检测芯片是否完好。

9.2　实验十四　TTL 与非门及 CMOS 门电路实验

一、实验目的

① 学习和掌握 TTL 与非门的主要参数及传输特性的常用测试方法。

② 了解 CMOS 非门电路的性能参数和特点。

③ 学习并掌握 TTL 与 CMOS 器件的互连方法。

二、理论准备

本实验以目前使用较普遍的 TTL 与非门和 CMOS 非门电路为例，介绍集成逻辑门电路静态参数及逻辑功能的测试方法。

1. TTL 与非门的主要参数

(1) 输出高电平 U_{OH}

输出高电平值是指与非门有一个以上输入端接地或接低电平时的输出电平值。空载时 U_{OH} 必须大于标准高电平下限值（$U_{SH} = 2.4\ V$），接有拉电流负载时 U_{OH} 将下降。测试 U_{OH} 的电路如图 9 - 1 所示。

(2) 输出低电平 U_{OL}

输出低电平值是指与非门的所有输入端都接高电平时的输出电平值。空载时 U_{OL} 必须低于标准低电平上限值（$U_{SL} = 0.4\ V$），接有灌电流负载时 U_{OL} 将上升。测试 U_{OL} 的电路如图 9 - 2 所示。

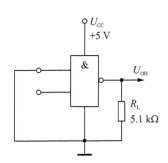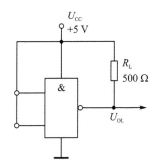

图 9 - 1　测试输出高电平电路　　　图 9 - 2　测试输出低电平电路

(3) 输入短路电流 I_{IS}

输入短路电流 I_{IS} 是指被测输入端接地，其余输入端悬空时，由被测输入端流出的电流。前级输出低电平时后级门的 I_{IS} 就是前级的灌电流。一般 $I_{IS} < 1.6\ mA$，测试 I_{IS} 的电路如图 9 - 3 所示。

(4) 扇出系数 N

扇出系数 N 是指能驱动同类门电路的数目，用以衡量带负载的能力。测量电路如图 9 - 4 所示，即测出输出不超过标准低电平时的最大允许负载电流 I_{OL}，然后计算 $N = I_{OL}/I_{IS}$（舍弃小数，直接 N 取整）。一般 $N > 8$ 的与非门才被认为是合格的。

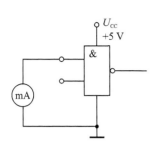

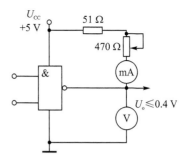

图 9-3　测试输入短路电流电路　　　　**图 9-4　测试扇出系数电路**

（5）TTL 与非门的传输特性

TTL 与非门的电压传输特性如图 9-5 所示。利用电压传输特性可以检查和判断 TTL 与非门是否工作正常，同时可以直接读出其主要静态参数，如 U_{OH}、U_{OL}、U_{ON}、U_{OFF} 和 Δ_1、Δ_0。传输特性的测试电路如图 9-6 所示。

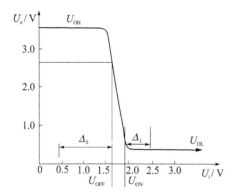

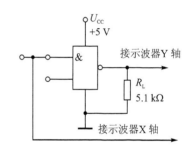

图 9-5　TTL 与非门传输特性　　　　**图 9-6　传输特性的测试电路**

开门电平 U_{ON} 是保证输出为标准低电平 U_{SL}（0.4 V）时允许的最小输入高电平值。一般 $U_{ON} < 1.8$ V。

关门电平 U_{OFF} 是保证输出为标准高电平 U_{SH}（2.4 V）时允许的最大输入低电平值。高电平抗干扰能力 $\Delta_1 = U_{SH} - U_{ON}$，低电平抗干扰能力 $\Delta_0 = U_{OFF} - U_{SL}$。

2. CMOS 门电路

CMOS 电路是在 MOS 电路基础上发展起来的一种互补对称场效应管集成电路。CMOS 非门电路结构如图 9-7 所示，图中 T_1 为驱动管，采用 N 沟道增强型（NMOS），T_2 为负载管，采用 P 沟道增强型（PMOS），两管栅极相连为输入端 A，漏极也相连为输出端 F，组成互

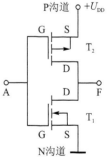

**图 9-7　CMOS 非门
电路结构**

补对称结构。当 A 端输入高电平时，T_2 管截止，T_1 管饱和导通，F 端电位接近参考地，为低电平；当 A 端输入低电平时，T_1 管截止，T_2 管饱和导通，F 端电位接近 U_{DD}，为高电平。

（1）CMOS 集成电路的特点

① 静态功耗极低。74 系列的 TTL 门电路功耗约为 10 mW，而 CMOS 电路只有 $0.01 \sim 0.1$ μW。

② 允许电源电压有较大波动。CMOS 电路的电源电压范围为 3～15 V，当电源电压波动较大时仍能正常工作。

③ 抗干扰能力强。CMOS 电路抗干扰能力为 1.5～6 V，可达到电源电压的 45% 且随电源电压的增高抗干扰能力也增强，而 TTL 电路的抗干扰能力为 0.8 V 左右，为电源电压的 16%。

④ 扇出系数大。CMOS 电路由于输入阻抗极高，扇出系数可达到 50。但当 CMOS 电路的负载含有容性负载时，负载数目的增加会导致传输时间上升、工作速度下降。

⑤ 温度稳定性好。

（2）使用 CMOS 电路时应注意的事项

① 由于 CMOS 电路的输入阻抗高，容易感应较高电压，造成绝缘栅损坏，因此 CMOS 电路多余或暂时不用的输入端不能悬空，可以把它们并联起来或直接接到高电平（与非门）或低电平（或非门）上。

② CMOS 电源 U_{DD} 接正极，U_{SS} 接负极或地，绝对不能接反。

③ CMOS 的输入电压应在 $U_{SS} \leqslant U_I \leqslant U_{DD}$ 范围内。

④ CMOS 电路内部一般都有保护电路，为使保护电路起作用，工作时应先开电源再加信号，关闭时应先关断信号源再关电源。

3. TTL 与 CMOS 门电路的互连

在一个电路系统中同时使用不同电气标准的数字电路器件时，要注意互连输入/输出引脚上的电平和电流是否匹配。表 9-1 给出了在电源电压 $U_{CC} = +5$ V 时，TTL 与 CMOS 门电路的主要参数。

表 9-1　TTL 与 CMOS 门电路的主要参数

参　　数	74HCMOS	74TTL	74LSTTL
$U_{IH,min}/V$	3.5	2.0	2.0
$U_{IL,max}/V$	1	0.8	0.8
$U_{OH,min}/V$	4.9	2.4	2.7
$U_{OL,max}/V$	0.1	0.4	0.4
$I_{IH,max}/\mu A$	1.0	40	20

参　数	74HCMOS	74TTL	74LSTTL
$I_{\text{IL,max}}$	$-1.0\ \mu A$	$-1.6\ mA$	$-400\ \mu A$
$I_{\text{OH,max}}$	$-4.0\ mA$	$-400\ \mu A$	$-400\ \mu A$
$I_{\text{OL,max}}/mA$	4.0	16	8

由表 9 - 1 可知,当都采用 +5 V 电源电压时,TTL 与 CMOS 的电平基本上是兼容的。当用 CMOS 驱动 TTL 时,CMOS 的 $U_{\text{OH,min}} = 4.9$ V,而 TTL 的 $U_{\text{IH,min}} = 2.0$ V,CMOS 的 $U_{\text{OL,max}} = 0.1$ V 而 TTL 的 $U_{\text{IL,max}} = 0.8$ V,直接连接符合匹配要求。当用 TTL 驱动 CMOS 时,TTL 的 $U_{\text{OL,max}} = 0.4$ V,而 CMOS 的 $U_{\text{IL,max}} = 1.0$ V 可以匹配;但从高电平来看,TTL 的 $U_{\text{OH,min}} = 2.4$ V,CMOS 的 $U_{\text{IH,min}} = 3.5$ V,在此种情况下 TTL 不能直接驱动 CMOS,此时可以在 TTL 输出端与电源之间接一上拉电阻,如图 9 - 8 所示。电阻 R 的取值可根据下面的方法确定。

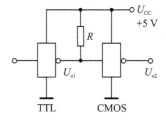

图 9 - 8　接上拉电阻 R 匹配

在忽略 $I_{\text{IL,max}}$ 情况下,其最小值为

$$R_{\text{min}} = \frac{U_{\text{CC}} - U_{\text{OL,max}}}{I_{\text{OL,max}}} = \frac{5.0\ \text{V} - 0.4\ \text{V}}{16\ \text{mA}} = 288\ \Omega$$

考虑 CMOS 的输入电容,来决定其最大值。假设 COMS 的输入电容为 10 pF。有

$$U_{\text{IH,min}} = U_{\text{CC}}\left(1 - e^{-\frac{t}{RC}}\right)$$

$$R_{\text{max}} = \frac{t}{C \cdot \ln\dfrac{U_{\text{CC}}}{U_{\text{CC}} - U_{\text{IH,min}}}}$$

一般要求 $t \leqslant 500$ ns,则由上式可得 $R_{\text{max}} = 8.3$ kΩ。综合上述情况,通常 R 值取 $3.3 \sim 4.7$ kΩ。

如果 CMOS 电源电压较高,当用 TTL 驱动 CMOS 电路时,TTL 输出端仍可接上拉电阻,但需采用集电极开路(OC)门电路,或采用电平转换电路来实现电平匹配。CMOS 驱动 TTL 电路时可采用 CD4049 或 CD4050 缓冲器/电平转换器等器件作为接口电路实现电平转换。

三、预习要求

① 复习 TTL 与非门的工作原理、主要参数的含义及测试方法。

② 复习 CMOS 反相器的工作原理,了解使用方法。

③ 熟悉集成芯片 74LS00、CD4011 的主要参数指标,分析两者互连的匹配问题。

④ 画出集成芯片 CD4007 三非门分别实现三输入与非门和三输入或非门的连线图。

⑤ 熟悉数字电路实验箱结构及使用方法。

四、实验设备及芯片

数字实验箱	1 套;
74LS00	1 片;
CD4011	1 片;
CD4007	1 片;
双踪示波器	1 台;
函数信号发生器	1 台;
数字万用表	1 块。

五、实验内容及要求

1. 测试 TTL 与非门(74LS00)的主要参数

测试方法及电路图,参照本节"理论准备"的内容。

① 输出空载和带载时高电平 U_{OH}。

② 输出空载和带载时低电平 U_{OL}。

③ 输入短路电流 I_{IS}。

④ 扇出系数 N。

2. 测试并绘制 TTL 与非门(74LS00)的电压传输特性

如图 9-6 所示接好电路,输入端用函数信号发生器提供 500 Hz 锯齿波信号(信号应先用示波器观测并调节信号电压在 0~5.0 V 范围变化),用示波器 X-Y 方式观察电压传输特性,并用坐标纸绘出曲线,测量并标记出 U_{OH}、U_{OL}、U_{ON}、U_{OFF},计算出 Δ_1 和 Δ_0。

3. TTL 与 CMOS 互连实验

① 如图 9-9 所示,输入信号 U_i 为 100 kHz 方波(为数字信号,注意高低电平电压值范围),用示波器同时观察 U_{o1}、U_{o2} 的波形,并分别记录上升沿波形,计算上升速率。

② 如图 9-10 所示,输入信号 U_i 为 100 kHz 方波(为数字信号,注意高低电平电压值范围),用示波器同时观察 U_{o1}、U_{o2} 波形,并分别记录上升沿波形,计算上升速率。

4. CD4007 实验

CD4007 内部电路图如图 9-11 所示。

①　用 CD4007 实现三输入与非门功能,即 $Y = \overline{ADI}$,画出接线图,由实验结果写出其真值表,并测出一组高、低电平的电压值。

②　用 CD4007 实现三输入或非门功能,即 $Y = \overline{A+D+I}$,画出接线图,由实验结果写出其真值表。

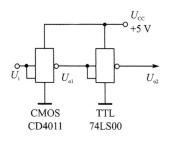

图 9-9　CMOS 驱动 TTL 电路

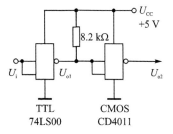

图 9-10　TTL 驱动 CMOS 电路

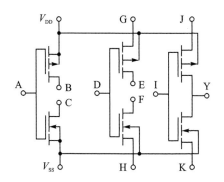

图 9-11　CD4007 内部电路示意图

六、注意事项

①　实验前必须弄清各集成芯片的型号和引脚分布。

②　TTL 与非门不用的输入端可接高电平,不能接低电平,输出端不能并联使用,也不能接+5 V 电源或地。

③　由 CMOS 使用注意事项可知,不用的引脚必须接高电平(与非门)或低电平(或非门)。

④　电源接通时,绝不允许插入或移去 CMOS 器件;电源未接通时,绝不允许施加输入信号。

七、总结要求

①　列表记录所测与非门的主要参数并与标准值比较。

②　用坐标纸绘出所测与非门传输特性曲线,并标出 U_{OH}、U_{OL}、U_{ON}、U_{OFF} 计算

Δ_1、Δ_0。

③ 写出用 CD4007 实现的与非、或非逻辑关系真值表。

④ 在 TTL 与 CMOS 互连实验中,绘制两组 U_{o1}、U_{o2} 波形及各自上升沿局部图,计算上升速率,从而比较 CMOS 与 TTL 电路的工作速度,得出结论。

9.3 实验十五 组合电路和时序电路设计

一、实验目的

① 检测及熟悉几种无记忆逻辑器件。

② 检测并掌握 D、J - K 触发器的逻辑功能。

③ 学习设计和调试组合逻辑电路。

④ 学习用单个触发器实现一些简单的时序电路。

⑤ 学习时序逻辑电路的基本调试方法。

二、理论准备

1. 组合逻辑电路

组合逻辑电路一般是由若干基本逻辑单元组合而成的,它的特点是输出信号仅取决于当前的输入信号,而与电路原来所处的状态无关。门电路是最基本的无记忆逻辑单元。数字电路发展初期,设计组合电路时总是基于门电路,设计时力图减少所用门电路的数目。随着中规模和大规模集成电路的大量生产及其价格越来越低,设计组合电路的方法也有所改变。在设计中,尽量根据电路的主要特性选用已有的具有标准功能的中、大规模集成芯片,而门电路之类的小规模集成芯片则用来作为各种中、大规模芯片之间的接口,以协调它们的工作,这样设计的电路工作可靠,并容易实现。

（1）设计举例

设计一个用 A、B、C 三个开关控制楼道中一个灯泡亮灭的逻辑电路。设计规则为:逻辑值为"1"表示开关闭合,逻辑值为"0"表示开关打开;有奇数个开关(1 或 3)闭合时,灯亮,偶数个开关(0 或 2)闭合时,灯灭。

用中规模集成与非门电路进行设计,设计步骤如下:

① 分析电路功能,设计输入/输出信号种类和数量。本例中输入信号为 3 个开关状态,用 A、B、C 分别表示;输出信号有一个,为灯的亮灭状态,用 F 表示。

② 由实例要求列出真值表,即

A	B	C	F
0	0	0	0
0	0	1	1
0	1	0	1
0	1	1	0
1	0	0	1
1	0	1	0
1	1	0	0
1	1	1	1

③ 卡诺图表示如下：

A＼BC	00	01	11	10
0	0	1	0	1
1	1	0	1	0

④ 由卡诺图化简，写出最简逻辑表达式，并转化成与非形式：

$$F = A\overline{B}\,\overline{C} + \overline{A}\,\overline{B}C + ABC + \overline{A}B\overline{C} = \overline{\overline{A\overline{B}\,\overline{C}} \cdot \overline{\overline{A}\,\overline{B}C} \cdot \overline{ABC} \cdot \overline{\overline{A}B\overline{C}}}$$

⑤ 使用基本的门电路来实现上述表达式逻辑，如图 9 - 12(a)所示。

还可以将表达式作如下转换：

$$F = A\overline{B}\,\overline{C} + \overline{A}\,\overline{B}C + ABC + \overline{A}B\overline{C}$$
$$= (A\overline{B} + \overline{A}B)\overline{C} + (\overline{A}\,\overline{B} + AB) \cdot C$$
$$= (A\overline{B} + \overline{A}B) \cdot \overline{C} + \overline{(A\overline{B} + \overline{A}B)} \cdot C$$
$$= (A \oplus B) \oplus C$$

用中规模集成电路 74LS86 来实现以上设计则简单得多，如图 9 - 12(b)所示。74LS86 中含有 4 个异或门，用其中两个即可。

由上例可见，用了中规模集成电路可使逻辑电路设计更为节省时间，所用集成电路的个数也显著减少。

(2) 常用的中规模集成组合电路

1) 四位全加器 74LS283

全加器芯片 74LS283 的引脚排列及定义见附录。它能实现四位二进制数的全加。4A、3A、2A、1A 表示加数，4B、3B、2B、1B 表示被加数。4Σ、3Σ、2Σ、1Σ 分别表示每位的加数和。0C 是低位的进位数，4C 是向高位的进位数。若进行四位二进制数的全加，则只需一块这样的芯片，用起来很方便。

另外还有一位全加器 74LS183，二位全加器 74LS82，可根据需要进行选择。

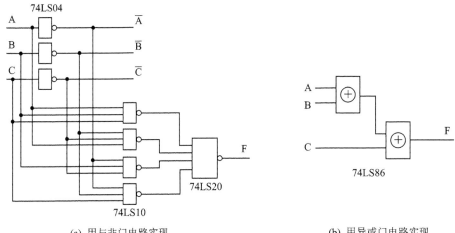

(a) 用与非门电路实现　　　　　　　　　　　　(b) 用异或门电路实现

图 9 - 12　用 3 个开关控制楼道一个灯的逻辑电路

2）数据选择器 74LS153

数据选择器是根据多位数码的编码情况,将其中一位数码由输出端送出去的电路。74LS153 内含 2 个四选一数据选择器,引脚图见附录,四位数据输入端有两组,分别为 $1C_3$、$1C_2$、$1C_1$、$1C_0$ 和 $2C_3$、$2C_2$、$2C_1$、$2C_0$；一位数据输出端分别为 1Y 和 2Y；一位控制使能端分别为 $\overline{1G}$ 和 $\overline{2G}$。控制使能端低电平有效,即输入低电平时,传输通道被打开,输入的数据能够传送出去。B、A 是编码选择端,两组选择器共用。表 9 - 2 为其真值表。

表 9 - 2　74LS153 真值表

编码选择		控制使能	数据输入				输　出
B	A	$\overline{G}$	C_3	C_2	C_1	C_0	Y
0	0	0	×	×	×	0	0
0	0		×	×	×	1	1
0	1	0	×	×	0	×	0
0	1		×	×	1	×	1
1	0	0	×	0	×	×	0
1	0		×	1	×	×	1
1	1	0	0	×	×	×	0
1	1		1	×	×	×	1
×	×	1	×	×	×	×	0

注：×为 0 或 1 均可。

另外还有一种芯片 74LS151,它是八选一的数据选择器。

用数据选择器来实现某些逻辑函数有时是很方便的。

【例】　用 74LS153 设计一个组合电路,当某三位二进制数 $D_2D_1D_0$ 为质数时其输出为"1"。否则输出为"0"。

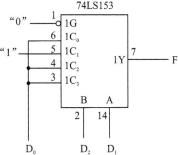

图 9 - 13　质数指示逻辑电路

由于 $0\sim7$ 的质数为 1、2、3、5、7,现将可能出现的几种情况列于表 9 - 3 中。从表中可见,除了 D_2D_1 = "01"的两种情况一定为质数,输出必为"1"以外,其余 6 种情况,是否为质数完全由 D_0 决定。因此可采用四选一数据选择器,以 D_2D_1 为编码选择信号,加到 B、A 端,将 D_0 和"1"分别加到数据输入端,来实现上述要求。相应的逻辑电路如图 9 - 13 所示。

表 9 - 3　质数指示电路真值表

十进制数	D_2	D_1	D_0	质　数	输出 F
0	0	0	0	0	D_0
1	0	0	1	1	
2	0	1	0	1	1
3	0	1	1	1	
4	1	0	0	0	D_0
5	1	0	1	1	
6	1	1	0	0	D_0
7	1	1	1	1	

3) 3 - 8 线译码器 74LS138

3 - 8 线译码器的功能是将输入的数据,根据译码选择,从选中的输出线上传送出来。3 - 8 线译码器 74LS138 的引脚排列及定义见附录,其真值表如表 9 - 4 所列。

当 74LS138 作为多路分配器工作时,数据可以从 G_1 端输入,也可以由 $\overline{G_2A}$ 端、$\overline{G_2B}$ 端输入。当数据由 G_1 端输入,$\overline{G_2A}+\overline{G_2B}=0$ 时,则 G_1 的输入数据由译码输入选择条件在相应的输出线上传送出去。例如,当 CBA=111 时,输入数据由 $\overline{Y_7}$ 传送出去;当 $G_1=1$ 时,$\overline{Y_7}=0$,$G_1=0$ 时,$\overline{Y_7}=1$,即传送出的是反码。同样,输入数据由 $\overline{G_2A}+\overline{G_2B}$ 输入时,$G_1=1$ 传送的是原码。

当 74LS138 作为译码器工作时,$G_1=1$,$\overline{G_2A}+\overline{G_2B}=0$,则根据译码选择输入条件,在相应的输出线上输出低电平(有效电平)。例如 CBA=001 时,$\overline{Y_1}=0$,其他输出线均为高电平(无效电平)。

表 9 - 4   74LS138 真值表

序 号	输 入						输 出							
	使能端		译码选择			$\overline{Y_0}$	$\overline{Y_1}$	$\overline{Y_2}$	$\overline{Y_3}$	$\overline{Y_4}$	$\overline{Y_5}$	$\overline{Y_6}$	$\overline{Y_7}$
	G_1	$\overline{G_2A}+\overline{G_2B}$	C	B	A								
无 效	×	1	×	×	×	1	1	1	1	1	1	1	1
	0	×	×	×	×	1	1	1	1	1	1	1	1
0	1	0	0	0	0	0	1	1	1	1	1	1	1
1	1	0	0	0	0	1	0	1	1	1	1	1	1
2	1	0	0	1	0	1	1	0	1	1	1	1	1
3	1	0	0	1	0	1	1	1	0	1	1	1	1
4	1	0	1	0	0	1	1	1	1	0	1	1	1
5	1	0	1	0	0	1	1	1	1	1	0	1	1
6	1	0	1	1	0	1	1	1	1	1	1	0	1
7	1	0	1	1	1	1	1	1	1	1	1	1	0

3-8 线译码器的用途很多,最基本的是从输入的二进制数译出唯一的地址,即二进制译码,例如,当 CBA＝110 时,$\overline{Y_6}$ 端输出低电平。其次是对传输的信号在译码选择的控制下进行分路传输,例如,当 CBA＝000 时,信号由 $\overline{Y_0}$ 输出;当 CBA＝001 时,信号由 $\overline{Y_1}$ 输出,等等。第三种应用是实现布尔函数。因为 3-8 线译码器能够产生输入译码选择的所有最小项,而任意布尔函数总能表示成最小项之和的形式,所以利用 3-8 线译码器再加上与非门可以实现任一布尔函数。

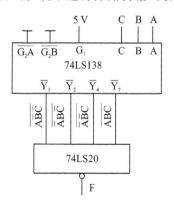

图 9 - 14   灯泡控制逻辑电路

例如,前面用开关 A、B、C 控制楼道中灯泡亮灭的逻辑电路中,其逻辑函数为

$$F = \overline{A}\,\overline{B}\,\overline{C} + \overline{A}\,BC + AB\overline{C} + A\overline{B}C$$

这个函数用 74LS138 和一个四输入与非门(如 74LS20)很容易实现,电路如图 9 - 14 所示。

在常用的中规模集成芯片中还有比较器、编码器及优先编码器等,它们都给组合逻辑电路的设计带来了方便。

2. 触发器和简单时序电路

时序电路具有保持(记忆)功能,它的输出状态不仅和当前的输入有关,还和之前的电路状态有关。触发器是组成时序电路的最基本单元。

(1) 触发器

1) D 触发器

如图 9 - 15 和图 9 - 16 所示为 D 触发器的逻辑符号和状态转换图。其特性表和驱动表如表 9 - 5 和表 9 - 6 所列。

特性方程：$Q_{n+1} = D$。

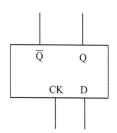

图 9 - 15　D 触发器的逻辑符号

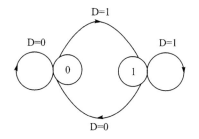

图 9 - 16　D 触发器的状态转换图

表 9 - 5　D 触发器特性表

D	Q_{n+1}
0	0
1	1

表 9 - 6　D 触发器驱动表

$Q_n \rightarrow Q_{n+1}$		D
0	0	0
0	1	1
1	0	0
1	1	1

实验所用芯片 74LS74 为双 D 触发器，其引脚排列及定义见附录。芯片中含有 2 个 D 触发器，$\overline{PR}$ 为预置端，$\overline{CR}$ 为清零端，CK 为时钟输入端。当 $\overline{PR}$ 和 $\overline{CR}$ 端为高电平时，触发器在 CK 的正沿触发；当 $\overline{CR}$ 为低电平时清零，即置"0"；$\overline{PR}$ 为低电平时置"1"。其功能表如表 9 - 7 所列。

表 9 - 7　74LS74 功能表

输　入				输　出	
预置($\overline{PR}$)	清零($\overline{CR}$)	时钟(CK)	D	Q_{n+1}	$\overline{Q}_{n+1}$
0	1	×	×	1	0
1	0	×	×	0	1
0	0	×	×	不定 *	不定 *
1	1	↑	1	1	0
1	1	↑	0	0	1
1	1	0	×	Q_n	$\overline{Q}_n$

注：* 这种情况禁止出现，因为正、负逻辑输出端都为 1，破坏了逻辑关系。

2）J - K 触发器

如图 9 - 17 和图 9 - 18 所示为 J - K 触法器的逻辑符号和状态转换图，其特性表和驱动表如表 9 - 8 和表 9 - 9 所列。

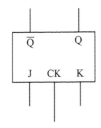

图 9-17   J-K 触发器的逻辑符号

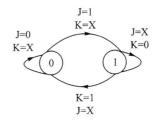

图 9-18   J-K 触发器的状态转换图

特性方程为

$$Q_{n+1} = J\overline{Q}_n + \overline{K}Q_n$$

表 9-8   J-K 触发器特性表

J	K	Q_n	Q_{n+1}	J	K	Q_n	Q_{n+1}
0	0	0	0	0	0	1	1
0	1	0	0	0	1	1	0
1	0	0	1	1	0	1	1
1	1	0	1	1	1	1	0

表 9-9   J-K 触发器驱动表

$Q_n \rightarrow Q_{n+1}$		J	K
0	0	0	×
0	1	1	×
1	0	×	1
1	1	×	0

实验所用芯片 CD4027 为双 J-K 触发器，其引脚排列及定义见附录。CP 端是时钟输入端，为上升沿触发，SD、RD 分别为置"1"端和置"0"端。V_{DD} 为电源端，V_{SS} 为地端。其功能表如表 9-10 所列。

表 9-10   CD4027 功能表

输　　入					输　　出	
预置 SD	复位 RD	时钟 CP	J	K	Q_{n+1}	$\overline{Q}_{n+1}$
0	1	×	×	×	0	1
1	0	×	×	×	1	0
1	1	×	×	×	1	1
0	0	↑	0	0	Q_n	$\overline{Q}_n$
0	0	↑	0	1	0	1
0	0	↑	1	0	1	0
0	0	↑	1	1	$\overline{Q}_n$	Q_n
0	0	↓	×	×	Q_n	$\overline{Q}_n$

3) 准备时间(建立时间)和保持时间

为使触发器在一定输入信号的作用下从一个状态转换到另一个预定的状态,输入信号必须在时钟脉冲边沿到来之前和以后保持、稳定一段时间。例如,74LS74 触发器为正沿触发,那么在时钟 CK 的上升沿到来之前,输入信号要保持、稳定一段时间,这段时间叫准备时间或建立时间。在时钟 CK 的上升沿到来以后,输入信号还要保持稳定一段时间,这段时间叫保持时间,如图 9 - 19 所示。对于 74LS74 来说,这两段时间之和约为 25 ns。若输入信号在这段时间内发生改变,则输出电平不正常。

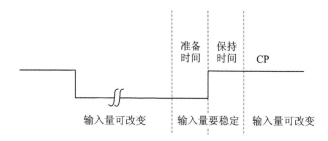

图 9 - 19　准备时间和保持时间示意图

(2) 分频器

当 J - K 触发器的输入端 J＝K＝1 时,Q 端输出信号的频率为输入时钟脉冲频率的二分之一,如图 9 - 20 所示。图中触发器为下降沿触发。如果把 n 个触发器级联起来,将前一级的输出连接到下一级的时钟 CK 输入端,则可得到初始时钟 CP 的 2^n 分频信号。如图 9 - 21 所示为 8 分频电路及其时序图。由此可以看出,在 CP 作用下电路的状态 $Q_2Q_1Q_0$ 依次从 000 变到 111,所以也叫模 2^3 计数器。

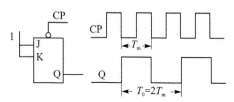

图 9 - 20　二分频器电路及波形图

这种计数器是异步的,因为外来的时钟脉冲只加在第一个触发器上,加在第二个触发器的时钟为前面触发器的输出 Q_0。实际上,触发器的状态转换需要一定的延迟时间 t_p(约几十毫微秒)。因此,第二个触发器的输出会产生延迟。再后面级联的触发器的延迟可依次类推,各级触发器输出有不同的延迟时间,会产生竞争冒险现象,可用表 9 - 11 来说明。

表 9 - 11 中列出了 Q_1Q_0 从 01 转换到 10 的过程。由于有延迟,当 $Q_1Q_0＝01$ 转换到 $Q_1Q_0＝10$ 的期间,暂时会产生一个 $Q_1Q_0＝00$ 的状态。这个状态是不需要的,有时会产生控制的错误。若采用同步触发,则使每一个触发器同时转换,可以避免上

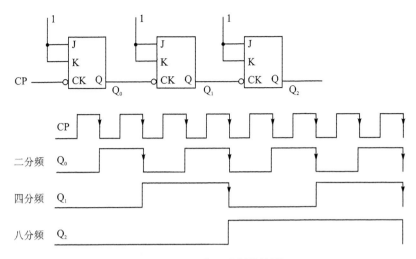

图 9－21 异步八进制计数器

述现象。

表 9－11 竞争冒险现象

时 间	Q_1	Q_0	时 钟	备 注
0	0	1	↓	外部时钟触发第一级
t_p	0	0	↓	经过 t_p 延迟后，Q_0 由 1 翻转为 0，再触发第二级
$2t_p$	1	0		

如图 9－22 所示为模 2^3 同步计数器。外部时钟 CP 同时加在 3 个触发器的 CK 端。J、K 端的激励较异步计数器复杂。后面一级触发器转换的条件（J＝K＝1）是前面各级触发器输出皆为 1 的状态。

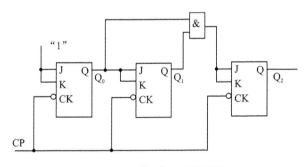

图 9－22 模 2^3 同步计数器

三、预习要求

① 设计一个组合逻辑电路，它有 3 个输入端，一个输出端，当有 2 个或 3 个输入

为高电平时,输出高电平;否则输出低电平。此电路叫多数表决电路。设计要求如下:

> 用数目最少的与非门设计。
> 用数据选择器 74LS153 设计。
> 用 3-8 线译码器 74LS138 和一个与非门设计。
> 3 种设计都要画出实际逻辑电路图,在图上注明芯片引脚号。

② 用一片四位全加器 74LS283 设计一个从二-十进制码产生余三码的组合逻辑电路。两种数码的对应关系见表 9-12。要求如下:

> 设计二-十进制码转余三码电路。
> 设计一个标志电路:当输入的数码为 1010～1111 时,能给出灯光信号,以表示这些数码无效,不需转换。注:标志信号有效状态选择高电平或低电平均可。
> 画出接线图并注明芯片引脚号。

③ 用两块 CD4027 和与非与门设计一个十六进制同步加法计数器。画出逻辑电路图,并在图上注明芯片引脚号。

④ 设计其他感兴趣的逻辑电路。

⑤ 拟定测试触发器逻辑功能的方法和步骤。

表 9-12 数码转换对应表

十进制数	二-十进制码	余三码	标志信号状态
0	0000	0011	
1	0001	0100	
2	0010	0101	
3	0011	0110	
4	0100	0111	有效状态
5	0101	1000	
6	0110	1001	
7	0111	1010	
8	1000	1011	
9	1001	1100	
10	1010		
11	1011		
12	1100	以下为无效码	无效状态
13	1101		
14	1110		
15	1111		

四、实验设备

数字实验箱　　　1 套；

74LS00　　　　　1 片；

74LS20　　　　　1 片；

74LS138　　　　　1 片；

74LS153　　　　　1 片；

74LS283　　　　　1 片；

CD4027　　　　　2 片；

74LS74　　　　　1 片；

双踪示波器　　　1 台；

数字万用表　　　1 块。

五、实验内容及要求

① 用三种方法设计三人表决电路。

➤ 用数目最少的与非门设计实现。

➤ 检测 74LS138 的逻辑功能，并用它及与非门设计实现。

➤ 检测 74LS153 的逻辑功能，并用其设计实现。

② 检测 74LS283 的逻辑功能，搭接余三码电路及标志电路。选做：当输入≥7时报警。

③ 检测 D 触发器(74LS74)和 J－K 触发器(CD4027)的逻辑功能和预置、清零端的作用，以发光二极管显示输出电平，以防抖开关接时钟输入。注意它们是正沿还是负沿触发，预置、清零端是高电平还是低电平有效以及是同步还是异步动作。列出功能检测结果。

④ 利用 J－K 触发器和对应的门电路搭接四位二进制同步加法计数器，以防抖开关接时钟输入，以发光二极管接输出，检查它的工作是否正确。注：电路要有手动清零输入端，且标记有效状态是高电平还是低电平，即在清零端标记 ⎍ 或 ⎍。

⑤ 以实验箱上的连续时钟作为时钟输入，用示波器观察计数器中的每个触发器的输出波形及时钟波形，并将它们的时序波形图绘制到坐标纸上。注：因为是十六进制计数，CP 来了 16 个脉冲，最高位 Q_3 才能输出一个完整周期(即 16 分频)，在坐标纸上按照纵坐标对齐方式画出一个完整周期波形即可。

⑥ 选做：搭接自己感兴趣的逻辑电路，调试正常后向老师汇报、演示。

六、注意事项

① 在测试条件满足的情况下，按逻辑关系逐步检查芯片输入、输出关系是否正常。

② 检查实验箱好坏,电源、地线、导线等。

③ 提供芯片种类较多,使用前看清芯片型号,接线时要细心,看清引脚号,换线要关掉电源。

④ 实验箱上接口种类较多,分清硬件接口的输入/输出方向,避免发生输出短接情况。

七、总结要求

① 写出芯片检测结果,列出功能表。

② 写出设计过程,画出逻辑电路图,记录测试结果。

③ 绘制四位二进制同步加法计数器的时序图,描述实验现象,得出实验结论。

第 10 章　数字电路与模拟电路综合实验

10.1　实验十六　简单数字频率计

一、实验目的

① 了解信号频率或周期的数字测量原理,了解数字频率计的基本组成和工作原理。

② 学习并熟悉由有源晶振或无源晶振以及阻容元件、非门等组成的周期脉冲发生器。

③ 学习中规模集成电路计数器和分频器的使用。

④ 学习组装简单数字频率计以及常用的测试方法。

⑤ 学习"分块调试、整体联调"的调试方法及步骤。

二、理论准备

1. 数字测频的工作原理

如图 10 - 1 所示为简单数字频率计的原理框图,它由以下 4 个基本部分组成。

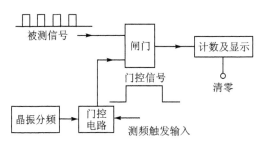

图 10 - 1　数字频率计原理框图

① 门控电路:通过单脉冲发生电路,把来自分频器的周期性信号,变成单脉冲信号即"门控信号"。

② 闸门:它由门电路构成,要计数的脉冲信号(被测信号)加到一个输入端,门控信号加在另一个输入端,控制着闸门的开和闭。

③ 石英晶体振荡器及分频器:前者产生频率已知、非常稳定的振荡信号;后者把来自晶振的信号分频,提供给门控电路,以改变门控信号的宽度。

④ 计数及数码显示：对通过闸门的脉冲信号进行计数,然后经译码驱动后以十进制数的形式显示出来。

频率是周期性信号在 1 s 内循环的次数。如果在 1 s 内,信号循环 N 次,则频率 $f = N$。如图 10 - 2 所示,说明了频率测量的原理。加在闸门上的被测信号只有在门控制信号为高电平时才能通过闸门,由计数器计数;门控信号为低电平时,闸门关闭,停止计数。若门控信号的时间宽度 t_g 为已知,则所测频率就是

$$f = \frac{N}{t_g}$$

式中: N 为计数器的计数值。

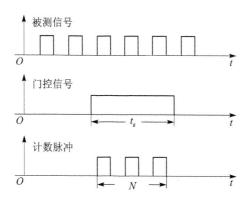

图 10 - 2　频率测量的原理示意图

为了提高测量频率的准确度,要求在 t_g 时间内计数的脉冲数要足够多。如果被测信号的频率低,门控信号的宽度 t_g 又不够宽,则所测频率的误差较大。在这种情况下可以采取直接测量信号周期的方法。

2. 带 RC 电路的环形多谐振荡器

利用门电路的传输延时,把奇数个非门首尾相接,可构成多谐振荡器,通常叫环形多谐振荡器。由于门电路的传输延时只有几十 ns,所以振荡频率很高,而且不可调,在这种环形电路中加入 RC 延时电路,可以增加延迟时间,通过改变 RC 参数可改变振荡频率,这就是带 RC 电路的环形多谐振荡器,如图 10 - 3 所示。电路中每个非门的输入、输出电压波形如图 10 - 4 所示。

很明显, U_o、U_{i1} 与 U_{o1}、U_{i2},以及 U_{i2} 与 U_{o2} 为"非"的关系。由于 R、C 的存在,电容电压不能突变,故 U_{i3} 不跟随 U_{o2} 一起跃变,而随着电容的充放电逐渐升高或降低。当 U_{i3} 变到非门的阈值电压 U_T 时,非门 III 发生翻转。

本电路的振荡周期 $T \approx 2.2RC$,对于 TTL 非门电路,R 的取值不应大于 2 kΩ,R_s 一般为 100 Ω 左右。

3. 单脉冲发生器

为了得到单个脉冲的门控信号,可以采用单脉冲发生器,它的输入是周期性脉

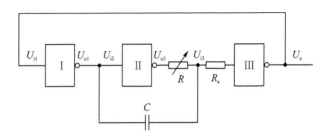

图 10 - 3   环形多谐振荡器

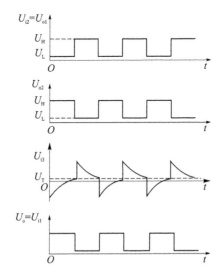

图 10 - 4   环行多谐振荡器波形

冲。由开关 K 控制,每按一次便输出一个一定宽度的单脉冲,单脉冲宽度与按动开关的时间长短无关,仅由输入脉冲的周期决定。如图 10 - 5 所示为单脉冲发生电路及波形图。

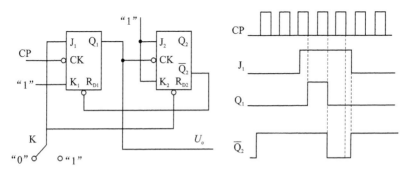

图 10 - 5   单脉冲发生电路及波形图

其工作过程如下：开关 K 常闭在"0"端，当电源接通后，由于触发器 2 的置"0"端 $R_{D2}=0$，所以 $Q_2=0$，$\overline{Q_2}=1$；触发器 1 的控制端 $J_1=0$，$K_1=1$，时钟下降沿到来后 $Q_1=0$。当开关 K 合到"1"端，则 $J_1=K_1=1$ 及 $R_{D1}=1$，在 CP 脉冲作用下，触发器 1 就要翻转，Q_1 由 0 状态转到 1 状态，等到下一个 CP 下降沿作用后，Q_1 又由 1 状态回到 0 状态。Q_1 的下降沿引起触发器 2 的翻转（它已具备翻转的条件：$R_{D2}=1$，$J_2=K_2=1$）。Q_2 由 0 状态转到 1 状态，$\overline{Q_2}$ 由 1 转为 0。由于 $\overline{Q_2}$ 作用在触发器 1 的 R_{D1} 端，所以 $R_{D1}=0$，触发器 1 被置"0"。从图 10-5 中的波形图可见，按下开关 K 时（$J_1=1$），触发器 1 的输出 Q_1 为单脉冲，其宽度为 CP 脉冲的周期。

实验所用 74LS73 芯片是双 J-K 触发器，其引脚排列及定义见附录。CLK 端是时钟输入端、下降沿触发；$\overline{CLR}$ 是清零端，低电平有效，其功能见表 10-1。

表 10-1　74LS73 功能表

输　入				输　出	
清零$\overline{CLR}$	时钟$\overline{CLK}$	J	K	Q_{n+1}	$\overline{Q}_{n+1}$
0	×	×	×	0	1
1	↓	0	0	Q_n	$\overline{Q}_n$
1	↓	1	0	1	0
1	↓	0	1	0	1
1	↓	1	1	$\overline{Q}_n$	Q_n
1	1	×	×	Q_n	$\overline{Q}_n$

4. 二-五进制计数器 74LS90

74LS90 为中规模集成计数器，它的引脚图见附录，其功能表见表 10-2。

表 10-2　74LS90 功能表

复位输入				输　出			
$R_0(1)$	$R_0(2)$	$R_9(1)$	$R_9(2)$	Q_D	Q_C	Q_B	Q_A
H	H	L	×	L	L	L	L
H	H	×	L	L	L	L	L
×	×	H	H	H	L	L	H
×	L	×	L	计数			
L	×	L	×	计数			
L	×	×	L	计数			
×	L	L	×	计数			

引脚 INA、INB 为计数脉冲输入端，下降沿有效，$R_0(1)$、$R_0(2)$ 为清零端（高电平有效），$R_9(1)$、$R_9(2)$ 为置 9 端（高电平有效）。当计数脉冲由 INA 端输入，由 Q_A 端

输出时可实现二进制计数。当计数脉冲由 INB 端输入,由 Q_B Q_C Q_D 输出时可实现五进制计数。当 Q_A 端与输入 INB 端相接,计数脉冲从 INA 端输入时,可实现 BCD 码十进制计数。当 Q_D 端与 INA 相接,计数脉冲从 INB 输入时,可实现二-五混合进制计数(5421 码十进制计数)。其真值表分别如表 10-3 和表 10-4 所列。

表 10-3　74LS90 BCD 计数

计　数	输　出			
	Q_D	Q_C	Q_B	Q_A
0	L	L	L	L
1	L	L	L	H
2	L	L	H	L
3	L	L	H	H
4	L	H	L	L
5	L	H	L	H
6	L	H	H	L
7	L	H	H	H
8	H	L	L	L
9	H	L	L	H

表 10-4　74LS90 5421 码计数

计　数	输　出			
	Q_A	Q_D	Q_C	Q_B
0	L	L	L	L
1	L	L	L	H
2	L	L	H	L
3	L	L	H	H
4	L	H	L	L
5	H	L	L	H
6	H	L	H	L
7	H	L	H	H
8	H	H	L	L
9	H	H	L	L

利用反馈置 9 法还可以实现七进制计数。如图 10-6 所示为 8421 码(BCD 码)接线示意图,当计数器计到 1001 后,再来下一个脉冲时计数器立即清零,同时向前一位发出进位脉冲。

5. 中规模集成电路分频器/振荡器——CD4060(14 位二进制分频)

CD4060(14 位二进制分频器/振荡器)为 DIP-16 封装,引脚图如图 10-7 所示,引脚功能如表 10-5 所列。

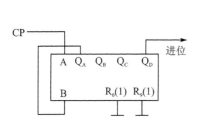

图 10-6　8421 码接线示意图

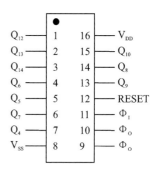

图 10-7　CD4060 引脚图

表 10 - 5　引脚功能

引　脚	功　　能	引　脚	功　　能
1	2^{12} 分频输出	9	信号正向输出
2	2^{13} 分频输出	10	信号反向输出
3	2^{14} 分频输出	11	信号输入
4	2^{6} 分频输出	12	复位信号输入
5	2^{5} 分频输出	13	2^{9} 分频输出
6	2^{7} 分频输出	14	2^{8} 分频输出
7	2^{4} 分频输出	15	2^{10} 分频输出
8	V_{SS} 地	16	V_{DD} 电源

6. 译码及显示

　　计数器给出的是二进制码,为了显示十进制数字 $0,1,2,\cdots,9$,应将二进制码"翻译"成可供显示的码制,通常用七段 LED 数码管或液晶显示。如图 10 - 8 所示为数码管的电极分布图。电极由 a、b、c、d、e、f、g 七段构成,故一般称为七段码数码管。当在数码管的不同电极上通上合适的正向电流时,可显示 0~9 的不同数字。例如,在图 10 - 8 中给 a、b、c、d、e、f 通电时,可显示"0";给 a、c、d、f、g 通电时,可显示"5",等等。

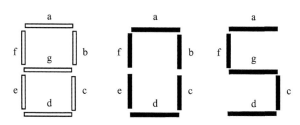

图 10 - 8　数码管的电极布置

　　因此,要把二进制数 $Q_DQ_CQ_BQ_A$(BCD 码)以十进制数的形式显示出来,必须有相应的转换电路,把 BCD 码转换为七段显示码。例如 $Q_DQ_CQ_BQ_A=0000$ 应转换为 $abcdefg=1111110$,而 $Q_DQ_CQ_BQ_A=0101$ 应转换为 $abcdefg=1011011$,等等。中规模集成电路译码器 74LS49N(输出高电平有效)、74LS47(输出低电平有效)、CD4511等可以实现这种转换功能。

　　译码电路已在实验箱上预先装好,只要将 Q_D、Q_C、Q_B、Q_A 信号接到译码器相应的输入端上,便能在数码管上显示相应的十进制数字。

三、预习要求

　　① 用非门及电阻、电位器、电容设计一个多谐振荡器,频率为 75~1 000 Hz。

② 选用 74LS73 芯片设计一个单脉冲发生器。触发输入开关最好采用实验箱上的逻辑电平按钮开关,因为它具有防抖功能;采用调试好的多谐振荡器作为时钟信号输入。

思考:如何用示波器观察输出的单脉冲信号?

③ 用两片 74LS90 设计两位十进制计数器,此计数器要具有手动清零功能。

④ 把①、②、③的设计电路和用与非门实现的闸门电路,组合到一起构成简单的数字频率计。画出实际电路图,并注明所用芯片型号及引脚号。

四、实验设备

数字实验箱(含电阻电容)	1 套;
74LS90	2 片;
74LS73	1 片;
74LS00	1 片;
74LS04	1 片;
CD4060	1 片;
4 MHz 有源晶振	1 只;
11.059 2 MHz 无源晶振	1 只;
双踪示波器	1 台;
数字万用表	1 块。

五、实验内容及要求

① 用非门和阻容元件组成一个频率可调的多谐振荡器,频率为 100~1 000 Hz 可调。设计完成后,调节参数使输出频率为 100 Hz。**注意**:多谐振荡器输出信号畸变明显时,可在信号输出端加整形电路,如增加一个非门,消除输出信号畸变。

② 用含双 J - K 触发器的 74LS73 芯片设计单脉冲发生器。用示波器观察输出的单脉冲信号,每按动一次触发输入按钮,正常应该输出一个脉冲。调试成功后,测出脉冲的宽度。**注意**:确保触发输入按钮的稳定性,如果有抖动,可能会导致电路工作异常。

③ 用两片 74LS90 计数器组成两位十进制计数器,并具有手动清零功能。用手动脉冲或连续脉冲作为时钟信号输入,检测计数和清零功能。

④ 如图 10 - 9 所示,用 4 MHz 有源晶振和 CD4060 分频器组成的分频电路得到输出为 2^{14}、2^{13}、2^{12}、2^{10}、2^{9}、2^{8}、2^{7}、2^{6}、2^{5}、2^{4} 分频信号和输入时钟的正、反相输出信号,将实际输出信号频率值记录到表格中,与理论值进行对比分析。本电路产生的这些分频信号作为数字频率计的被测信号。

⑤ 把①、②、③、④和由与非门组成的闸门电路组装成一个完整的数字频率计。选择几种频率的被测信号对频率计进行测试,将测试结果记入表 10 - 6 中,并将所测

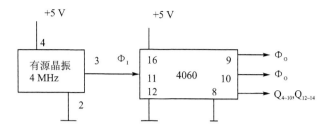

图 10 - 9　分频发生电路

的结果与分频电路得到的信号频率(用示波器测出)作比较。

注意：各个模块电路都工作正常,但组装后不能得到正确的结果。可以用示波器逐次检查各电路的输出信号波形是否正常,特别是有门控信号和被测信号的情况下,闸门的输出是否有一串脉冲波形输出?

表 10 - 6　数字频率计测试记录表

被测信号频率/Hz	实测信号频率/Hz				误　差
	第一次	第二次	第三次	平均值	

⑥ 如图 10 - 10 所示,用 11.059 2 MHz 无源晶振和非门、阻容元件等组成一个波形发生器,用示波器观察信号的波形并把它们画下来。**注意：输出脉冲沿的形状。**

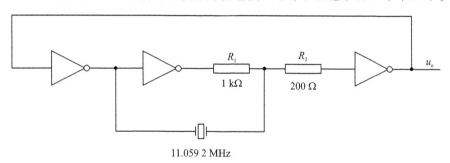

11.059 2 MHz

图 10 - 10　无源晶振组建波形发生电路

⑦ 用所提供的元器件设计一个 60 分频电路。

⑧ 用 CD4060 和晶振或阻容元件等设计一定频率的振荡电路。

六、注意事项

① 集成电路芯片的引脚要弄清,电源和地不要接错。

② 有源晶振电源和地以及输出端不要接错。

③ 74LS90 计数器的置"0"和置"9"端接线时要注意,两个置"0"端和两个置"9"端都接固定电平而进入计数状态时,若芯片工作正常,则按照此方法连接;若工作不正常,则此时可以将两个置 0 端和两个置 9 端分别只将其中一端接固定电平,另外一端悬空,这样可以解决 74LS90 计数器工作不正常的问题。

④ 示波器观察高频信号时要合理使用时间调节旋钮和触发电平旋钮等,使信号准确稳定显示。

七、总结要求

① CD4060 分频器输出的分频信号与数字频率计测试的结果作比较,并给出结论。

② 写出所设计的数字频率计的操作流程及现象描述。

③ 通过实验,讨论并给出影响数字频率计精度的原因,提出解决方案。

④ 给出几种脉冲信号发生电路,并比较。

10.2 实验十七 电子顺序密码锁

一、实验目的

① 熟悉并掌握移位寄存器芯片 74LS194 的使用方法。

② 了解数字电路中的串行输入、并行输入和串行输出、并行输出的工作原理及串/并转换特点。

③ 通过电子顺序密码锁实例学习同步时序网络的设计、安装与测试过程。

二、理论准备

1. 同步时序网络设计过程简述

(1) 逻辑描述

根据实际情况,确定状态的个数及变换条件,画出状态流程图,并进行必要的简化。

(2) 状态指派

用二进制码(如 00、01、10、11)等取代原来用非二进制码(如 A、B、C、D 等)表示的状态,由此确定所需触发器的个数。若最简状态数为 N,则所需触发器数 M 为 $2^M \geqslant N$ 或 $M \geqslant \log_2 N$。

(3) 触发器选择

通常用 D 或 J-K 触发器。

(4) 激励方程求解

根据所选触发器的状态表,求各触发器控制端的逻辑方程,即 D 或 J、K 端的激励方程,进行简化,得到最简逻辑表达式。

（5）搭接电路

对电路进行静态和动态测试。

现举例说明上述设计步骤。

【例】　设计一个"111"序列检出器,当输入量 X 连续 3 次或更多次为"1"时,输出 Z 为"1",否则,Z 为 0。

1）逻辑描述

有下面 4 种可能情况:

① 初始状态,输入端来的都是"0",则输出 Z 为"0",记为状态 A。

② 输入端只来了 1 个"1",然后又来了一个"0",则输出 Z 为 0,记为状态 B。

③ 输入端连续来了 2 个"1",然后又来一个"0",则输出 Z 为 0,记为状态 C。

④ 输入端连续来了 3 个"1",或更多的 1,则输出 Z 为 1,记为状态 D,且后续一旦来了 0,才回到初始状态。

根据题意可画出状态流程图,如图 10-11(a)所示。图中每个圆圈中的字母代表一个状态,各状态之间的连线及箭头表示状态的变迁,连线旁边数字是"输入/输出",表示状态变迁的条件及结果。

从图 10-11(a)中可见,状态 C 和 D 有相同的输入/输出关系,因此它们是相同的,可以简化为图 10-11(b)的形式。

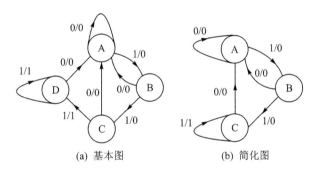

(a) 基本图　　　　(b) 简化图

图 10-11　状态流程图

2）状态指派

因为 $N=3$,所以选用两个触发器即可,具体的状态指派如表 10-7 所列。

3）触发器选择

选用 D 触发器。

4）激励方程求解

表 10-8 是从状态流程图和 D 触发器的功能表列出的状态变迁表。表中 Q_1、Q_2 为触发器当前状态;Q_1'、Q_2' 是触发器的下一个状态,X、Z 分别为输入和输出;D_1、D_2 是为了得到下一个状态

表 10-7　状态指派表

状　态	Q_1	Q_2
A	0	0
B	0	1
C	1	0
不用	1	1

而输入到触发器的电平状态。

$$D_1 = f_1(X, Q_1, Q_2)$$
$$D_2 = f_2(X, Q_1, Q_2)$$

这就是激励方程,由表 10 - 8 可得

$$D_1 = XQ_2\overline{Q_1} + XQ_1\overline{Q_2}$$
$$D_2 = X\overline{Q_1}\,\overline{Q_2}$$

也可以得到输出

$$Z = XQ_1\overline{Q_2}$$

因为 $Q_1 = Q_2 = 1$ 的状态是不使用的,所以上面三式可简化为

$$D_1 = X(Q_1 + Q_2) = X\overline{\overline{Q_1}\,\overline{Q_2}}$$
$$D_2 = X\overline{Q_1}\,\overline{Q_2} = X\overline{\overline{\overline{Q_1}\,\overline{Q_2}}}$$
$$Z = XQ_1$$

表 10 - 8　状态变迁表

X	Q_1	Q_2	Q_1'	Q_2'	D_1	D_2	Z
0	0	0	0	0	0	0	0
1	0	0	0	1	0	1	0
0	0	1	0	0	0	0	0
1	0	1	1	0	1	0	0
0	1	0	0	0	0	0	0
1	1	0	1	0	1	0	1

5) 电路实现

"111"序列检出器电路逻辑图如图 10 - 12 所示,其中 ϕ 为系统时钟,X 为输入,Z 为输出。

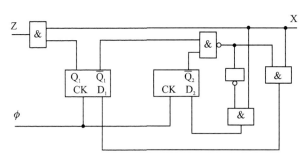

图 10 - 12　"111"序列检出器电路逻辑图

6) 电路静态和动态测试

静态测试:通过按钮手动产生单脉冲信号,作为系统时钟 ϕ 输入,利用开关改变

X 输入状态,用发光二极管观察 Z 输出状态,结合状态变迁表,验证序列检出器电路设计的正确性。

动态测试:用信号发生器产生两个具有一定逻辑关系的周期脉冲信号,作为 ϕ 和 X 输入,用示波器观察输出 Z 的变化情况,然后改变信号频率,就可以得到此电路与工作频率的关系。

2. 顺序密码锁工作原理

如图 10-13 所示为六位顺序密码锁的原理框图,它主要由同步时序网络、密码设置、比较、开锁及报警状态输出四部分电路组成。现分别介绍如下。

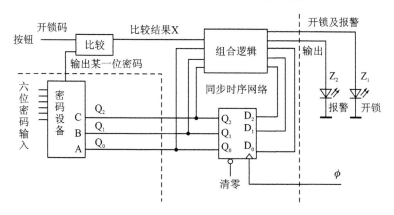

图 10-13　六位顺序密码锁原理框图

(1) 密码设置电路

预先给定密码锁的密码,经过比较部分,当开锁的数码与密码完全一致时锁打开,否则报警。密码可以改变。

(2) 比　　较

在时钟脉冲作用下,开锁码与设置密码逐位顺序比较,比较结果输入到时序网络,只要比较结果不一致,时序网络便发出报警信号。若比较结果一致,则进行下一位数码的比较,一直比较到最后一位数码。当开锁码与密码完全一致时,时序网络便发出开锁信号。

(3) 同步时序网络

它以比较结果为输入量,通过状态变迁给出开锁信号或报警信号。当某一位开锁码与相应的密码符合时,时序网络跳变到下一个状态,密码设置电路输出下一位密码,再与相应的开锁码相比较,直到每一位开锁码与相应的密码完全符合时,时序网络才输出开锁信号,且状态保持。只要遇到某一位不符合,时序网络马上输出报警信号,且状态保持。只有手动输入清零信号后,时序网络才回到初始状态,重新开始新一轮的开锁过程。

现用流程图及状态图说明六位顺序密码锁操作过程,如图 10-14 和图 10-15

所示。

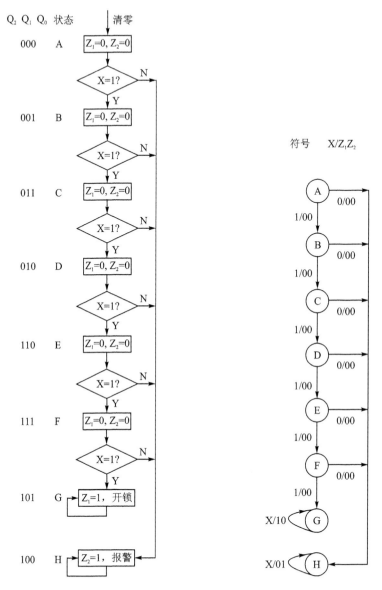

图 10-14 六位顺序密码锁流程图　　　　**图 10-15 六位顺序密码锁状态图**

由图 10-14 和图 10-15 可知,起始状态为 A,当输入 X 为 1 时,状态依次变迁到 B、C、D、E、F 和 G,最后输出 Z_1 为 1,锁打开。在以上过程中,只要输入 X 为 0,则状态立即转至 H,并使输出 Z_2 为 1,发出报警。在 G 和 H 两种状态下,不管输入 X 为何值,状态保持不变,只有输入清零信号后,才回到起始状态 A。

X 是 0 还是 1,由六位密码中的某一位与六位开锁码的相应位比较决定,相符为

1,否则为 0。同步时序网络所需时钟由手动单脉冲给出。

3. 移位寄存器 74LS194

74LS194 为四位双向移位寄存器,其引脚排列及定义见附录。74LS194 具有左移、右移、保持、串行和并行输入/输出等多种功能。其功能如表 10 - 9 所列。

表 10 - 9　74LS194 功能表

CLK	$\overline{\text{CLR}}$	S_1	S_0	功　能	$Q_3Q_2Q_1Q_0$
$\times$	0	$\times$	$\times$	清零	$\overline{\text{CLR}}=0$ 时,$Q_3Q_2Q_1Q_0=0000$; 正常工作时,$\overline{\text{CLR}}$ 置 1
$\uparrow$	1	1	1	送数	$Q_3Q_2Q_1Q_0=D_3D_2D_1D_0$; 此时串行数据(INR、INL)被禁止
$\uparrow$	1	0	1	右移	$Q_3Q_2Q_1Q_0=D_{\text{INR}}Q_3Q_2Q_1$
$\uparrow$	1	1	0	左移	$Q_3Q_2Q_1Q_0=Q_2Q_1Q_0D_{\text{INL}}$
$\uparrow$	1	0	0	保持	$Q_3Q_2Q_1Q_0=Q_3^nQ_2^nQ_1^nQ_0^n$
$\downarrow$	1	$\times$	$\times$	保持	$Q_3Q_2Q_1Q_0=Q_3^nQ_2^nQ_1^nQ_0^n$

（1）并行输入-串行输出功能电路

如图 10 - 16 所示,用 74LS194 双向移位寄存器实现七位并行输入-串行输出转换功能。CP 为电路工作时钟,并行输入数据为 $d_1\sim d_7$,串行数据由 Q_7 输出,S_T 为手动启动置数输入信号,电路产生转换完成信号,用于指示一个周期的移位完成,并在下一时钟重新置数,从而周而复始地进行并入串出移位操作。其工作流程如表 10 - 10 所列。

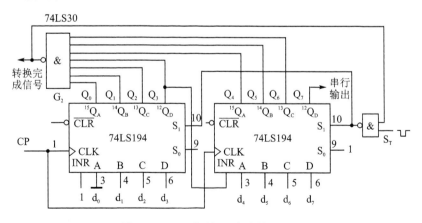

图 10 - 16　七位并入-串出转换电路

表 10-10 七位并入-串出移位电路工作流程

CP	Q_0	Q_1	Q_2	Q_3	Q_4	Q_5	Q_6	Q_7	操　作
1	0	d_1	d_2	d_3	d_4	d_5	d_6	d_7	手动置数
2	1	0	d_1	d_2	d_3	d_4	d_5	d_6	
3	1	1	0	d_1	d_2	d_3	d_4	d_5	
4	1	1	1	0	d_1	d_2	d_3	d_4	右移
5	1	1	1	1	0	d_1	d_2	d_3	七次
6	1	1	1	1	1	0	d_1	d_2	
7	1	1	1	1	1	1	0	d_1	
8	1	1	1	1	1	1	1	0	
9	0	d_1	d_2	d_3	d_4	d_5	d_6	d_7	自动置数

（2）串行输入-并行输出功能电路

如图 10-17 所示，用 74LS194 双向移位寄存器实现串行输入-七位并行输出转换功能。CP 为电路工作时钟，数据由 INR 端串行输入，$Q_1 \sim Q_8$ 为并行输出数据。电路具有手动清零功能，工作起始可先执行清零操作，接着电路自动执行置数操作，以及后续的移位操作，移位完成后产生转换完成信号，并在下一时钟自动重新置数，从而周而复始地进行串入并出移位操作。其工作流程如表 10-11 所列。

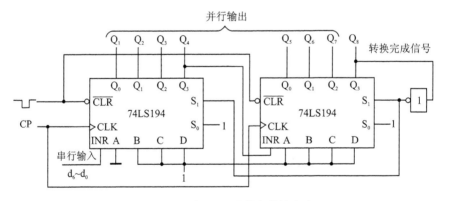

图 10-17 串入-七位并出转换电路

表 10-11 串入-七位并出移位电路工作流程

CP	Q_1	Q_2	Q_3	Q_4	Q_5	Q_6	Q_7	Q_8	操　作
0	0	0	0	0	0	0	0	0	手动清 0
1	0	1	1	1	1	1	1	1	自动置数

CP	Q_1	Q_2	Q_3	Q_4	Q_5	Q_6	Q_7	Q_8	操　作
2	d_0	0	1	1	1	1	1	1	
3	d_1	d_0	0	1	1	1	1	1	
4	d_2	d_1	d_0	0	1	1	1	1	右移
5	d_3	d_2	d_1	d_0	0	1	1	1	七次
6	d_4	d_3	d_2	d_1	d_0	0	1	1	
7	d_5	d_4	d_3	d_2	d_1	d_0	0	1	
8	d_6	d_5	d_4	d_3	d_2	d_1	d_0	0	
9	0	1	1	1	1	1	1	1	自动置数

三、预习要求

① 了解 74LS194 的逻辑功能和应用,分析图 10 - 16 和图 10 - 17 电路的工作原理,画出输入/输出时序逻辑图。拟定好操作步骤及测试方法。

② 设计一个有两位密码的顺序密码锁。写明设计过程,画出逻辑图、流程图和状态图;选出所需的芯片,画出电路接线图并注明型号和引脚号。

四、实验设备

数字实验箱　　　1 套;

74LS194　　　　 2 片;

74LS74　　　　　1 片;

74LS153　　　　 1 片;

74LS86　　　　　1 片;

74LS00　　　　　1 片;

74LS02　　　　　1 片;

74LS10　　　　　1 片;

74LS30　　　　　1 片;

数字万用表　　　1 块。

五、实验内容及要求

① 如图 10 - 16 所示,用 74LS194 双向移位寄存器搭建七位并行输入-串行输出转换功能电路。其中八与非门 74LS30 引脚图如图 10 - 18 所示。选用实验箱上的拨码开关作为并行数据输入和手动启动置数信号输入,选用 LED 发光二极管显示作为串行输出信号状态指示。先采用手动输入脉冲方式检测电路是否工作正常,待工作正常后,用实验箱上低频连续的脉冲作为电路时钟 CP,用示波器观察或 LED 发光二

极管显示电路工作过程,描述电路工作流程及现象。

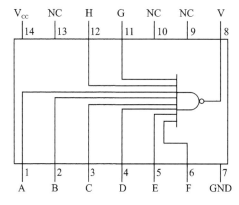

图 10-18　74LS30 引脚图

② 两位顺序密码锁电路。

➢ 搭接比较电路,检查其功能。

➢ 搭接同步时序网络,检查状态变迁情况是否正确。

➢ 搭接密码电路,检查是否随时序网络状态的改变,而依次输出一位密码。

➢ 将以上各个子电路联合调试,利用拨码开关设置开锁码和密码,用防抖开关作为清零信号和时钟信号输入,输出开锁信号和报警信号接 LED 发光二极管显示。通过手动输入时钟进行单步调试,验证顺序密码锁电路工作是否正常。按照设计的状态图,设计演示方案,演示功能必须完整。

③ 如图 10-17 所示,用 74LS194 双向移位寄存器搭建串行输入-七位并行输出转换功能电路。选用实验箱上的拨码开关作为串行数据输入,用防抖开关作为清零信号和时钟信号输入,选用 LED 发光二极管显示作为并行输出信号状态指示。先采用手动输入脉冲方式单步检测电路是否工作正常,待工作正常后,用实验箱上低频连续的脉冲作为电路时钟 CP,观察电路工作过程,描述电路工作流程及现象。

六、注意事项

① 74LS194 的清零端不用时,不要悬空,一定要接到固定高电平上。

② 在设计顺序密码锁电路时,切记密码与开锁码的比较过程是顺序进行的,开锁和报警都是终止状态(不能相互转换)。

③ 对于时序电路,时钟信号的质量是至关重要的,避免边沿发生抖动。

④ 电路中用到多输入与非门,不用的输入端最好不要悬空而是接固定的高电平。

七、总结要求

① 记录七位并行输入-串行输出电路的实验现象,画出输入/输出信号时序图。

② 写出两位顺序密码锁的设计过程。记录调试结果,结合状态图,验证其结果是否满足设计要求。

③ 记录串行输入-七位并行输出电路的实验现象,画出输入/输出信号时序图。

10.3　实验十八　数字化信号发生器

一、实验目的

① 学习常用 D/A、A/D 转换器的使用。

② 学习 RAM 的使用。

③ 理解、体会总线三态缓冲的作用。

④ 学习数字化信号发生器的调试方法及过程,即由直流稳压电源产生不同电压值的模拟信号,经 A/D 转换后存储到 RAM 中,再利用 D/A 转换器及外围电路将存储到 RAM 中的数字量转换成模拟信号,从而实现数字化信号发生器功能。

二、理论准备

如图 10－19 所示为数字化信号发生器的组成框图,将产生波形的瞬时值按顺序存储在 RAM 中,在时钟脉冲 ϕ 的作用下,地址形成网络输出寻址信号,将相应地址中的数据从 RAM 中读出,并输入到数/模转换器 D/A 中,使其变为模拟量输出。

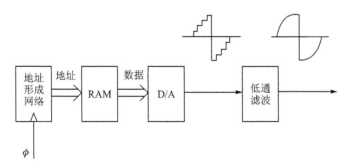

图 10－19　数字化信号发生器的基本组成框图

如图 10－20 所示为模拟信号 A/D 采集存储过程框图,将波形在不同时刻的瞬时值采集并存储到 RAM 中,波形取值的时间间隔应和时钟周期一致。时钟的每一个周期形成一个新地址,相应的波形瞬时值经 A/D 转换后存入这个新地址之中。当输入到 A/D 转换器的电压值不同时,写入到 RAM 中的数字量不同,则对应所生成的波形也就不同。

下面介绍本实验中所用到的几种芯片。

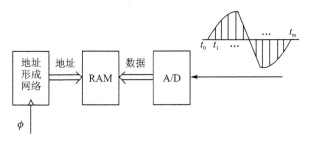

图 10 - 20　模拟信号 A/D 采集存储过程框图

1. 静态随机存储器（RAM）

　　本实验所提供的 RAM 芯片为 2114 和 6116 两种，2114 内存大小为 1K×4 bit，6116 内存大小为 2K×8 bit，两者的引脚排列如图 10 - 21 所示。两种芯片的内部结构很相似，现以 2114 为例，介绍其内部结构，如图 10 - 22 所示。引脚标号以 A 开头的为地址信号输入端，2114 有 $A_0 \sim A_9$ 共 10 根地址线，即 1 024 个存储单元；6116 有 $A_0 \sim A_{10}$ 共 11 根地址线，即 2 048 个存储单元。引脚标号以 I/O 开头的为数据信号输入/输出端，2114 有 4 根数据线，每一单元可存放 4 位二进制数据；6116 有 8 根数据线，每一单元可存放 8 位二进制数据。$\overline{CS}$ 引脚是片选信号输入，低电平有效，当该端为低电平时，芯片被选中，可以进行读或写操作；若 $\overline{CS}$ 为高电平，则该芯片未被选中，不工作。$\overline{WE}$ 引脚为写使能输入，低电平有效，对于 2114 而言，当 $\overline{CS}=0$、$\overline{WE}=0$ 时，将加在 I/O4～I/O1 端的 4 位数据写入由 $A_0 \sim A_9$ 指定的单元中；当 $\overline{CS}=0$、$\overline{WE}=1$ 时，将由 $A_0 \sim A_9$ 指定单元中的 4 位数据读出到 I/O4～I/O1 端上；而 6116 的控制有所不同，当 $\overline{CS}=0$、$\overline{WE}=0$ 时，进行写操作；当 $\overline{CS}=0$、$\overline{WE}=1$、$\overline{OE}=0$ 时，进行读操作。

　　另外引脚 GND 接地，V_{CC} 接 +5 V 电源。

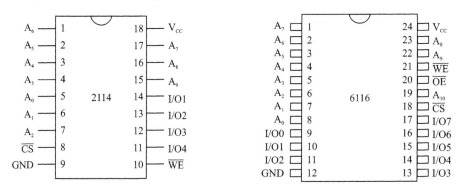

图 10 - 21　RAM 芯片的引脚排列图

　　使用 RAM 芯片时应注意，在地址或数据改变期间，$\overline{CS}$ 和 $\overline{WE}$ 端至少有一个处

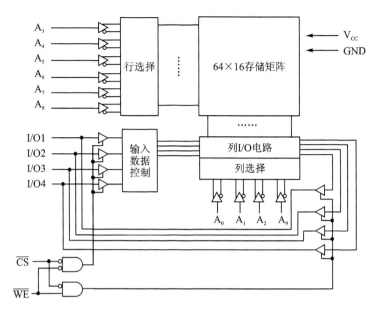

图 10 - 22　2114 RAM 内部结构框图

于无效电平(如高电平),避免在地址或数据不确定前提下进行写操作。当 $\overline{CS}$ 和 $\overline{WE}$ 均处于低电平时,地址线和数据线的电平必须保持稳定,才能将有效的数据存到指定的地址单元中,避免出现存储数据混乱或存储地址混乱。总之,要往 RAM 中写数据,应首先准备好地址和数据信息,然后再发出写操作命令。

2. D/A 转换器 DAC0832

DAC0832 D/A 转换器的引脚图如图 10 - 23 所示。它有 8 个数字量输入端,为 $DI_7 \sim DI_0$,输入 8 位二进制数。它的模拟量输出端为 I_{OUT1} 和 I_{OUT2},组成电流环。当输入的数字量最大时,I_{OUT1} 端输出电流最大;当输入的数字量为零时,输出电流最小。这两个引脚可以和外部的运算放大器相接,从而将电流信号转换成电压信号。此芯片内部还有一个反馈电阻,可作为外部运算放大器的反馈电阻,此电阻通过引脚 $9(R_{FB})$ 引出。其他引脚的作用如下:

① V_{CC}:电源电压输入端,范围是 +5～+15 V,最佳工作状态用 +15 V 供电。

② V_{REF}:参考电压输入端,它与芯片内的模/数转换网络相接,范围是 +10～ −10 V。

③ A_{GND}:模拟量地。

④ D_{GND}:数字量地。

⑤ $\overline{CS}$:片选输入端,低电平有效。

⑥ ILE:允许输入锁存,高电平有效。

⑦ $\overline{WR_1}$:写信号 1。只有当 ILE 为高电平,$\overline{CS}$ 为低电平,$\overline{WR_1}$ 为低电平时,可以将输入的数字量锁存于内部输入寄存器中。

⑧ $\overline{\text{XFER}}$：控制传送信号输入端，低电平有效。

⑨ $\overline{\text{WR}_2}$：写信号 2。当 $\overline{\text{XFER}}$ 为低电平，$\overline{\text{WR}_2}$ 为低电平时，将内部输入寄存器中的数字量传送到 DAC 寄存器中锁存起来。

这些引脚可以用在具有多个 DAC0832 的系统中，用来控制多组数字量的转换和输出。本次实验中 ILE 接高电平，$\overline{\text{XFER}}$、$\overline{\text{WR}_2}$ 接地，$\overline{\text{CS}}$、$\overline{\text{WR}_1}$ 接地，从而把输入的数字量直接进行 D/A 转换。图 10-24 为本次实验中 DAC0832 与运放的连接电路，从而实现电流信号转换成电压信号。

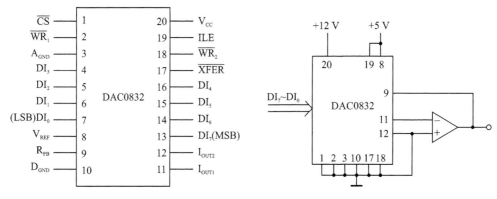

图 10-23　DAC0832 引脚图　　　　图 10-24　电流/电压转换电路

3. A/D 转换器 ADC0809

如图 10-25 所示为 A/D 转换器 ADC0809 的引脚图。它是一个 8 位的模/数转换器，具有 8 通道的多路转换器，能够转换 8 路模拟输入量，但每次只能对选中的某个通道进行转换。这 8 路模拟量由 $IN_0 \sim IN_7$ 输入，由加到 ADDA、ADDB 和 ADDC

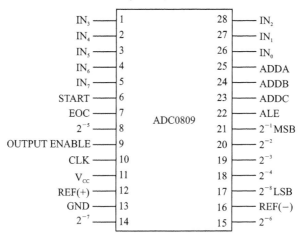

图 10-25　ADC0809 引脚图

的三位二进制码进行选择。例如本实验只需转换 1 路信号,如果该信号加在 IN_0 端,则 ADDC、ADDB 和 ADDA 输入的电平应该全是低电平。若加在 IN_1 端,则 ADDA 端应输入高电平,而 ADDC、ADDB 端输入低电平。其他依次类推。

本芯片的电源端 V_{CC} 加+5 V 电压,REF(+)和 REF(−)为参数电压输入端,通常 REF(+)加+5 V,REF(−)接地,这时模拟输入电压范围 0~5 V。8 位数字量输出端 $2^{-1},2^{-2},\cdots,2^{-8}$,是相对于参考电压而言的。

其他控制端如下:

CLK:时钟输入信号。ADC0809 是逐次逼近型 A/D 转换器,在时钟脉冲作用下才能进行转换,转换的速度取决于时钟脉冲频率。

START:启动转换信号,输入高电平有效。该信号由高电平变低电平后,才进入转换过程。

ALE:地址锁存输入信号。用于锁存选择模拟量输入通道的地址码,高电平有效。

EOC:转换完毕输出信号。高电平有效,转换过程中保持低电平输出,一旦转换结束,则输出高电平。

OUTPUT ENABLE(OE):数字量输出使能信号。高电平有效,当 OE 端输入低电平时,ADC0809 的输出数据呈高阻状态;当 OE 端输入高电平时,才将内部寄存器中的数据输出到数据线上。

如图 10 - 26 所示为 ADC0809 的转换时序图。

4. 四总线缓冲门 74LS125(三态输出)

74LS125 中含 4 个缓冲门,具有三态输出,其引脚排列及定义见附录。其中 A 为输入,Y 为输出,C 为控制端。当 C 为低电平时,Y=A;当 C 为高电平时,输出断开,呈高阻状态。

5. 同步四位二进制计数器 74LS163

74LS163 为中规模集成计数器芯片,它的引脚排列及定义见附录,其功能表如表 10 - 12 所列。

表 10 - 12　74LS163 功能表

输　入									输　出			
CLK	$\overline{CLR}$	$\overline{LD}$	P	T	A	B	C	D	Q_A	Q_B	Q_C	Q_D
↑	0	×	×	×	×	×	×	×	0	0	0	0
↑	1	0	×	×	A	B	C	D	A	B	C	D
×	1	1	0	×	×	×	×	×	保持			
×	1	1	×	0	×	×	×	×	保持			
↑	1	1	1	1	×	×	×	×	计数			

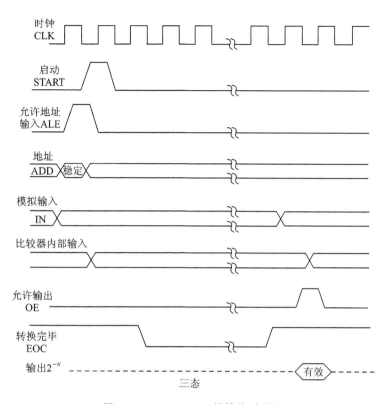

图 10-26　ADC0809 的转换时序图

由功能表可见，当清零端 $\overline{\text{CLR}}=1$、置数端 $\overline{\text{LD}}=1$、计数使能端 $P=T=1$ 时，计数器工作在计数状态，引脚 15（CY）为进位输出端，$CY=Q_A \& Q_B \& Q_C \& Q_D \& T$。该芯片也可以实现预置计数，即它的每一个输出可被预置为任一电平，当置数端 $\overline{\text{LD}}=0$ 时，在下一个时钟脉冲 CLK 到来后，输出端的数据便和输入数据一致。这种计数器的清零是同步清零，即清零端 $\overline{\text{CLR}}=0$ 时，在一个时钟脉冲 CLK 到来后才能清零。

三、预习要求

1) 用 A/D 转换器 ADC0809、RAM 芯片 2114（或 6116）、缓冲器 74LS125 和四位二进制计数器 74LS163 设计一个转换数据存储电路，此电路能把来自直流稳压电源的 $0\sim+5$ V 的模拟电压，转换为四位（或八位）数字量，存储到 RAM 中，并用 LED 发光二极管检查存入的这些电压数字量是否正确。由于一片 74LS163 只能给出 16 个地址，故只能存入 16 个电压值。可以把 2 片 74LS163 扩展成 8 位二进制计数器，从而可得到 256 个地址。

2) 用 74LS163 拟定一个测试 D/A 转换器 DAC0832 工作情况的电路。

3) 用 74LS163、ADC0809、DAC0832、74LS125 及 2114（或 6116）设计一个波形发生器，此波形发生器所产生的波形周期为 T，此波形的瞬时值恒大于零。要求如下：

① 用直流稳压电源提供欲产生波形的瞬时值,并用 ADC0809 将其转换成四位
(或八位)数字量,依次存储到 2114(或 6116)中。在一个周期 T 中取等时间间隔的
瞬时值。

② 通过 DAC0832 将存储在 RAM 中的数字量转化为光滑的周期性模拟电压。

四、实验设备

数字实验箱　　　1 套;
ADC0809　　　　1 片;
74LS163　　　　1 片;
74LS125　　　　1 片;
DAC0832　　　　1 片;
2114　　　　　　1 片;
LM324　　　　　1 片;
双踪示波器　　　1 台;
稳压电源　　　　1 台;
数字万用表　　　1 块。

注:以上芯片为四位数字量转换,且存储地址最多 16 个时所提供的数量和种
类。若实现八位数字量转换,且存储地址多于 16 个时,74LS163、74LS125 需要各提
供 2 片,2114 提供 2 片或者更换为 6116。

五、实验内容及要求

1) 搭接所设计的 A/D 转换电路,并将转换后的数字量存储到 RAM 2114 中,利
用有关工具和功能电路特点,检查 74LS163、ADC0809、2114 的工作是否正常,并熟
悉各个控制信号的作用,体会 74LS125 的作用,然后断开电源,不要拆线。

2) 搭接所设计的测试 D/A 转换器 DAC0832 工作情况的电路及滤波电路,测试
其工作情况是否正常,并熟悉各个控制信号的作用。然后断开电源,不要拆线。
DAC0832 及其外围电路图如图 10 - 27 所示。

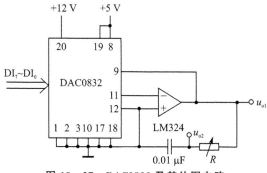

图 10 - 27　DAC0832 及其外围电路

3) 在实验内容 1)、2) 的基础上，将两部分联试：手动产生时钟脉冲改变 74LS163 的地址输出，将 A/D 转换后的 0～15 二进制数依次存入对应的 2114 存储器中，然后带电将 74LS163 时钟移到连续时钟 1 kHz 上，用示波器观察 D/A 转换的输出电压波形，并调节滤波电路参数，使滤波后的波形幅值尽可能大，且光滑相位滞后尽可能小。记录滤波前后波形。

数字信号发生器原理框图如图 10-28 所示。图中 K_1、K_2、K_3 采用实验箱上的防抖开关，(L) 表示选用正逻辑输出端，(H) 表示选用负逻辑输出端。

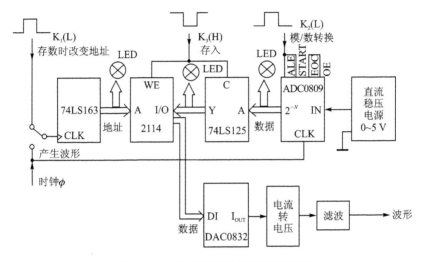

图 10-28　数字信号发生器原理框图

4) 选做：产生一个自己想实现的波形。

思考：

① 一片 74LS163 能存/取 32 个数吗？

② 为什么在不断电的情况下，改变时钟输入信号？

六、注意事项

① 注意某些芯片中信号高低位的对应关系。

② 74LS163 是同步清零，注意手动操作时如何正确实现清零。

③ LM324 的 ±12 V 电源不要接反，低通滤波电路要接上。

④ 2114 或 6116 不用的地址线不能悬空，应接固定电平。

⑤ 直流稳压电源输出电压要与电路共地。

⑥ ADC0809 所用时钟频率要用 1 kHz 或以上。

七、总结要求

① 写出波形发生器的设计原理，画出逻辑原理图，并将滤波前后的波形按纵坐

标对齐方式画在坐标纸上。

② 把转换的模拟电压值与放大器输出的锯齿波形的台阶电压值对比,看是否满足要求,其精度如何。

10.4　实验十九　动态扫描显示系统

一、实验目的

① 了解动态扫描显示的工作原理。

② 掌握 LED 数码管动态扫描显示驱动电路的设计方法。

③ 学习使用集成电路设计多位 LED 动态扫描显示系统。

二、理论准备

通常显示方式分为静态显示和动态扫描显示两种。动态扫描显示方式可以减少驱动器硬件,降低系统功耗,减少成本,故在这里只介绍动态扫描显示方式。所谓动态扫描显示就是让各位显示元件循环分时工作,只要选择合适的扫描速度,因"视觉暂留"效应,在人眼看来各位显示器件是一直点亮的。对于 LED 数码管来说,由于其开关速度的限制,通常每位每次扫描点亮的时间为毫秒级,所以 LED 的扫描速度大约为几百 Hz 以下。若扫描的速度太慢,显示将会发生闪烁,所以扫描速度的下限一般要在 24 Hz 以上。

1. 动态扫描显示系统的组成

一般来讲,数码显示系统应包括显示器和译码驱动器两部分,为了实现动态扫描显示,还需要增加显示控制电路。动态扫描显示系统典型电路框图如图 10 - 29 所示。

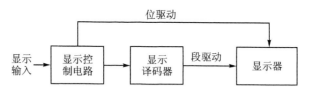

图 10 - 29　动态扫描显示系统框图

2. 设计一个实际的显示系统需关注的几方面

(1) 保证显示字符清晰

要注意字符高度与观察距离的关系,LED 数码显示器的字符高度一般为 0.5 ～ 30 cm;要注意发光性能有"高亮"和"普亮"之分;还要注意发光强度与环境照明的关系,如模糊、重影和闪烁等。

（2）LED 驱动

一般小的 LED 的每一字符段就是一个发光二极管，点亮的电压为 1.6～1.9 V、电流为几～几十 mA。大的 LED 的每一字符段是由几个发光二极管串接而成的，点亮电流大约在几十 mA 到几百 mA。

（3）显示器件的类型

常用的显示器有各种多段 LED 数码管、各种段式 LCD、各种字符模块、各种图形模块（显示器加驱动器和控制器）。

3. 电路设计

随着科技水平的日益提高，为了简化硬件和软件的设计，设计者都希望采用带有驱动电路的显示器。这种把驱动电路和多位显示元件组装在一个器件中的显示元件称为 OBE（On Board Electronics）显示器，一般包括：多段 LED 显示器、ROM、字段集 RAM、片内振荡器、位计数器、译码器等。

在这里着重介绍多段 LED 动态扫描显示系统的设计过程。当一个显示装置中有多位多段 LED 显示器时，通常采用动态扫描（循环刷新）驱动电路，以节省硬件资源。这时要解决好两个问题：显示不闪烁和有足够显示亮度。为了使显示不闪烁，通常采用较高的字刷新频率。实验证明，刷新频率不低于 100 Hz。要获得足够的显示亮度，就应合理地选择 LED 的工作电流，并以此来选择驱动电路和限流电阻值。

（1）基础知识

动态扫描显示驱动电路与静态驱动电路不一样，设静态显示方式下的工作电流为 I_f（每段），动态扫描方式下的工作电流 I_p，则可按下式计算：

$$I_f = I_p / \text{Duty} = N \cdot I_p$$

当显示周期为 T 时，位的选通频率（一般称为位刷新频率）$f = 1/T$。选通脉冲的占空比 $\text{Duty} = 1/N$，N 为显示器位数。由于采用电流脉冲驱动时 LED 的发光效率比用直流电流（$\text{Duty} = 1$）驱动的要高，所以采用动态扫描显示方式时，常取 $I_p < (I_f / N)$。

（2）驱动电路选择

在静态多段 LED 显示系统中，LED 的公共端接至电源的正端（共阳极 LED）或接至电源的负端（共阴极 LED），即位驱动电流是直接由电源提供的。设计者的主要任务是选择段驱动电路。而在动态扫描多位多段 LED 的显示系统中，位驱动电流由位驱动器提供，设计者应根据最大平均位驱动电流来选用位驱动器。

与多位多段 LED 显示器相比，点阵 LED 显示器可以灵活地显示更多种字符和图形，并且字形更美观。点阵显示器的驱动电路多采用行扫描或列扫描的方式。设计者可以自行设计各种行列扫描电路或购置现成的片内带有驱动器、存储器和译码电路的 OBE 点阵显示器。

（3）译码器和显示器选择

显示器可以选用 XXX 型号半导体七段数码管，如 BS201，采用共阴极形式。工作参数与具体选用的七段数码管型号有关,可以从产品手册得到。

根据显示器的类型和显示的字符的特征来选择译码器。例如选用 BCD－七段译码器 74LS48 来显示 BCD 码数,它的输出有效电平为高电平(与共阴极数码管逻辑关系一致),可直接驱动小 LED 数码管的段。

显示器与译码器之间的连接电路,由于采用动态扫描显示,所以一片 BCD－七段译码器的 a~g 各段输出分别与多个显示器的 a~g 段相连共用。**注意:**74LS49 的输出是 OC 电路,使用时需要接上拉电阻。

(4) 显示控制电路选择

该部分的功能是选择要显示的数码和控制该数码的显示位置。在动态显示系统中,几位数码管轮流显示,即一次只选择一个数码管点亮。因此采用数据选择器从几个要显示的 4 位 BCD 码(8421 码)中,每次选出一个数码显示。

实现上述功能的数据选择器可选用 74LS153,内含双 4 选 1,这时它的各个输入端分别接到几个 8421 码的各个信息位,每个输出接到显示译码器相应的输入端上。

在动态扫描显示系统中,数码在数码管中的显示位置应与送入数码的数位相一致。因此一般用译码器通过晶体管或 OC 门进行控制,即在每个数码管的阴极到地之间接入切换开关(晶体管或 OC 门),而晶体管或 OC 门由译码器来控制。也可以采用 75452 驱动能力强的两输入与门来实现对数码管数位的选择。译码器可选用 2－4 线的 74LS139 译码器(输出有效电平为低电平)。译码器的控制输入与数据选择器的控制输入相连,可由两位二进制计数器来产生控制序列。

(5) 注意的问题

① 有效电平的正确配合。显示器有共阴和共阳之分,应选择合适的译码器和驱动器与之配合。

② 足够大的驱动能力。应合理地配置段、位的驱动能力。

③ 扫描的频率可调,以便调整显示效果。

4. 参考电路

(1) 共阴数码管扫描显示参考电路

四位共阴数码管动态扫描显示参考电路框图如图 10－30 所示。两位二进制计数器提供两位二进制选择码来选取显示的数据(BCD 码)和确定显示的位(LED)。4 个 BCD 码的选择可以用两片 74LS153 来实现;BCD－七段译码器可以选用 74LS49 (OC 输出)来实现。2－4 译码器 74LS139(低电平有效)把两位选择码转换为 4 个位信号,每一时刻只有一位有效,经 OC 缓冲门(74LS07)驱动相应的 LED 位。

(2) 共阳数码管扫描显示参考电路

四位共阳数码管扫描显示参考电路框图如图 10－31 所示。段译码驱动用 74LS47(输出低电平有效),位驱动用 PNP 晶体管实现,其余与共阴情况类似。

5. LED 数码管组件

实验室提供的共阳数码管组件是一个把 4 个 LED 数码管组合在一起的组件,共

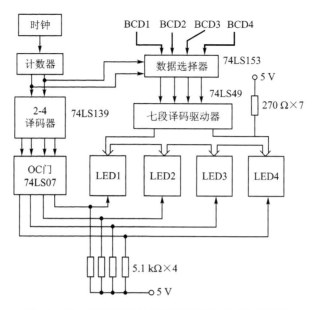

图 10 - 30　共阴 LED 数码管扫描显示参考电路框图

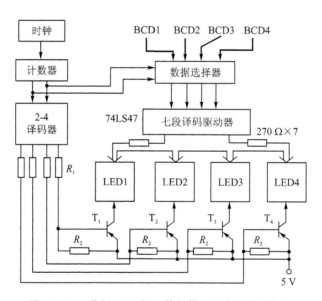

图 10 - 31　共阳 LED 数码管扫描显示参考电路框图

用段驱动引脚,可以节省段驱动线数量,其引脚封装如图 10 - 32 所示。CM1、CM2、CM3 和 CM4 是每个数码管的公共端(即位驱动端),从左至右顺序排列;dp 为小数点端,其余 7 个端对应于每个段。

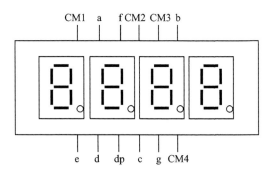

图 10 - 32　LED 数码管组件的引脚示意图

三、预习要求

① 对照给出的 LED 数码管实验参考电路框图,查阅相关器件资料,完成详细的电路设计,并分析电路的工作原理。

② 用 NE555 设计一个动态扫描显示系统中的时钟发生电路。

四、实验设备

专用实验板	1 块;
（含共阳四位 LED 数码管组件	1 个,
74LS153	2 片,
74LS47	1 片,
74LS139	1 片,
74LS163	1 片,
GAL16V8	1 片,
NE555	1 片,
电位器、电阻、电容	若干）
双踪示波器	1 台;
稳压电源	1 台;
数字万用表	1 块。

五、实验内容及要求

1) 根据实验参考电路框图,结合专用实验板,分析并画出完整的电路原理图(标注元器件型号、电阻阻值等)。

2) 分析实验板上各个电路模块功能。

3) 本次实验先把＋5 V 电源的负端接到实验板 GND 端插孔,电源开关接通,待电路连接无误后,最后再把＋5 V 电源的正端不断电情况下接到实验板 VCC 的

+5 V 端插孔。拆线时反之。

4）测静态段驱动电流。

连线关系：实验板 VCC 端接电源+5 V,GND 端接电源+5 V 的地,74LS47 的 DD 端接 GND,COM1 端接 GND。

测数码管亮段串接的 270 Ω 或 300 Ω 电阻上的电压,计算出段驱动电流。

5）测动态段驱动电流。

连线关系：COM1、COM2、COM3、COM4 端对应接到 74LS139 的 S1、S2、S3、S4 端;其余不变。

① 测数码管亮段串接的 270 Ω 或 300 Ω 电阻上的电压,算出段驱动电流。

② 断开 COM2、COM3、COM4 的连线,测数码管亮段串接的 270 Ω 或 300 Ω 电阻上的电压,算出段驱动电流,并与①的结果进行比较,得到什么结论。

6）调节可变电阻器改变 CLK-OUT 输出频率,观察显示效果(建议从较低频率开始上调)。用示波器观察 CLK-OUT 的波形,记下你认为数字不闪烁时的频率值。

7）在数码管上动态显示你学号的后 4 位。

实验板 DATA-IN 处有 16 组排针,利用短路帽(接上为"0",拔下为"1")来产生所需数据即 4 位学号(注意区别哪 4 个短路帽对应一位学号)。待 4 位学号显示正确后,用示波器分别观察 CLK-OUT、S1、S2、S3、S4、DA、DB、DC、DD 的波形(共 9 个波形),并按纵坐标对齐方式,画出其时序对应关系波形图。

8）用 GAL 可编程器件实现动态扫描显示控制。

GAL-CLK 端接实验板 CLK2 端插孔处,调节实验板上的可变电阻器,可改变其输出频率。输入信号 RST、M0、M1 端是靠短路帽接上为"0"或拔下为"1"来设置的。输出信号 PS0~PS3 对应接 COM1~COM4 端,输出信号 PD3~PD0 对应接七段译码器输入端 DD~DA 端。

① 调节可变电阻器使 CLK2 输出频率最低,测试并记录 GAL 器件的输入/输出(显示组件上的内容)之间的关系：

➢ 当 RST 为"1"时,M1、M0 四种情况下的输出显示状态。

➢ 当 RST 为"0"时,M1、M0 四种情况下的输出显示状态。

② 调节可变电阻器使 CLK2 输出频率比较高,观察显示组件的显示效果。记录 M1、M0 四种情况下观察到的现象。

六、注意事项

① 实验板上 VCC 和 GND 端千万不要接错。

② 电源通断电瞬间产生的冲击,容易损坏实验板上的 GAL 可编程器件,故采取带电插拔 VCC 端。

③ 为防止干扰,尽量用短导线。

七、总结要求

① 画出完整的电路图,标明器件型号、元件参数等,简单说明设计思想。

② 表格化整理测量数据,画出学号后 4 位动态显示中 9 个波形的时序对应关系波形图,由时序图分析动态扫描显示系统的工作原理。

③ 通过调试你对设计一个动态系统显示电路有何体会。

10.5　实验二十　非正弦周期信号谐波提取

一、实验目的

① 了解非正弦周期信号特征。

② 熟悉 NE555 周期波形发生电路和触发器分频电路。

③ 学习使用由运算放大器、电阻、电容等组建有源滤波电路。

④ 了解有源滤波器在谐波提取方面的应用,学习掌握谐波提取电路的调试方法与步骤。

二、理论准备

在电子技术、自动控制技术、计算机技术以及其他电子设备中使用的电信号大多都是非正弦信号,如脉冲信号、方波信号等。

1. 非正弦周期信号的有关知识

非正弦周期信号的特点:① 不是正弦波;② 按周期规律变化 $f(t) = f(t+nT)$。

非正弦周期信号可分解为傅里叶级数,线性电路在它的激励下,根据叠加原理,其响应为直流信号和一系列正弦稳态响应的叠加,各响应的计算分别用直流和正弦稳态电路的分析方法进行计算。

非正弦周期信号都可以分解为含有基波频率和一系列为基波倍数的谐波的正弦波分量。谐波是正弦波,每个谐波都具有不同的频率、幅度与相角。谐波频率与基波频率的比值($n = f_n/f_1$)称为谐波次数,谐波又有偶次与奇次之分,如基波为 50 Hz 时,2 次谐波(偶次谐波)为 100 Hz,3 次谐波(奇次谐波)则是 150 Hz,依次类推,可得其他次谐波。

2. 傅里叶变换

若非正弦周期函数满足狄利赫利条件:① 周期函数极值点的数目为有限个;② 间断点的数目为有限个;③ 在一个周期内绝对可积,即 $\int |f(t)| \mathrm{d}t < \infty$,则其可分解为傅里叶级数,级数展开方法就是傅里叶变换,它是一种信号分析方法。一般来说在电工电子学中遇到的非正弦周期函数都满足狄利赫利条件,均可进行傅里叶变

换分析。

周期函数展开成傅里叶级数：

$$f(t) = \frac{A_0}{2} + A_1\cos(\omega_1 t + \phi_1) + A_2\cos(2\omega_1 t + \phi_2) + \cdots + A_n\cos(n\omega_1 t + \phi_n)$$

式中：$\dfrac{A_0}{2}$ 为直流分量；$A_1\cos(\omega_1 t + \phi_1)$ 为 $f(t)$ 的基波（与原周期函数同频率 $f_1 = \dfrac{\omega_1}{2\pi} = \dfrac{1}{T}$）；$A_2\cos(2\omega_2 t + \phi_2)$ 为 $f(t)$ 的二次谐波（2 倍基频）；$A_n\cos(n\omega_1 t + \phi_n)$ 为 $f(t)$ 的 n 次或高次谐波，A_n 为 n 次谐波的幅值，ϕ_n 为 n 次谐波的初相角。二次和二次以上的谐波统称为高次谐波。

由谐波分量频率关系可知：

$$f(t) = A_0 + \sum_{k=1}^{\infty} A_k\cos(k\omega_1 t + \phi_k) \quad (k = 1 \sim \infty)$$

因

$$A_k\cos(k\omega_1 t + \phi_k) = a_k\cos(k\omega_1 t) + b_k\sin(k\omega_1 t)$$

故

$$f(t) = a_0 + \sum_{k=1}^{\infty} \left[a_k\cos(k\omega_1 t) + b_k\sin(k\omega_1 t) \right]$$

系数之间的关系为

$$A_0 = a_0, \quad A_k = \sqrt{a_k^2 + b_k^2}, \quad a_k = A_k\cos\phi_k$$
$$b_k = -A_k\sin\phi_k, \quad \phi_k = \arctan(-b_k/a_k)$$

系数计算如下：

$$\frac{A_0}{2} = \frac{a_0}{2} = \frac{1}{T}\int_0^T f(t)\mathrm{d}t \quad (T \text{ 为函数周期})$$

$$a_k = \frac{2}{\pi}\int_0^{2\pi} f(t)\cos(k\omega_1 t)\mathrm{d}t$$

$$b_k = \frac{2}{\pi}\int_0^{2\pi} f(t)\sin(k\omega_1 t)\mathrm{d}t$$

求出 A_0、a_k、b_k 便可得到原函数 $f(t)$ 的展开式。

3. 非正弦周期信号谐波提取原理

如图 10-33 所示为非正弦周期信号谐波提取原理框图，它包括以下几部分。

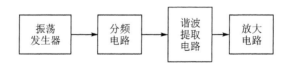

图 10-33　非正弦周期信号谐波提取原理框图

① 振荡发生器：用通用集成芯片、电阻电容等组成振荡电路。

② 分频电路：把振荡电路输出信号进行频率变换。

③ 谐波提取电路：把频率变换后非正弦信号进行基波和各次谐波的提取。在这里主要采用滤波器电路实现。

④ 放大电路：把提取基波或谐波信号进行幅度放大。

4. 滤波器电路介绍

利用傅里叶级数，可将非正弦周期信号分解为基波和各次谐波，要把基波和各次谐波信号分别提取出来，就需要采用滤波器电路实现。

滤波器是一种将所需的频段信号进行截取同时其他频段信号抑制的电子装置。按滤波电路的工作频带分为高通滤波器（HPF）、低通滤波器（LPF）、带通滤波器（BPF）、带阻滤波器（BEF）、全通（APF）滤波器；按采用元器件的形式可分为无源滤波器和有源滤波器。

① 无源滤波器是由无源元件（如 R、L、C）组成的滤波器。它是利用电容和电感元件的电抗随频率的变化而变化的原理构成的，电路比较简单，不需要直流电源供电，可靠性高。电路通带内的信号有能量损耗，负载效应比较明显，使用电感元件时容易引起电磁感应。当基波频率很低时，电路需要大的电感，会增加电路的体积和质量，在低频场合不适用。

② 有源滤波器由无源元件和有源器件（如运算放大器、双极型管、单极型管等）组成。电路通带内的信号不仅没有能量损耗，而且还可以放大，负载效应不明显，多级连接时相互影响很小，利用级联方法很容易构成高阶滤波器。滤波器容易小型化和集成化，不需要电磁屏蔽。电路通带范围受有源器件的带宽限制，需要直流电源供电，可靠性不如无源滤波器高，在高压、高频、大功率的场合不适用。

得到理想滤波器幅频特性的方法是用实际的幅频特性去逼近理想的状态。通常来说，滤波器幅频特性越好，其相频特性越差，反之亦然。滤波器的阶数越高，幅频特性衰减的速率越快。构成 RC 电路网络越多，电路参数计算越烦琐，电路调试难度系数不是线性的。一般来说二阶滤波器比较实用，任何高阶滤波器均可以用较低的一阶和二阶 RC 有源滤波器级联实现。

描述滤波器性能的一个重要指标是它的转移电压比，即

$$T(\mathrm{j}\omega) = \frac{\dot{U}_\mathrm{o}}{\dot{U}_\mathrm{i}} \mid T(\mathrm{j}\omega) \mid \mathrm{e}^{\mathrm{j}\theta(\omega)}$$

式中：$\dot{U}_\mathrm{i}$ 为滤波器的输入电压；$\dot{U}_\mathrm{o}$ 为输出电压；$\mid T(\mathrm{j}\omega)\mid$ 为滤波器的幅频特性；$\theta(\omega)$ 为滤波器的相频特性。转移电压比除了用理论方法分析计算外，还可以由实验方法来测定。

如图 10-34 所示，图中实线部分为滤波器理想幅频特性，虚线部分为实际幅频特性。图 10-34(a) 和 (b) 中 f_c 称为截止频率，(c) 和 (d) 中 f_0 称为中心频率，f_c1 称为下截止频率，f_c2 称为上截止频率。实际滤波器的幅频特性只希望能尽量接近理

想状态。

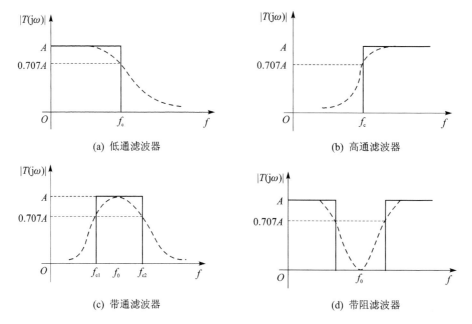

(a) 低通滤波器

(b) 高通滤波器

(c) 带通滤波器

(d) 带阻滤波器

图 10-34　滤波器幅频特性

5. 有源滤波器电路

有源滤波器由运算放大器、电阻、电容组成。它有不同的形式,不同的接法,下面以二阶有源滤波器设计为例进行讨论。

(1) 集成运算放大器作为无限增益放大器的有源滤波器

如图 10-35 所示,电路采用负反馈,运放工作在线性状态,这种电路称为多路反馈有源滤波电路的一般形式。

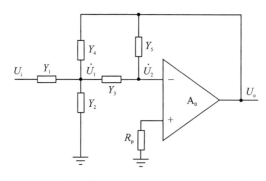

图 10-35　无限增益多路反馈有源滤波电路的一般形式

图 10-35 所示电路由 5 个导纳 Y_1、Y_2、Y_3、Y_4、Y_5 和一个开环放大倍数 A_0 接近无限大的运算放大器组成。从电路分析来看,运算放大器可等效为电压控制电压源,

且 $A_0 \to \infty$，如图 10-36 所示。

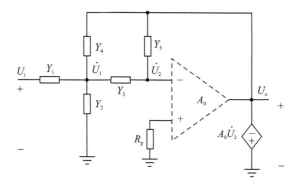

图 10-36　有源滤波等效为电压控制电压源示意图

以 $\dot{U}_1$、$\dot{U}_2$、$\dot{U}_i$、$\dot{U}_o$ 为节点电压列方程：

$$(Y_1 + Y_2 + Y_3 + Y_4) \cdot \dot{U}_1 - Y_3 \cdot \dot{U}_2 - Y_4 \cdot \dot{U}_o = Y_1 \cdot \dot{U}_i$$

$$-Y_3 \cdot \dot{U}_1 + (Y_3 + Y_5) \cdot \dot{U}_2 - Y_5 \cdot \dot{U}_o = 0$$

$$-A_0 \dot{U}_2 = \dot{U}_o$$

整理并消掉 $\dot{U}_1$、$\dot{U}_2$，得到 $\dot{U}_o$。令 $A_0 \to \infty$ 可得转移电压比，即

$$T = \frac{\dot{U}_o}{\dot{U}_i} = \frac{-Y_1 Y_2}{Y_5 (Y_1 + Y_2 + Y_3 + Y_4) + Y_3 Y_4}$$

取 $Y_1 \sim Y_5$ 为电阻或电容，通过不同的组合，可构成具有不同特性的低通、高通和带通滤波电路。例如取 $Y_1 = G_3 = 1/R_3$，$Y_2 = G_2 = 1/R_2$，$Y_3 = \mathrm{j}\omega C_2$，$Y_4 = \mathrm{j}\omega C_1$，$Y_5 = G_1 = 1/R_1$，如图 10-37 所示为构成带通有源滤波电路。

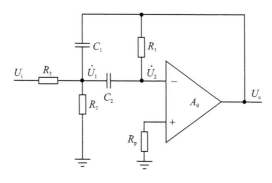

图 10-37　无限增益带通有源滤波电路

将带通有源滤波电路参数代入公式中可得电路的转移电压比，即

$$T(\mathrm{j}\omega) = \cfrac{-Y_1}{\cfrac{Y_5}{Y_3}(Y_1 + Y_2 + Y_3 + Y_4) + Y_4}$$

$$= \cfrac{-G_3}{\cfrac{G_1}{\mathrm{j}\omega C_2}(G_3 + G_2 + \mathrm{j}\omega C_2 + \mathrm{j}\omega C_1) + \mathrm{j}\omega C_1}$$

$$= \cfrac{-G_3}{\left(G_1 + G_1\dfrac{C_1}{C_2}\right) + \mathrm{j}\omega C_1 - \mathrm{j}\dfrac{G_1(G_3 + G_2)}{\omega C_2}}$$

化简后得到

$$T(\mathrm{j}\omega) = \left(-\cfrac{G_3}{G_1 + G_1\dfrac{C_1}{C_2}}\right) \cdot \cfrac{\left(G_1 + G_1\dfrac{C_1}{C_2}\right)}{\left(G_1 + G_1\dfrac{C_1}{C_2}\right) + \mathrm{j}\omega C_1 - \mathrm{j}\dfrac{G_1(G_3 + G_2)}{\omega C_2}}$$

即

$$T(\mathrm{j}\omega) = \left(-\cfrac{G_3}{G_1 + G_1\dfrac{C_1}{C_2}}\right) \cdot \cfrac{\left(G_1 + G_1\dfrac{C_1}{C_2}\right)}{\sqrt{\left(G_1 + G_1\dfrac{C_1}{C_2}\right)^2 + \left[\omega C_1 \cdot \dfrac{G_1(G_3 + G_2)}{\omega C_2}\right]^2}} e^{\mathrm{j}\theta(\omega)}$$

可得中心频率为

$$\omega_0 = \cfrac{1}{\sqrt{C_1 \dfrac{C_2}{G_1(G_3 + G_2)}}}$$

$$= \sqrt{\frac{1}{R_1 C_1 C_2}\left(\frac{1}{R_3} + \frac{1}{R_2}\right)}$$

$$Q = \cfrac{1}{\left(G_1 + G_1\dfrac{C_1}{C_2}\right)} \sqrt{\frac{C_1 G_1(G_3 + G_2)}{C_2}}$$

取 $C_1 = C_2 = C$，$R_2 \ll R_3$，则

$$\omega_0 \approx \frac{1}{C}\sqrt{\frac{1}{R_1 R_2}}$$

放大倍数或增益：$A_v(\omega_0) \approx \dfrac{R_1}{2R_3}$。

$-3\ \mathrm{dB}$ 带宽：$\mathrm{BW} = \dfrac{\omega_0}{Q} = \dfrac{2}{R_1 C}$。

同理，任取 $Y_1 \sim Y_5$ 为不同电阻或电容元件，如图 10-38 和图 10-39 所示，可得到不同类型的有源滤波器。

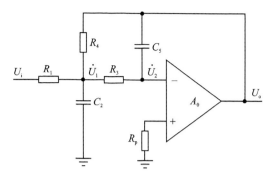

图 10 - 38　无限增益低通有源滤波电路

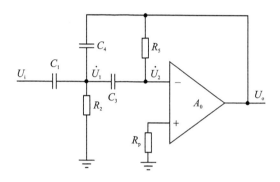

图 10 - 39　无限增益高通有源滤波电路

（2）集成运算放大器作为有限增益放大器的有源滤波器

如图 10 - 40 所示为有限增益放大器的有源滤波器电路的一般形式，电路采用的是同相比例放大器，其电压增益为

$$A_{V+} = \frac{\dot{U}_o}{\dot{U}_2} = 1 + \frac{R_f}{R_1}$$

在图 10 - 40 中，电路由 4 个导纳 Y_1、Y_2、Y_3、Y_4 和一个开环放大倍数 A_0 接近无限大的运算放大器组成。从电路分析来看，运算放大器可等效为电压控制电压源，且 $A_0 \rightarrow \infty$。

以 $\dot{U}_1$、$\dot{U}_2$、$\dot{U}_i$、$\dot{U}_o$ 为节点电压列方程：

$$(Y_1 + Y_2 + Y_3) \cdot \dot{U}_1 - Y_3 \cdot \dot{U}_2 - Y_2 \cdot \dot{U}_o = Y_1 \cdot \dot{U}_i$$

$$-Y_3 \cdot \dot{U}_1 + (Y_3 + Y_4) \cdot \dot{U}_2 = 0$$

$$A_{V+} \dot{U}_2 = \dot{U}_o$$

整理并消掉 $\dot{U}_1$、$\dot{U}_2$，得到 $\dot{U}_o$。令 $A_0 \rightarrow \infty$ 可得转移电压比，即

$$T = \frac{\dot{U}_o}{\dot{U}_i} = \frac{A_V + Y_1 Y_3}{Y_4(Y_1 + Y_2 + Y_3) + Y_1 Y_3 + Y_2(1 - A_{V+})Y_3}$$

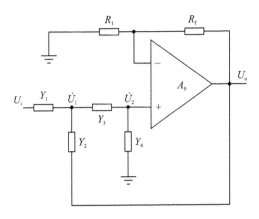

图 10-40　有限增益放大器的有源滤波器电路

取 $Y_1 \sim Y_4$ 为电阻或电容,通过不同的组合,得到不同类型的有源滤波器,例如取 $Y_1 = Y_3 = 1/R$,$Y_2 = Y_4 = j\omega C$,得到如图 10-41 所示的低通有源滤波电路,代入公式可得到

$$T(j\omega) = A_{V+} \frac{\dfrac{1}{R^2(j\omega C)^2}}{(j\omega)^2 + \dfrac{3 - A_{V+}}{RC}j\omega + \dfrac{1}{R^2 C^2}}$$

它是一个二阶低通滤波器,$\omega_0 = \dfrac{1}{RC}$,$A_{V+} = \dfrac{\dot{U}_o}{\dot{U}_2} = 1 + \dfrac{R_f}{R_1}$,$Q = \dfrac{1}{3 - A_{V+}}$。当 $A_{V+} > 3$ 时,分母多项式第二项系数为负,其他之和为正,可导致电路增幅振荡而不稳定。这种电路的 Q 值一般在 10 以下,经验值 $A_{V+} \leqslant 2.9$,$R_f \leqslant 1.9R_1$。

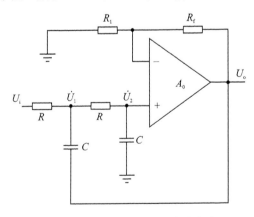

图 10-41　有限增益低通滤波电路

同理,当 $Y_1 = Y_3 = j\omega C$,$Y_2 = Y_4 = 1/R$ 时,可得到如图 10-42 所示的高通有源滤波电路。

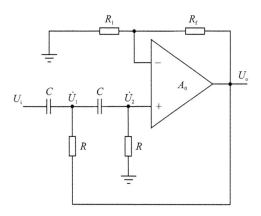

图 10 - 42　有限增益高通滤波电路

（3）压控电压源二阶带通滤波电路

这种滤波器的作用是只允许在某一个通频带范围内的信号通过，而比通频带下限频率低和比通频带上限频率高的信号均加以衰减或抑制。典型的带通滤波器可以将二阶低通滤波器中的一级改成高通，如图 10 - 43 所示是典型的压控电压源二阶带通滤波电路。当 $C_1 = C_2 = C$ 时，直接给出了电路参数计算公式如下。

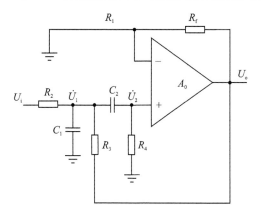

图 10 - 43　压控电压源二阶带通滤波电路

通频带增益：

$$A_{vf} = \left(1 + \frac{R_f}{R_1}\right) \frac{1}{R_2 \cdot C \cdot B} = \frac{R_1 + R_f}{R_2 R_1 CB}$$

通频带中心频率：

$$f_0 = \frac{1}{2\pi} \sqrt{\frac{1}{R_4 C^2} \left(\frac{1}{R_2} + \frac{1}{R_3}\right)}$$

通频带宽度：

$$B = \frac{1}{C}\left(\frac{1}{R_2} + \frac{2}{R_4} - \frac{R_f}{R_3 R_1}\right)$$

品质因数：

$$Q = \frac{\omega_0}{B}$$

通频带选择性：当 R_1 和 R_f 比值变化时，由公式可知通频带宽度 B 发生变化，且通频带增益 A_{vf} 变化显著，但通频带中心频率 f_0 不受影响。

三、预习要求

① 使用集成定时电路 NE555 设计一个频率 $1\sim10$ kHz 可调、占空比 $30\%\sim80\%$ 可调的矩形波发生器。**注意**：电路中不允许使用二极管。

② 学习集成运算放大器作为有限增益放大器的有源滤波器理论知识，设计一个中心频率为 1 kHz 的带通滤波电路，选定元器件及对应参数，利用仿真软件（如 Multisim、Proteus、Cadence）进行电路仿真，研究带通滤波电路的幅频特性。

四、实验设备

实验箱　　　　　　　　　1 套；

　　（含 74LS74　　　　　1 片，

　　　LM324　　　　　　1 片，

　　　NE555　　　　　　1 片，

　　　电位器、电阻、电容　　若干等）

双踪示波器　　　　　　　1 台；

稳压电源　　　　　　　　1 台；

失真度仪　　　　　　　　1 台；

数字万用表　　　　　　　1 块。

五、实验内容及要求

① 用集成定时电路 NE555 设计一个频率 $1\sim10$ kHz 可调、占空比 $30\%\sim80\%$ 可调的矩形波发生器。然后调节参数，产生一个频率为 2 kHz，占空比为 50% 的方波信号 U_1。**注意**：电路中不允许使用二极管。

② 用 74LS74 双 D 触发器搭建二分频电路，由方波信号 U_1 得到频率为 1 kHz 的方波信号 U_2，且具有一定的带载能力。

③ 用运算放大器、电阻电容等元器件设计一个中心频率 $f_0 = 3$ kHz，通频带宽度 $B = 100$ Hz 的有源带通滤波器。测试电路的通频带增益、通频带中心频率、通频带宽度。

④ 设计一个对方波信号 U_2 的谐波提取电路，要求得到三次谐波，即频率为

3 kHz 的正弦波,峰-峰值≥1 V,失真要小,将输入波形和输出波形按纵坐标对齐方式画在坐标纸上。

⑤ 设计一个对方波信号 U_2 的谐波提取电路,要求得到五次谐波,即频率为 5 kHz 的正弦波,峰-峰值≥4 V,失真要小,将输入波形和输出波形按纵坐标对齐方式画在坐标纸上。

六、注意事项

① NE555 采用 5 V 供电,确保与其他电路的电平兼容。

② 芯片使用时,不用的功能,要确保对应的引脚输入无效电平,不要悬空。

③ 集成运放 LF347 与 LM324 引脚完全兼容,采用±12 V 供电,正、负电源引脚不要接错。

④ 搭建滤波电路时,因元件较多,注意各个之间的连接位置,避免发生错误。

七、总结要求

① 总结频率和占空比可调方波发生电路设计过程,确定产生频率为 2 kHz,占空比为 50% 的方波时的元器件参数值,并在坐标纸上画出其波形。

② 记录二分频电路输出波形。

③ 结合有源滤波电路原理图和理论计算公式,分别写出产生三次谐波和五次谐波的电路中各个元件参数的计算过程,测试电路功能,绘制输出波形。记录总谐波失真 THD(Total Harmonic Distortion)。

④ 写出设计、调试体会。

10.6　实验二十一　周期信号谐波合成

一、实验目的

① 进一步熟悉和巩固集成运放的应用。

② 掌握有源晶振和中规模集成分频电路的应用。

③ 熟悉集成滤波器的使用。

④ 熟悉移相电路的设计和调试。

⑤ 学习掌握调试并组装各次谐波电路合成方波和三角波的过程。

二、理论准备

1. 周期信号谐波合成原理

如图 10-44 所示,为周期信号谐波合成原理框图,它包括以下 5 个部分:

① 晶体振荡电路:产生稳定振荡的已知频率信号。

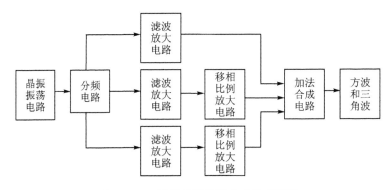

图 10-44　周期信号谐波合成原理框图

②分频电路：把来自晶振的信号进行分频，得到所需频率的信号。

③滤波放大电路：把来自分频后的不同频率信号进行谐波分解，得到各自谐波信号，且幅值大小合适。

④移相比例电路：将频率较低的谐波作为基准，它不需要移相，仅对频率较高的谐波，通过运放电路进行移相处理。

⑤加法合成电路：将不同频率的谐波信号进行多种组合可以得到不同类型的输出信号，如三角波、方波等。

2. 基础知识

（1）傅里叶变换

任意周期信号可以分解为直流分量和一组不同幅值、频率、相位的正弦波。任何连续周期性信号可以由一组适当的正弦波组合而成。

（2）基波与谐波

周期信号利用傅里叶变换分解时，得到与周期信号频率相同的正弦波，称为基波，频率为 f_1，其他频率正弦波统称为高次谐波。如果谐波频率 f 是基波频率的 N 倍，即 $f = Nf_1$，称为 N 次谐波。直流分量的频率为零，是基波频率的零倍，称零次谐波。

（3）正弦波有其他波形所不具备的特点（恒定直流波形除外）

正弦波输入至任何线性系统，其输出还是正弦波，发生变化的仅仅是幅值和相位，即正弦波输入至线性系统，不会产生新的频率成分（非线性系统如变频器，就会产生新的频率成分，称为谐波）。

如果给某线性系统输入信号电压一定、不同频率的正弦波，测其输出电压（或归一化即输出电压与输入电压之比）与频率的关系，就得到该系统的幅频特性，测其输出信号与输入信号的相位差与频率之间的关系，就得到该系统的相频特性。

线性系统是电子信息和自动控制等领域研究的主要对象，线性系统具备一个显著特点：多个正弦波叠加后输入至线性系统中，系统的输出是所有正弦波单独输入系统时对应输出的叠加。

（4）根据傅立叶定律，任意波形在时域中都可由若干个正弦波和余弦波的加权和来表示

【实例1】　如图10-45所示，两个正弦波幅值相同，频率是3倍关系。将两个正弦波相加，得到了一个新的信号，如图10-46所示。

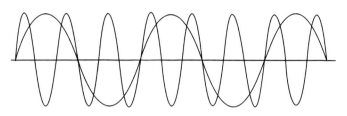

图 10-45　两个幅度相同、频率不同的正弦波

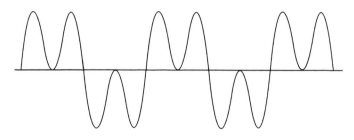

图 10-46　两个正弦波相加后的信号波形

【实例2】　如图10-47所示，在实例1的基础上，两个正弦波的幅值是1/3，频率还是3倍的关系。此时两个波形相加后，得到了一个新的信号，与实例1对比，只有波峰、波谷受到影响，如图10-48所示。

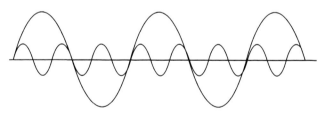

图 10-47　两个频率、幅度不同的正弦波

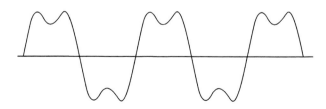

图 10-48　调整幅度后叠加所得的信号波形

【实例 3】 如图 10 - 49 所示,在实例 2 的基础上,再叠加上若干个幅值较低、频率较高的正弦波信号,其输出波形近似为方波,如图 10 - 50 所示。

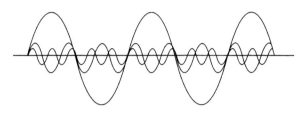

图 10 - 49 若干个幅度不同、频率不同的正弦波

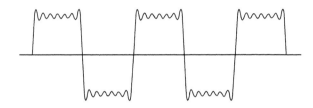

图 10 - 50 若干正弦波叠加近似为方波

由所给实例总结可知,构造某一时域信号,通过一系列正弦波信号叠加的方法来实现,当然已构造的信号也可以分解成一系列的正弦波。

举例 1：如把方波信号进行傅里叶变换后,只包含奇数倍的高次谐波,那么对于幅值为 1,周期为 $2\pi/\omega$ 的方波信号,其表达式为

$$f_{方波}(t) = \frac{4}{\pi}\left[\sin(\omega t) + \frac{1}{3}\sin(3\omega t) + \frac{1}{5}\sin(5\omega t) + \frac{1}{7}\sin(7\omega t) + \cdots\right]$$

举例 2：如把三角波信号进行傅里叶变换后,只包含奇数倍的高次谐波,那么对于幅值为 1,周期为 $2\pi/\omega$ 的三角波信号,其表达式为

$$f_{三角波}(t) = \frac{8}{\pi^2}\left[\sin(\omega t) + \frac{1}{9}\sin(3\omega t) + \frac{1}{25}\sin(5\omega t) + \cdots\right]$$

3. 晶体振荡电路

晶振分有源晶振和无源晶振。要得到非常稳定振荡的已知频率信号,在这里选择有源晶振作为振荡电路。

4. 74LS390 双二-五混合十进制计数器

74LS390 是双二-五混合十进制计数器,其引脚图如图 10 - 51 所示。每组计数器都有独立的时钟 CK 和清零 CLR,都可以设置成独立的二进制、五进制或十进制。

二进制：输入时钟 CKA,输出 Q_A。

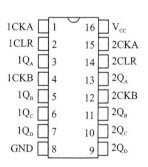

图 10 - 51 74LS390 引脚图

五进制：输入时钟 CKB,输出 $Q_D Q_C Q_B$。

十进制：输入时钟 CKA,Q_A 接时钟 CKB,输出 $Q_D Q_C Q_B Q_A$。

5. 集成滤波器

滤波器电路具有频率选择或运算处理系统的作用,其本质是具有滤除噪声和分离各种不同信号的功能。滤波器分为由分立元件组成的滤波器和集成滤波器。集成滤波器种类较多,实验中选用的是 TI 公司的 TLC04 芯片,它采用 5～10 V 单、双电源供电,具有最大平坦度、截止边带单调下降四阶巴特沃思开关电容器低通滤波器,

TLC04 截止频率的稳定性只与时钟频率稳定性相关,其截止频率可随时钟可调,时钟截止频率比为 50:1,该滤波器可外接 TTL 或 CMOS 时钟,也可采用施密特触发器振荡器自定时产生时钟。TLC04 引脚图如图 10 - 52 所示。

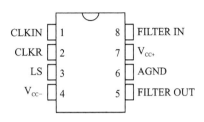

图 10 - 52　TLC04 引脚图

CLKIN(1)：时钟输入端；CLKR(2)：自时钟发生端；LS(3)：电平移动端；V_{CC-}(4)：负电源端；FILTER OUT(5)：滤波器输出端；AGND(6)：模拟地；V_{CC+}(7)：正电源端；FILTER IN(8)：滤波器输入端。

(1) 自产生时钟模式

如图 10 - 53 所示为自产生时钟模式的外围电路,无需外部提供时钟,时钟频率为 $\dfrac{1}{1.69 \times R \times C}$。由 R、C 参数值可知,设计的截止频率为 $\dfrac{1}{1.69 \times R \times C \times 50} = 1.18\ \text{kHz}$,即待滤波信号输入频率不能大于此频率。采用双电源供电自产生时钟外围电路中引脚 3 可接负电源端或电源地端。

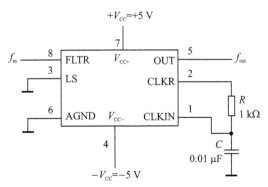

(a) 采用双电源供电自产生时钟外围时钟

图 10 - 53　自产生时钟外围电路

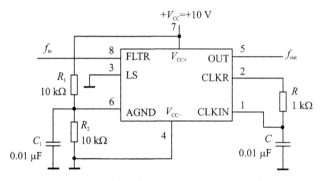

(b) 采用单电源供电自产生时钟外围时钟

图 10 - 53　自产生时钟外围电路(续)

（2）外部时钟模式

如图 10 - 54 所示为外部输入时钟的外围电路，即需要外部提供时钟输入。当设计截止频率为 f 时（待滤波信号输入频率不能大于此频率），外部输入时钟频率应大于 $50 \times f$。

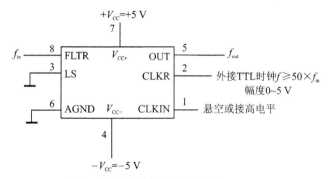

(a) 采用双电源供电外部时钟模式电路

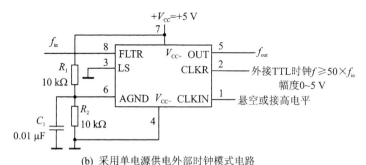

(b) 采用单电源供电外部时钟模式电路

图 10 - 54　外部输入时钟外围电路

三、预习要求

① 使用集成计数器芯片 74LS390、74LS161 设计分频电路，实现对 4 MHz 方波信号分频，产生 1 kHz、5 kHz、10 kHz、250 kHz 等多种频率方波信号。

② 用集成滤波器 TLC04、集成运算放大器 LM324、电阻电容等元器件设计滤波放大电路。测试电路放大倍数、通频带中心频率、通频带宽度等参数。并用 1 kHz 方波信号对运算放大器、阻容元件等设计的滤波放大电路进行测试，分别提取不同频率、不同幅值的谐波信号 3 kHz、5 kHz（7 kHz、9 kHz 等）。

③ 用集成运算放大器 LM324 搭建移相电路和三输入（1 kHz、3 kHz、5 kHz 的正弦信号）加法电路（在这里有三种不同输入信号可以产生 2^3 个不同组合形式），得到幅值不同、形状各异的方波和三角波信号。可利用函数信号发生器产生不同频率、不同幅值的正弦信号来模拟验证电路是否工作正常。（**提示**：各输入信号幅值可参照方波、三角波展开式来确定。）

④ 利用仿真软件（如 Multisim 、Proteus、Cadence）进行各个电路仿真，观察各自工作情况，为实际电路的搭建测试做好准备。

四、实验设备

实验箱	1 套；
（含 4MHz 有源晶振	1 只，
74LS390	2 片，
74LS161	1 片，
LM324	2 片，
TLC04	1 片，
电位器、电阻、电容	若干等）
双踪示波器	1 台；
直流稳压电源	1 台；
信号发生器	1 台；
失真度仪	1 台；
数字万用表	1 块。

五、实验内容及要求

① 搭接 4MHz 有源晶振电路，用示波器观察并画出波形。

② 使用集成计数器芯片 74LS390、74LS161 设计分频电路，实现对 4 MHz 方波信号分频，产生 1 kHz、5 kHz、250 kHz 三种频率方波信号。

③ 测集成滤波器 TLC04 的频率特性；集成运算放大器 LM324、电阻电容等元器件设计滤波放大电路，测试电路放大倍数 A_v、通频带中心频率 f_0、通频带宽度 BW。

用 5 kHz 方波信号对集成滤波器 TLC04 电路进行测试,得到 5 kHz 谐波信号。并用 1 kHz 方波信号对运算放大器、阻容元件等设计的滤波放大电路进行测试,分别提取频率为 1 kHz、3 kHz 但不同幅值的谐波信号。

④ 用集成运算放大器 LM324 搭建移相电路和三输入(1 kHz、3 kHz、5 kHz 正弦信号)加法电路(在这里有三种不同输入信号可以产生 2^3 个不同组合形式),得到幅值不同、形状各异的方波和三角波信号。可利用函数信号发生器产生不同频率、不同幅值的正弦信号来模拟验证电路是否工作正常。(提示:各输入信号幅值可参照方波、三角波展开式来确定。)

⑤ 将①、②、③、④各部分电路联合调试,要求产生方波信号失真度尽量小和三角波信号线性度尽量佳。

六、注意事项

① 元器件种类较多,弄清芯片型号和引脚分布及使用方法。

② 建议分级进行调试验证,注意共地问题。

③ 集成运放 LM324 采用 ±12 V 供电,正、负电源不要接错。

④ 集成滤波器 TLC04 采用单或双电源不能超过规定电压。

七、总结要求

① 写出有源晶振和分频电路输出方波信号的设计过程,在坐标纸上画出波形。

② 测量滤波放大电路输出波形的频率和幅值,并在坐标纸上画出对应波形。

③ 调试移相电路和加法电路,测量并分析合成的方波和三角波的频率、幅值与哪些因素有关,在坐标纸上绘制其波形。

④ 写出设计、调试体会。

第 11 章　可编程逻辑器件 FPGA 实验

11.1　可编程逻辑器件概述及应用

随着计算机技术和半导体技术的发展,电子数字系统的应用非常普遍,同时数字系统本身的复杂度也在不断提高。传统的数字硬件电路设计方法要紧跟当今电子技术的发展,可编程逻辑器件(FPGA/CPLD)应用(如高性能计算、人工智能、自动驾驶、基因技术、数据库加速和视频分析,以及 5G 网络处理等)正好适合于数字逻辑电路系统设计,对电子设计自动化(EDA)提供了比较完善的解决方案。

目前用于数字硬件电路的描述设计语言有 VHDL(Very High Speed Integrated Circuit Hardware Description Language)和 Verilog HDL,使用这些工具可以仿真测试所设计的电路逻辑功能是否正确,直接完成以前需要实物电子电路特性的测量和调试,大大地减少了设计成本和缩短了设计周期。

一、可编程逻辑器件概述

可编程逻辑器件(Programmable Logic Device,PLD)是一种通用集成电路,其逻辑功能按照用户对器件编程来确定。它是从可编程只读存储器 PROM (Programmable Read Only Memory)开始逐步发展到可编程逻辑阵列 PLA (Programmable Logic Array)、可编程阵列逻辑 PAL (Programmable Array Logic)、通用阵列逻辑 GAL (Generic Array Logic)、复杂可编程逻辑器件 CPLD(Complex Programmable Logic Dvice)、现场可编程门阵列 FPGA (Field Programmable Gate Array)。下面只对 FPGA 作必要的讲述。

1. FPGA 概述

FPGA 是 Field Programmable Gate Array(现场可编程门阵列)的缩写,它是在 PAL、GAL、PLD 等可编程器件的基础上进一步发展的产物,是专用集成电路(ASIC)中集成度最高的一种。

FPGA 采用了逻辑单元阵列 LCA(Logic Cell Array)这样一个新概念,内部包括可配置逻辑模块 CLB(Configurable Logic Block)、输出/输入模块 IOB (Input Output Block)和内部连线(Interconnect)三个部分。

用户可对 FPGA 内部的逻辑模块和 I/O 模块重新配置,以实现用户的逻辑功能。它还具有静态可重复编程和动态系统重构的特性,使硬件的功能可以像软件一样通过编程来修改验证逻辑功能。

FPGA 作为专用集成电路(ASIC)领域中的一种半定制电路,既解决了定制电路的不足,又克服了原有可编程器件门电路数有限的缺点。可以认为 FPGA 能完成任何数字器件的功能,上至高性能 CPU,下至简单的 74、54 系列等集成电路。FPGA 内部由门电路和触发器以及系统时钟等阵列构成,设计者可以通过原理图输入或硬件描述语言或混合编写方式任意、自由地设计一个数字系统,对设计方案进行时序仿真和功能仿真,验证设计的正确性。在完成印刷电路板 PCB 后,还可以利用 FPGA 的在线修改能力,随时随地对功能软件进行修改设计而不必改动硬件电路。使用 FPGA 来开发数字系统电路,可以大大缩短设计时间,减少 PCB 面积,提高系统的可靠性。FPGA 工作状态由存放在片内 RAM 中的程序来控制,其工作时需要对片内的 RAM 烧写程序。用户可根据不同的配置模式,采用不同的编程方式。加电时,FPGA 将 EPROM 中的数据读入片内 RAM 中,配置完成后,FPGA 进入工作状态。掉电后,FPGA 的数据丢失,可以再次给 FPGA 烧写程序,具有反复使用功能,非常灵活,烧写次数可达 10 万次之多。FPGA 编程无需专用的 FPGA 编程器,只需 JTAG、PS 方式下载烧写程序即可。FPGA 是小批量生产,提高系统集成度、可靠性的最佳选择之一。目前 FPGA 生产厂家很多,主要有 XILINX、Altera、LATTICE、TI 等公司。

2. FPGA/CPLD 结构简介

FPGA 采用"查找表＋编程寄存器"等结构形式构成阵列。而 CPLD 采用乘积项原理,其基本结构是"与或阵列＋触发器"。下面以 Altera 公司(2015 年被 Intel 公司收购)Cyclone 系列 FPGA 为例介绍其特性。

Altera 公司 Cyclone 系列 FPGA 主要由逻辑阵列块(LAB)、嵌入式存储器块、I/O 单元和 PLL 等模块构成,在各个模块之间存在着丰富的互连线和时钟网络。

Cyclone 系列器件的可编程资源主要来自逻辑阵列块(LAB),而每个 LAB 都是由多个 LE 来构成的。LE(Logic Element)即逻辑单元,是 Cyclone 系列 FPGA 的最基本可编程单元。

Logic Elements(LE)逻辑单元包括查找表 LUT、可编程的寄存器、级联和进位扩展电路、可编程控制电路、局部和全局的内部连接总线。

查找表 LUT 用来产生组合逻辑,它能产生 4 输入变量的逻辑函数。当需要产生更多的输入变量的逻辑函数时,级联链这样的高速数据通道可以把相邻的查找表 LUT 并联起来,以实现其逻辑功能要求。

Cyclone LAB 结构如图 11 - 1 所示。

直接链路连接(Direct Link Connection)如图 11 - 2 所示。

LAB - Wide 控制信号如图 11 - 3 所示。

Cyclone LE 单元结构如图 11 - 4 所示。

LE 主要由一个 4 输入的查找表 LUT、进位链逻辑和一个可编程的寄存器构成。4 输入的查找表 LUT 可以完成所有的 4 输入、1 输出的组合逻辑功能,进位链逻辑带有进位选择,可以灵活地构成 1 位加法或减法逻辑,并可以切换。每一个 LE 的输

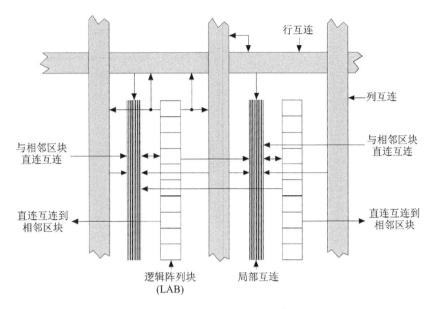

图 11 - 1 Cyclone LAB 结构

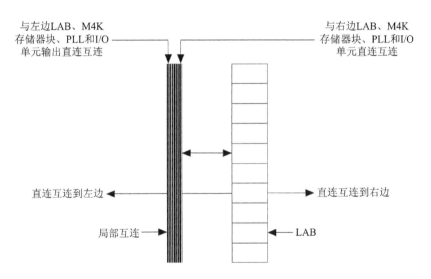

图 11 - 2 直接链路连接

出都可以连接到局部布线、行列、LUT 链、寄存器链等布线资源。LUT(Locked - Up
Table)查找表结构是利用地址和存储数据来产生逻辑函数。它的本质就像逻辑函数
的真值表,查找表的地址为输入变量,该地址存储的数据就是输出的逻辑函数。查找
表本身由一组触发器组成,触发器中存储了由给定函数确定的真值表。查找表的规
模通常都相当小,典型的为 4 个输入变量,这时真值表具有 16 种输入变量组合,对应
16 个输出逻辑函数值。每个函数值都需要 1 个触发器来存储。FPGA 采用 SRAM

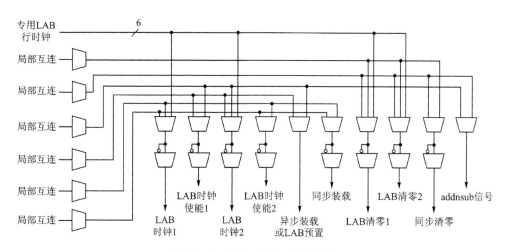

图 11 - 3　LAB - Wide 控制信号

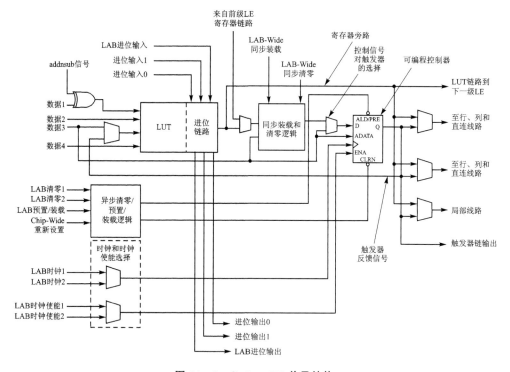

图 11 - 4　Cyclone LE 单元结构

技术实现存储模块,其特点是工作速度快,存储单元密度高。SRAM 是易失性的存储器,因此每次加电时需要向存储器加载所要求的数据,这个过程被称为可编程逻辑器件的配置。

在这里着重说明一下查找表 LUT,LUT 实质上就是 RAM,而 RAM 构造形式由地址线和数据线以及控制读/写信号组成。每个 LUT 可认为是由 4 位地址线和 1 位数据（16×1）组成的 RAM。当编程者用 VHDL 或原理图等形式来描述一个数字逻辑电路后，开发编译软件自动计算数字逻辑电路中所有可能出现的结果，并把结果预先存入 RAM 中，然后根据实际输入信号的情况进行逻辑运算，相当于输入了一个地址进行查询，找出对应的存储内容并输出。

每个 LE 中可编程寄存器可以被配置成 D 触发器、T 触发器、J－K 触发器和 SR 寄存器模式。每个可编程寄存器具有数据、异步数据装载、时钟、时钟使能、清零和异步置位/复位输入信号。LE 中的时钟、时钟使能选择逻辑可以灵活配置寄存器的时钟以及时钟使能信号。

在一些只需要组合电路的应用中，可将该触发器旁路，LUT 的输出可作为 LE 的输出，实现组合逻辑功能。触发器的控制信号（时钟、清零和置位信号）可由所选择的信号来驱动，这些信号可以是全局输入信号，通过普通输入/输出引脚输入的信号或者器件内部产生的信号。每个逻辑单元能产生 2 个输出，它们分别驱动芯片上局部（LAB）互连和全局（快速通道）互连。

进位链是一种高速数据通道，利用它可以在逻辑单元之间实现进位功能。快速进位功能有利于计数器、加法器、比较器的实现，否则会使系统执行时间变得相当长。

LE 有 3 个输出驱动内部互连，一个驱动局部互连，另两个驱动行或列的互连资源，LUT 和寄存器的输出可以单独控制。可以实现在一个 LE 中，LUT 驱动一个输出，而寄存器驱动另一个输出。因而在一个 LE 中的触发器和 LUT 能够用来完成不相关的功能，因此能够提高 LE 资源的利用率。除前述的 3 个输出外，在一个逻辑阵列块中的 LE，还可以通过 LUT 链和寄存器链进行互连。在同一个 LAB 中的 LE 通过 LUT 链级联在一起，可以实现多输入（输入多于 4 个）的逻辑功能。在同一个 LAB 中的 LE 里的寄存器可以通过寄存器链级联在一起，构成一个移位寄存器，那些 LE 中的 LUT 资源可以单独实现组合逻辑功能。

LE 正常工作模式如图 11－5 所示。

LE 动态算术模式如图 11－6 所示。

进位选择链如图 11－7 所示。

二、可编程逻辑器件应用

1. 可编程逻辑器件应用实质

基于可编程逻辑器件的优点，设计一个数字系统可以用以下模型结构框图来描述，如图 11－8 所示。

用可编程逻辑器件实现某一数字系统功能目标任务，其一般步骤主要有：

① 要透彻分析系统顶层事件或底层事件，抓住主干，逐一剖析到各个子事件。

② 关心其系统的输入信号变量、输入约束信号变量、输出信号变量、电源工作电压等信息。

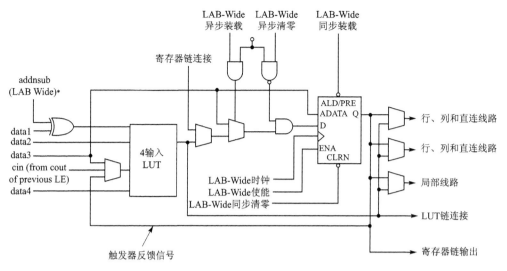

* 如果LE在加法/减法链路运算结束后,则该信号处于正常模式下是有效的。

图 11-5　LE 正常工作模式

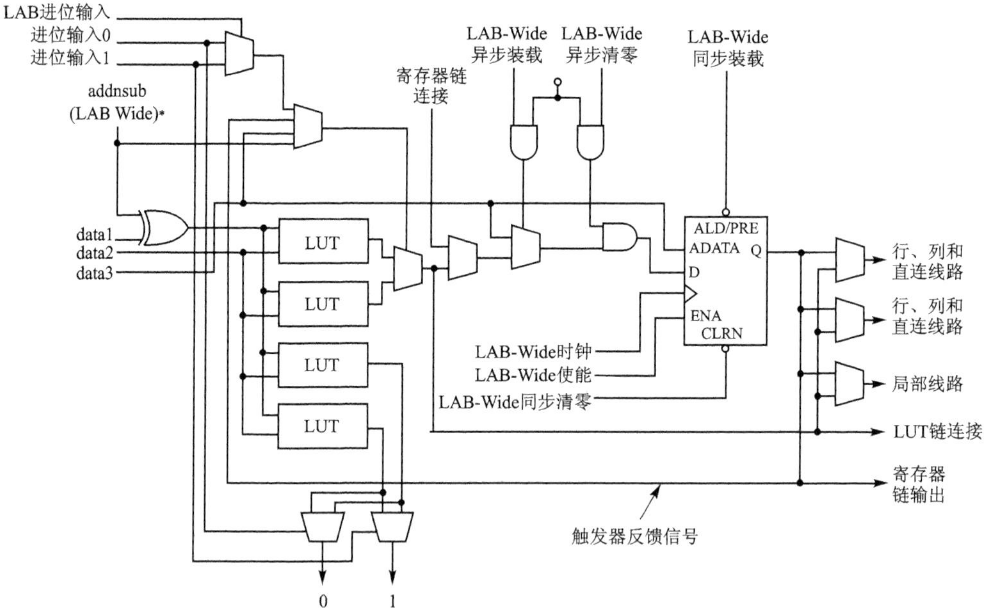

* addnsub信号只能出现在进位链第一个LE进位输入上。

图 11-6　LE 动态算术模式

③ 确定数字系统具体的输入、输出信号变量并选用相应的硬件描述语言把数字电路系统所完成的目标任务内容编写成其语言代码,用开发软件编译、仿真、综合等过程直至生成所要的下载编程文件,并烧写到所选用的可编程逻辑器件目标型号里。

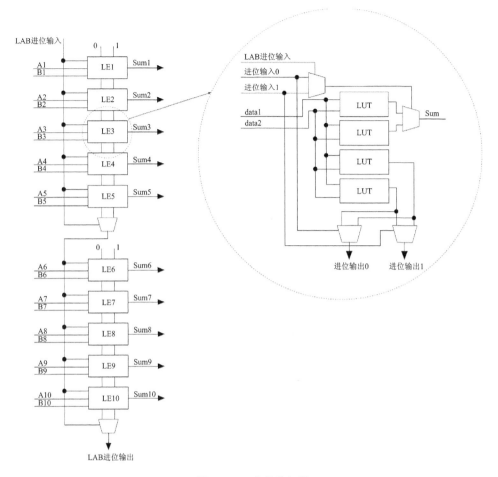

图 11 - 7 进位选择链

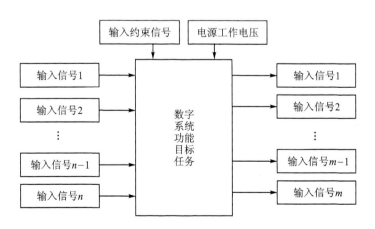

图 11 - 8 模型结构框图

④ 搭接相应的外围接口电路操作验证实验结果是否满足目标任务所规定的内容,否则需继续分析、修改代码、编译、仿真、综合等过程,直到实现某一数字系统目标任务为止。

2. 可编程逻辑器件设计流程

(1) 设计阶段的规划

先进行 Top - Down Design 顶层设计,然后进行 Bottom - Up Design 元素设计。

(2) 描述设计流程

设计输入和语言描述→Compile 编译→Synthesis 综合→ Place & Route 布局或布线→Timing Simulation 时序仿真或 Function Simulation 功能仿真→ Configuration 配置和引脚绑定→再 Compile 编译生成下载文件→Download 下载烧写→Experiment 平台验证实验结果。针对不同可编程逻辑器件选择自己的设计流程模式。设计流程图如图 11 - 9 所示。

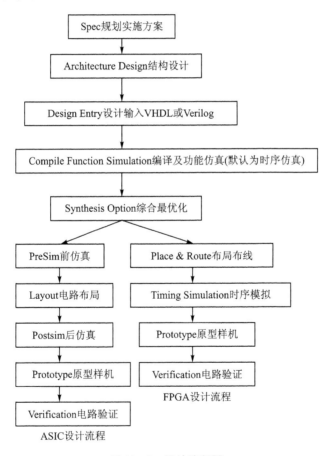

图 11 - 9 设计流程图

（3）可编程逻辑器件数字系统的开发过程

可编程逻辑器件数字系统的开发过程包括规划分析、设计输入方式选择（包括文本、图形等几种形式）、编译、仿真（包括时序和功能仿真）、输入/输出信号绑定所选目标器件引脚、再编译生成编程文件下载到所选的目标器件里、实验验证等步骤。

数字系统电路设计包括组合逻辑（Combinational Logic）、时序逻辑（Sequential Logic）、触发器（Flip‐Flop）、状态机（State Machine）、SoPC（System on a Programmable Chip）等模式。另外，用可编程逻辑器件来设计数字电路系统要考虑的因素如下：

① 传输延迟：任何输入信号在通过逻辑电路后其输出信号不可能完全同步，所以会产生延迟。

② 门延迟（Gate Delay）和线延迟（Interconnect Delay）：门与门间的延迟。

③ 输入偏斜和输出偏斜时间（Output Skew Time）：高电平到低电平或低电平到高电平等。

④ 建立时间（Setup Time）和保持时间（Hold Time）。

⑤ 脉冲宽度。

⑥ 输出延迟时间：输入信号通过时序电路，当触发信号触发时，输出信号会经过一段时间才会生效，这段时间称为输出延迟时间。

⑦ 工作电源。

⑧ 工作频率。

⑨ 关键路径分析。

⑩ 功率损耗的问题。

⑪ 扇入和扇出。

3. 硬件描述语言种类

目前有 VHDL 和 Verilog HDL 两种硬件描述语言，都是用于数字电子系统设计，而且都已经是 IEEE 标准，VHDL 1987 年成为标准，而 Verilog 是 1995 年才成为标准的。两者有其共同的特点：

① 能形式化地抽象表示电路的行为和结构。

② 支持逻辑设计中层次与范围的描述。

③ 可借用高级语言的精巧结构来简化电路行为和结构，具有电路仿真与验证机制，以保证设计的正确性。

④ 支持电路描述由高层到低层的综合转换。

⑤ 硬件描述和实现工艺无关。

⑥ 便于文档管理。

⑦ 易于理解和设计重用。

4. 可编程逻辑器件下载方式选择

现阶段可编程逻辑器件可分为复杂可编程逻辑器件和现场可编程逻辑器件两

种,也可以把它们归类到 SoPC(System on a Progremmable Chip,可编程片上系统)中。前者采用 EEPROM 存储器存储被下载的文件,这是一种非易失存储器,一旦完成设计文件的下载,即使系统断电也不会丢失数据。后者若采用 JTAG(Joint Test Action Group,联合测试工作组)方式 SRAM 存储器存储被下载的文件,则是一种易失性存储器,每次应用系统都要向可编程逻辑器件重新下载文件;后者若采用 PS(Passive Serial 被动串行加载方式)方式 EEPROM 存储器存储被下载的文件,则是一种非易失存储器,一旦完成设计文件的下载,即使系统断电也不会丢失数据,FPGA 上电工作时,EEPROM 程序自动配置到 FPGA 的 SRAM 存储器中。

11.2 VHDL 与 Verilog HDL 程序设计基本结构

一、VHDL 程序设计基本结构

使用 VHDL 设计一个功能模块的框架主要由实体(entity)、结构体(architecture)、子程序(function procedure)、集合包(package)和库(library)组成。VHDL 程序设计基本结构如图 11 - 10 所示。

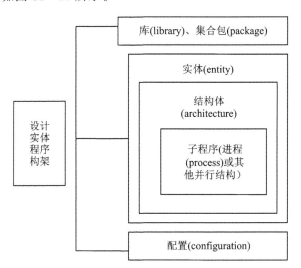

图 11 - 10   VHDL 程序设计基本结构图

由图 11 - 10 可见,一个 VHDL 程序设计基本由 4 部分组成,编译之后将它们放在对应的库中共享。其中,实体用于描述数字电路系统设计的接口端对外信号,它指定端口数量、方向和类型。它与数字硬件系统电路设计中的框图符号相对应。而结构体则指定了数字电路系统设计的真实任务、性能和结构,与硬件电路设计中的原理图和软件算法处理等功能相对应。子程序是可被调用的执行某一特定功能算法的集合。集合包则是为了使常用的数据类型、常数和子程序对于其他设计块可用而集中放置的批量设计单元和约定。

现对 VHDL 编程结构中各个组成单元进行介绍。

1. 实体（entity）

实体声明主要是描述数字电路系统的输入/输出端口。它定义了一个设计模块的输入和输出端口，即模块对外的特性。也就是说，实体声明给出了设计模块与外部的接口，如果是顶层模块，就给出芯片的引脚定义。一个数字电路系统设计可以包括多个实体，处于最高层的实体模块称为顶层模块，而处于底层的各个实体都将作为一个个组件，例化到高一层的实体中去。

实体（entity）声明语法格式：

entity 实体名称 is
　　generic（类属声明）；
　　port（端口声明）；
end 实体名称；

port 端口声明确定了输入和输出端口的数量、类型和方向。

port（
　　端口名称：端口方向　端口类型；
　　…
　　）；

其端口声明模式有 4 种类型，如下：

① in 输入型，该端口为只读型。在实体模型中，输入端口的值只能被读入，但是不能被赋值。

② out 输出型，该端口只能在实体内部对其赋值。在实体模型中，输出端口的值不能被读但只能被赋值。

③ inout 输入/输出型，既可读也可赋值。可读的值是该端口的输入值，而不是内部赋值给端口的值。在实体模型中，inout 端口为双向端口，既可作输入也可作输出，其值能够被读，也能被赋值。

④ buffer 缓冲型，与 out 相似但可读。读的值即内部赋的值。它只能有一个驱动源。若模式声明成 buffer，则它既可作输入端口也可作输出端口，其中的值能够被读也能够被更新，好像与 inout 模式相似，但是不同的是 buffer 只能够有一个来源。

端口类型是预先定义好的数据类型。"--"为注释符，表示其后面的内容为注释。

类属声明是实体说明组织中的可选项，放在端口说明之前。类属必须在实体声明区域中声明，主要是用来定义元件的参数。类属与常数不同，常数只能从设计实体的内部得到赋值，且一旦赋值就不能再改变，而类属的值可以由设计实体外部提供。类属声明用来确定实体或组件中定义的局部常数。模块化设计时多用于不同层次模块之间信息的传递。

类属声明的语法格式如下：

```
generic(
    常数名称：类型:＝值；
    …
    );
```

例如：

```
generic(trise,tfall：time:＝1ns；
    datawidth：integer:＝16
    );
port(a0,b0：in   std_logic；
    add_out：out s   td_logic_vector(addwidth－1 downto 0)
    );
```

【实例 11－1】 定义实体 scan0 电路框图如图 11－11 所示，实体 scan0 定义如下：

```
library ieee;
use ieee.std_logic_1164.all;
use ieee.std_logic_unsigned.all;               --库声明
entity scan0 is
    port(clk：in   std_logic；                  --clk 为输入信号
        a：in   std_logic_vector(15 downto 0)；
        aa：in   std_logic_vector(3 downto 0)；
        ctr：out   std_logic_vector( 0 to 2)；    --ctr 为输出信号,其顺序为 ctr0、ctr1、ctr2
        q：out   std_logic_vector(3 downto 0))； --q 为输出信号,其顺序为 q3、q2、q1、q0
    end scan0;
```

2. 结构体(architecture)

实体只描述了模块对外的特性,而未给出模块具体实现的目标任务。模块具体实现的目标任务或内容描述由结构体(architecture)来完成。它具体指出了基本设计单元的任务、元件及内部连接的关系,即定义了该设计实体的功能,指定了该设计实体的数据流程和实体中内部元件的连接关系。

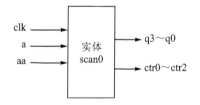

图 11－11   定义实体 scan0 电路框图

结构体对其基本设计单元的输入和输出关系可以用三种方式进行描述,即任务描述 behavior(基本设计单元的数学模型描述)、寄存器传输描述 dataflow(数据流描述)和结构描述 structural(逻辑元件连接描述)。不同的描述方式连接语句不同,而构造体结构是完全一样的。

结构体是对实体功能的具体描述,所以它一定在实体的后面,先编译实体之后才能对构造体进行编译。每个实体可以有多个结构体,每个结构体对应着实体的不同结构和算法实现方案,其间的各个结构体的地位是同等的,完整地实现结构体的行为。但同一结构体不能为不同的实体共有。具有多个结构体的实体,利用 configuration 配置语句制定用于综合的结构体和用于仿真的结构体。

在实际电路中,如果实体代表一个器件的符号,则结构体描述了这个符号的内部功能。

结构体的语法格式如下:

architecture　结构体名称　of　实体名称 is
　　　　块声明语句或定义语句;
　　　begin
　　　　　　并行处理语句或功能描述语句;
　　　end 结构体名称;

块声明语句或定义语句必须放在关键词 architecture 和 begin 之间,用于对结构体内部将要使用的信号、常数、数据类型、元件、函数和过程等加以说明。

注意:这些定义是在结构体内部,而不是在实体内部。实体中定义的信号为外部信号,而结构体定义的信号为内部信号,它只能用于该结构体中。如果希望这些定义能用于其他的实体或结构体中,需要将其在程序包中进行处理。

结构体中的信号定义(signal or variable)和端口定义一样,应有信号名称和数据类型。由于它是结构体内部连接用的信号,是临时变量,因此不需要方向说明。

功能描述语句位于 begin 和 end 之间,具体地描述了构造体的行为及其连接关系,由 5 种不同类型的并行语句组成。

① 块语句(block)。由一系列并行语句构成的组合体,它的功能是将结构体中的并行语句组成一个或多个子模块。

② 进程语句(process)。定义顺序语句模块,用于将外部获得的信号值或内部运算数据向其他的信号进行赋值。

③ 信号赋值语句。将设计实体内的处理结果向定义的信号或对外端口进行赋值。

④ 子程序调用。可以调用进程或函数,并将获得的结果赋值于信号。

⑤ 元件例化语句。对其他的设计实体做元件调用说明,并将此元件的端口与其他的元件、信号或高层实体的对外端口进行连接。

【实例 11 - 2】　结构体 scan 功能描述。

```
architecture scan of scan0 is
    begin
```

```
process(clk)
    variable count:std_logic_vector(0 to 2);
        begin
            if(clk'event and clk = '1')then
                if(count = "101")then
                    count: = (others => '0');
                    ctr <= count;
                else count: = count + 1;
                    ctr <= count;
                end if;
            case count is
                when "001" => q <= a(15 downto12);
                when "010" => q <= a(11 downto 8);
                when "011" => q <= a(7 downto 4);
                when "100" => q <= a(3 downto 0);
                when "101" => q <= aa;
                when others => q <= (others => '0');
            end case;
            end if;
        end process;
    end scan;
```

实例 11 - 2 结构体 scan 功能描述电路框图如图 11 - 12 所示。

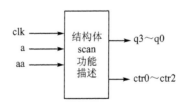

图 11 - 12   结构体 scan 功能描述电路框图

3. 子程序(function procedure)

子程序是可被调用的执行某一特定功能算法的集合。其有过程(procedure)和函数(function) 两种类型。包括过程(或函数)名和过程(或函数)体两部分。"名"定义过程(或函数)接口,"体"描述具体算法。

函数的语言表达格式如下:

FUNCTION 函数名(参数表)   RETURN   数据类型   ─函数名

FUNCTION 函数名(参数表)   REURN   数据类型 IS   ─函数体

　　说明部分

　　BEGIN

顺序语句；

END FUNCTION 函数名；

一般地,函数定义应由两部分组成,即函数名和函数体,在进程或结构体中不必定义函数名,而在程序包中必须定义函数名。

过程的语言表达格式如下：

PROCEDURE　过程名(参数表)　--定义过程名

PROCEDURE　过程名(参数表)IS

　　过程说明部分；

　　BEGIN

　　顺序语句；

　　END　PROCEDURE 过程名；--定义过程体

子程序与进程(process)的区别：进程可以从本结构体的其他模块或进程结构体中直接读取信号或者向信号赋值,而子程序不行。子程序的特点如下：

① 一般在程序包中调用,这样可以在几个不同的设计中调用(可在结构体、进程及程序包中调用)。

② 可重载,几个同名,但返回值类型不同。

③ 过程可返回多个值,而函数只能返回一个值。

④ 函数所有参数为输入参数；过程有输入参数、输出参数,还有双向参数。

4. 集合包(package)

集合包是为了使常用的数据类型、常数和子程序等对于其他设计实体可用而集中放置以方便访问和共享。其格式如下：

PACKAGE 程序包名 IS　　　　　--定义程序包名

　　程序包名说明部分

END 程序包名；

PACKAGE　BODY 程序包名 IS　　--定义程序包体

　　程序包体说明部分以及包体内容

END 程序包名；

【实例 11 - 3】 4 输入与非门过程函数定义与调用。

```
library ieee;
use ieee.std_logic_1164.all;
    package exp is   --过程名定义
        procedure nand4(signal a,b,c,d:in std_logic;
                    signal y:out std_logic);
    end exp;
```

```
package body exp is   --过程体定义
    procedure nand4(signal a,b,c,d:in std_logic;
                signal y:out std_logic) is
        begin
            y <= not(a and b and c and d);
        return;
        end nand4;
    end exp;
library ieee;   --主程序
use ieee.std_logic_1164.all;
use work.exp.all;
    entity ex is --
        port(e,f,g,h:in std_logic;--in bit;
            x :out std_logic);
    end entity ex;
architecture bhv of ex is
    begin
        nand4(e,f,g,h,x);--并行调用过程
end  architecture bhv;
```

5. 库(library)

其作用是用于存放定义好的数据单元、子程序等设计单元的集合。

(1) 库的语句格式

LIBRARY 库名;

USE 库名.包集合名.范围(或项目名);

如 LIBRARY IEEE;--表示打开 IEEE 库,设计的实体可以利用其中的软件包。

(2) 库的种类

IEEE 库　　　-- VHDL 设计中最为常见的库。

STD 库　　　--直接使用,无需调用。

WORK 库　　--用于存放设计者描述的 VHDL 语句。现行工作库,需要为此设置目录。

VITAL 库　　--仿真器使用,用于 VHDL 门级时序模拟精度。

用户自定义库 --将自己使用的包集合和实体等汇集在一起,定义成的一个库。

在上述的几种库中,除了 STD 库和 WORK 库外,其他库均属于资源库,使用的时候都需要进行说明。

（3）库的调用实例

LIBRARY IEEE;

USE IEEE. STD_LOGIC_1164. ALL;

USE IEEE. STD_LOGIC_UNSIGNED;

6. 配置（congifuration）

其功能是把特定的结构体关联到一个确定的实体，是为较大的系统设计提供管理和工程组织服务的。在仿真一个实体时可以利用配置进行不同结构体的对比实验。其语法格式如下：

CONFIGURATION 配置名　OF　实体名　IS

　　FOR 选配结构体名

　　END FOR;

END 配置名;

二、Verilog HDL 程序设计基本结构

一个复杂电路系统的完整 Verilog HDL 模型是由若干个 Verilog HDL 模块构成的，每一个模块又可以由若干子模块构成。其中有些模块需要综合成具体电路，而有些模块只是与用户所设计的模块交互的现存电路或激励信号源。利用 Verilog HDL 语言结构所提供的这种功能就可以构造一个模块间的清晰层次结构来描述极其复杂的大型设计，并对所作设计的逻辑电路进行严格的验证。

Verilog HDL 行为描述语言作为一种结构化和过程性的语言，其语法结构非常适合于算法级和 RTL 级的模型设计。这种行为描述语言具有以下功能：

① 可描述顺序执行或并行执行的程序结构；

② 用延迟表达式或事件表达式来明确控制过程的启动时间；

③ 通过命名的事件来触发其他过程里的激活行为或停止行为；

④ 提供了条件、if - else、case、循环程序结构；

⑤ 提供了可带参数且非零延续时间的任务（Task）程序结构；

⑥ 提供了可定义新的操作符的函数结构（Function）；

⑦ 提供了用于建立表达式的算术运算符、逻辑运算符、位运算符；

⑧ Verilog HDL 作为一种结构化的语言也非常适合于门级和开关级的模型设计。

1. 模块（module）

模块（module）是 Verilog 的基本描述单位，用于描述某个设计的功能或结构及与其他模块通信的外部端口。模块在概念上可等同一个器件，如通用器件（与门、三态门等）或通用宏单元（计数器、ALU、CPU）等，因此，一个模块可在另一个模块中调用。一个电路设计可由多个模块组合而成，因此一个模块的设计只是一个系统设计

中的某个层次设计。

一个模块的基本语法如下：

module module_name（port_list）；

    //Declarations(说明)

        reg，wire，parameter，

        input，output，inout

    //Statements(语句)

        Initial statement

        Always statement

        Gate instantiation

        UDP instantiation

    endmodule

说明部分用于定义不同的项，例如模块描述中使用的寄存器和参数、语句定义设计的功能和结构，但是变量、寄存器、线网和参数等的说明部分必须在使用前声明。为了使模块描述清晰和具有良好的可读性，最好将所有的说明部分放在语句前。

【实例 11 - 4】 一位半加器电路模块。

```
module HalfAdder(A,B,Sum,Carry);
    input    A,B;
    output   Sum,Carry;
    assign   Sum = A^B;
    assign   Carry = A&B;
endmodule
```

模块的名字是 HalfAdder。模块有 4 个端口：输入端口 A 和 B，输出端 Sum 和 Carry。由于没有定义端口的位宽，所以默认为 1 位。同时，由于没有各端口的数据类型说明，所以这 4 个端口都是线网数据类型。

模块包含两条描述半加器数据流行为的连续赋值语句。从这个意义上讲，这些语句在模块中出现的顺序无关紧要，这些语句是并发的。每条语句的执行顺序依赖于发生在变量 A 和 B 上的事件。

模块(module)的结构总结如下：

① 模块内容是嵌在 module 和 endmodule 两个语句之间的。每个模块实现特定的功能，模块可进行层次的嵌套，因此可以将大型的数字电路设计分割成大小不一的小模块来实现特定的功能，最后通过由顶层模块调用子模块来实现整体功能，这就是 Top - Down 的设计思想。

② 模块包括接口描述部分和逻辑功能描述部分。这可以把模块与器件相类比。例如："module addr（a，b，cin，count，sum）；"，其中 module 是模块的保留字，addr 是

模块的名字,相当于器件名。"( )"内是该模块的端口声明,定义了该模块的引脚名,是该模块与其他模块通信的外部端口,相当于器件的 pin(引脚)。接口描述部分如:"input [2:0] a; input [2:0] b; input cin; output count;",其中的 input、output、inout 是保留字,定义了引脚信号的流向,[n:0]表示该信号的位宽。

逻辑功能描述部分如下:

```
assign d_out = d_en ? din :'bz;
addr u_addr (a,b,cin,count,sum);
```

功能描述用来产生各种逻辑,还可用来实例化一个器件,该器件可以是厂家的器件库,也可以是自己用 HDL 设计的模块(相当于在原理图输入时调用一个库元件)。在逻辑功能描述中,主要用到 assign 和 always 两个语句。

③ 对每个模块都要进行端口定义,并说明输入、输出口,然后对模块的功能进行逻辑描述,当然,对测试模块,可以没有输入/输出口。

④ Verilog HDL 的书写格式自由,一行可以写几个语句,也可以一个语句分几行写。具体由代码书写规范约束。

⑤ 除 endmodule 语句外,每个语句后面都需要有分号表示该语句结束。

2. 建模方式

在数字电路设计中,数字电路可简单归纳为两种要素:线和器件。线是器件引脚之间的物理连线;器件也可简单归纳为组合逻辑器件(如与或非门等)和时序逻辑器件(如寄存器、锁存器、RAM 等)。一个数字系统(硬件)就是多个器件通过一定的连线关系组合在一块的。因此,Verilog HDL 的建模实际上就是如何使用 HDL 对数字电路的两种基本要素的特性及相互之间的关系进行描述的过程。

在 HDL 的建模中,主要有结构化描述方式、数据流描述方式和行为描述方式。

(1) 结构化描述方式

结构化的建模方式就是通过对电路结构的描述来建模,即通过对器件的调用(HDL 概念称为例化),并使用线网来连接各器件的描述方式。这里的器件包括 Verilog HDL 的内置门如与门(and)、异或门(xor)等,也可以是用户的一个设计。结构化的描述方式反映了一个设计的层次结构。

【实例 11 - 5】　一位全加器。

```
module FA_struct (A,B,Cin,Sum,Count);
        input A;  input B;  input Cin;
        output Sum;
        output Count;
        wire S1,T1,T2,T3;
    // – 语句– //
        xor x1 (S1,A,B);
        xor x2 (Sum,S1,Cin);
```

```
        and A1 (T3,A,B);
        and A2 (T2,B,Cin);
        and A3 (T1,A,Cin);
        or O1 (Cout,T1,T2,T3);
    endmodule
```

该实例显示了一个全加器由两个异或门、三个与门、一个或门构成。S1、T1、T2、T3 是门与门之间的连线。代码显示了用纯结构的建模方式,其中 xor、and、or 是 Verilog HDL 内置的门器件。以"xor x1 (S1,A,B)"例化语句为例:

xor 表明调用一个内置的异或门,器件名称 xor,代码实例化名 x1。

括号内的"S1,A,B"表明该器件引脚的实际连接线(信号)的名称,其中 A、B 是输入,S1 是输出。其他同。

(2)数据流描述方式

数据流的建模方式就是通过对数据流在设计中的具体行为的描述来建模的。最基本的机制就是用连续赋值语句。在连续赋值语句中,某个值被赋给某个线网变量(信号),语法如下:

assign   net_name＝expression;如:assign   A＝B;

在数据流描述方式中,还必须借助于 HDL 提供的一些运算符,如按位逻辑运算符:逻辑与(&)、逻辑或(|)等。

【实例 11－6】   一位全加器。

```
module FA_flow(A,B,Cin,Sum,Count)
    input A,B,Cin;
    output Sum,Count;
    wire S1,T1,T2,T3;
    assign   S1 = A ^ B;
    assign   Sum = S1 ^ Cin;
    assign   T3 = A & B;
    assign   T1 = A & Cin;
    assign   T2 = B & Cin ;
endmodule
```

注意:在各 assign 语句之间,是并行执行的,即各语句的执行与语句之间的顺序无关。如上,当 A 有变化时,S1、T3、T1 将同时变化,S1 的变化又会造成 Sum 的变化。

(3)行为描述方式

行为方式的建模是指采用对信号行为级的描述(不是结构级的描述)的方法来建模。在表示方面,类似数据流的建模方式,但一般是把用 initial 块语句或 always 块语句描述的归为行为建模方式。行为建模方式通常需要借助一些行为级的运算符如加法运算符(＋),减法运算符(一)等。

【实例 11 - 7】　一位全加器。

```
module FA_behav1(A,B,Cin,Sum,Cout);
    input A,B,Cin;
    output Sum,Cout;
    reg Sum,Cout;
    always@ ( A or B or Cin)
        begin
            {Count,Sum} = A + B + Cin ;
        end
endmodule
```

采用更加高级(更趋于行为级)描述方式,即直接采用"＋"来描述加法。

(4) 混合描述方式

在模块中,结构、数据流和行为描述方式可以自由混合。也就是说,在模块描述中可以包含实例化的门、模块实例化语句、连续赋值语句以及 always 语句和 initial 语句的混合。它们之间可以相互包含。来自 always 语句和 initial 语句(切记只有寄存器类型数据可以在这两种语句中赋值)的值能够驱动门或开关,而来自于门或连续赋值语句(只能驱动线网)的值能够反过来用于触发 always 语句和 initial 语句。

【实例 11 - 8】　一位全加器。

```
module   FA_Mix(A,B,Cin,Sum,Cout);
    input     A,B,Cin;
    output    Sum,Cout;
    reg       Cout;
    reg       T1,T2,T3;
    wire      S1;
    xor       X1(S1,A,B); // 门实例语句。
    always@(A or B or Cin) // always 语句。
        begin
            T1 = A & Cin;
            T2 = B & Cin;
            T3 = A & B;
            Cout = (T1|T2)|T3;
        end
    assign    Sum = S1^Cin; // 连续赋值语句。
endmodule
```

只要 A 或 B 上有事件发生,门实例语句即被执行。只要 A、B 或 Cin 上有事件发生,就执行 always 语句,并且只要 S1 或 Cin 上有事件发生,就执行连续赋值语句。

3. 设计模拟

Verilog HDL 不仅提供描述设计的能力,而且提供对激励、控制、存储响应和设计验证的建模能力。激励和控制可用初始化语句产生。验证运行过程中的响应可以作为"变化时保存"或作为选通的数据存储。最后,设计验证可以通过在初始化语句中写入相应的语句自动与期望的响应值比较完成。

【实例 11 - 9】 设计测试模块,测试 FA_Seq 模块。

```
'timescale   1ns/1ns
module     Top;//一个模块可以有一个空的端口列表。
    reg   PA,PB,PCi;
    wire PCo,PSum;
    //正在测试的实例化模块:
    FA_Seq F1(PA,PB,PCi,PSum,PCo);
    initial
        begin:ONLY_ONCE
            reg[3:0] Pal;
            //需要 4 位,Pal 才能取值 8。
                for(Pal = 0; Pal<8; Pal = Pal + 1)
                    begin
                        {PA,PB,PCi} = Pal;
                        #5 $display("PA,PB,PCi = %b%b%"b,PA,PB,PCi,
                        ":::PCo,PSum = %b%b",PCo,PSum);
                    end
        end
endmodule
```

在测试模块描述中使用位置关联方式将模块实例语句中的信号与模块中的端口相连接。也就是说,PA 连接到模块 FA_Seq 的端口 A,PB 连接到模块 FA_Seq 的端口 B,以此类推。**注意**:初始化语句中使用了一个 for 循环语句,在 PA、PB 和 PCi 上产生波形。for 循环中的第一条赋值语句用于表示合并的目标,自右向左,右端各相应的位赋给左端的参数。初始化语句还包含有一个预先定义好的系统任务。系统任务 $display 将输入以特定的格式打印输出。

系统任务 $display 调用中的时延控制规定 $display 任务在 5 个时间单位后执行。这 5 个时间单位基本上代表了逻辑处理时间,即输入向量的加载至观察到模块在测试条件下输出之间的延迟时间。

在这一模型中还有另外一个细微差别。Pal 在初始化语句内被局部定义。为完成这一功能,初始化语句中的顺序过程(begin-end)必须标记。在这种情况下,ONLY_ONCE 是顺序过程标记。如果在顺序过程内没有局部声明的变量,就不需要该标记。测试模块产生的波形如图 11 - 13 所示。下面是测试模块产生的输出。

PA,PB,PCi = 000 ::: PCo,PSum = 00

PA,PB,PCi = 001 ::: PCo,PSum = 01

PA,PB,PCi = 010 ::: PCo,PSum = 01

PA,PB,PCi = 011 ::: PCo,PSum = 10

PA,PB,PCi = 100 ::: PCo,PSum = 01

PA,PB,PCi = 101 ::: PCo,PSum = 10

PA,PB,PCi = 110 ::: PCo,PSum = 10

PA,PB,PCi = 111 ::: PCo,PSum = 11

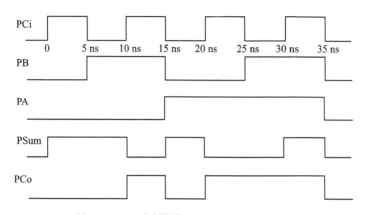

图 11 - 13 测试模块 TOP 执行产生的波形

11.3 VHDL 与 Verilog HDL 语法简介

一、VHDL 基本语法

1. 数据类型

（1）标准数据类型

① Integer（整型），取值范围：$-(2^{31}-1) \sim (2^{31}-1)$；

② Bit（位），只取 0 或 1，描述信号取值；

③ Boolean（布尔量），取值 TRUE 和 FALSE，常用来表示关系运算和关系运算结果；

④ Character（字符），ASCII 码的 128 个字符，书写时用单引号，区分大小写，如'a'和'A'等；

⑤ String（字符串），双引号括起来的一串字符，如"abcd"。

（2）标准逻辑类型

① 标准逻辑位类型 STD_LOGIC。

在使用 STD_LOGIC 类型时，直接定义 BIT 就可以。如：

"a: in   STD_LOGIC;"或"signal a: STD_LOGIC;",取值范围为

'U'——初始值　　　　'X'——不定态　　　　'0'——强制0

'1'——强制1　　　　'Z'——高阻态　　　　'W'——弱信号不定态

'L'——弱信号0　　　　'H'——弱信号1　　　　'_'——不可能情况(可忽略值)

注意: 有些取值是不可综合的。

② 标准逻辑矢量类型 STD_LOGIC_VECTOR。

在使用 STD_LOGIC_VECTOR 类型时,必须注明位宽。如:

"a: in STD_LOGIC_VECTOR(7 down to 0);"或"signal a: STD_LOGIC_VECTOR(0 to7);"。

注意: 矢量位赋值时必须加双引号,如"01"。

(3) 用户自定义数据类型

① 枚举(Enumerated)。

如: "TYPE   STD_LOGIC   IS   ('U','X','0','1','Z','W','L','H','_');"。

② 数组(ARRAY)。

TYPE 数据类型名 IS   ARRAY(范围)   OF   元素类型名;

③ 子类型(SYBTYPE) 用来定义含有限制条件的数据类型。

SYBTYPE 类型名   IS   数据类型名【约束范围】

2. 运算符

(1) 逻辑运算符

逻辑运算符用于实现逻辑运算操作,如表 11-1 所列。逻辑表达式如: "A XOR   B;"。

(2) 关系运算符

关系运算符用于实现比较运算操作,如表 11-2 所列。关系表达式如: "A>B;"。

表 11-1　逻辑运算符

运算符	说　明
NOT	非
OR	或
AND	与
NOR	或非
NAND	与非
XOR	异或

表 11-2　关系运算符

运算符	说　明
=	等于
/=	不等于
<	小于
<=	小于或等于
>	大于
>=	大于或等于

（3）算术运算符

算术运算符用于实现算术运算操作,如表 11-3 所列。逻辑表达式如:"A+B;"。

表 11-3 算术运算符

运算符	说　明	运算符	说　明
+	加	SRL	逻辑右移
/	除	ABS	取绝对值
SLL	逻辑左移	*	乘
ROR	逻辑循环右移	REM	取余
—	减	SLA	算术左移
MOD	求模		

（4）其他运算符

其他运算符如表 11-4 所列。

表 11-4 其他运算符

运算符	说　明
<=	信号赋值
:=	变量赋值
—	负
+	正
&	并置运算符,用于位的连接
=>	并联运算符,在元件例化时可用于形参与实参的映射

运算符在操作时需特别注意:

①"&":并置操作符。前后的数组长度应该一致。例如:"abc<='1'&'0'&'1';",其结果是"101"。

②"**":乘方。左边可以是整数或浮点数但右边一定是整数。

③操作符能够产生逻辑电路,但就效率而言使用常数或简单的一位数据类型能够产生较为紧凑的电路。

3. 赋值语句

①变量赋值语句,格式为"变量:=表达式;",在 VHDL 中进程语句可以声明变量,若要对变量赋值,则需使用变量赋值语句。变量赋值使用的符号为":="。如

variable 变量名:数据类型;

变量名:=表达式;

其表达式可为常数,也可为运算后的结果。

②信号赋值语句,格式为"信号名<=表达式;",在 VHDL 中信号赋值语句可

以在进程之外,若在进程之外,则作为并发性语句;若信号赋值语句在进程之内,则为顺序性语句。如果信号要赋值时,则需使用信号赋值语句,在进程中若有信号赋值时,则只有在进程整个执行完毕之后,信号才可以被更新。信号赋值使用的符号为"<="。如

 signal 信号名:数据类型;

   信号名<=表达式;

③ 赋值语句归纳说明如表 11 - 5 所列。

表 11 - 5　赋值语句说明

项　目	信　号	变　量
赋值方式	<=	:=
功能	电路单元间的互联	电路单元内部的操作
有效范围	整个系统,所有进程有效	所定义的进程内有效
响应	每个进程结束后更新数据	立即更新数值

4. if 语句

if 条件语句,在 VHDL 中为顺序性描述,只能在进程或是子程序内部使用,用来描述电路的行为。

if 语句是根据所指定的条件来判断执行哪些语句,其格式有三种:

第一种 if 语句选择控制,其格式如下:

if 条件表达式 then

  顺序处理语句;

end if ;

第二种 if 语句选择控制,其格式如下:

if 条件表达式 then

  顺序处理语句;

else

  顺序处理语句;

end if ;

第三种 if 语句选择控制,if 语句的多选择控制又称 if 语句的嵌套,其格式如下:

if 条件表达式 then

  顺序处理语句;

elsif 条件表达式 then

  顺序处理语句;

......

else

　　顺序处理语句；

end if ；

【实例 11 - 10】　if 语句在结构体中的应用。

```
if(clk'event and clk = '1')then          --判别系统时钟是否为上升沿
    if(count = "101")then                --判别 count 矢量是否等于"101"3 位二进制数
        count: = (others => '0');
        ctr <= count;
    else count: = count + 1;             --count 加 1
        ctr <= count;                    --count 赋值给 ctr 输出
    end if;
end if;
```

5．case 语句

case 语句常用来描写总线行为、编码器和译码器的结构。case 与 if 语句相比较可读性好，非常简洁。其格式如下：

case 表达式　is

　　　When 选择值＝＞顺序处理语句；

　　end case；

case 条件分支中的"＝＞"不是操作符，只相当于"then"作用。可将上面的格式展开后书写，格式如下：

case 表达式　is

　　　when 分支条件 1＝＞一组顺序语句 1；

　　　......

　　　when 分支条件 n－1＝＞一组顺序语句 n－1；

　　　when　others＝＞一组顺序语句 n；

　　end case；

注意：表达式求值结果必须是一个整型或一个枚举类型或一个枚举类型的数组。分支条件必须是一个静态表达式或是一个静态范围。

其中 when 选择值可以有以下几种表达式：

① 单个普通数值，如 5。如 when 分支条件＝＞一组顺序语句。

② 并列数值，如 3|6，表示 3 或 6。如 when 分支条件|分支条件|分支条件＝＞一组顺序语句。

③ 数值选择范围，如(1 to 5)，表示 1、2、3、4、5。如 when 分支条件 to 分支条

件＝＞一组顺序语句。

④ when others＝＞一组顺序语句。others 表示其他任何值时,执行一组顺序语句。

当执行到 case 语句时,首先计算 case 和 is 之间的条件表达式的值,然后根据条件语句中与之相同的选择值,执行对应的顺序语句,最后结束 case 语句。

使用 case 语句需注意以下几点:

① 条件语句中的选择值必须在表达式的取值范围内。

② case 语句中每一语句的选择值只能出现一次,即不能有相同选择值的条件语句。

③ case 语句执行中必须选中,且只能选中所列条件语句中的一条,即 case 语句至少包含一个条件语句。

④ 除非所有条件语句中的选择值能完整覆盖 case 语句中表达式的取值,否则最末一个条件句中的选择必须用"others"表示,它代表已给的所有条件句中未能列出的其他可能的取值。关键词"others"只能出现一次,且只能作为最后一种条件取值。使用"others"是为了使条件语句中的所有选择值能覆盖表达式的所有取值,以免综合过程中插入不必要的锁存器。

【实例 11-11】　case 语句在结构体中应用部分使用范例。

```
case count is
--根据 3 位二进制 count 数组的取值,选择把 a 数组 32 位的 8 位赋值给 8 位 q 数组。
    when "001" => q <= a(31 downto 24);
    when "010" => q <= a(23 downto 16);
    when "011" => q <= a(15 downto 8);
    when "100" => q <= a(7 downto 0);
    when "101" => q <= aa;
    when others => q <= (others => '0');
end case;
```

6. 进程(process)语句

在进程语句中,VHDL 会按照顺序一步一步地去执行 process 中的语句,其格式如下:

```
进程名：process(敏感信号参数表)
    进程说明部分;
    begin
        顺序执行语句;
    end process 进程名;
```

进程语句是组成程序结构中的语句之一,主要由敏感信号表中的信号来启动进

程的执行,当敏感信号表列出的信号发生变化就将启动进程中顺序语句的执行,其特点如下:

①　一个结构体中的多个进程可以并发执行,并可存取结构体或实体所定义的信号。

②　进程中所有语句都是顺序执行的。

③　必须包含一个显示的敏感信号表或者一个 wait 语句。

④　进程之间的通信是通过信号变量传递实现的。

进程说明部分用于定义该进程所需要的变量、数据类型、属性、子程序等,但不能定义信号及共享变量。

进程的激活必须有敏感信号的变化或者相应的 wait 语句。如

wait;--永远挂起,无限等待

wait on 敏感信号表;--一旦变化,进程启动

wait until 条件表达式;--条件等待、变化

wait for 时间表达式;--等待时间

进程(process)是无限循环语句;process 中的顺序语句具有明显的顺序/并行运行双重性;必须由敏感信号的变化来启动;本身是并行语句;一个进程中只允许描述对应于一个时钟的同步时序逻辑。

【实例 11 - 12】　process 语句在结构体中应用部分使用范例。

```
architecture scan of scan is
    begin
        process(clk)
            variable count:std_logic_vector(2 downto 0);
                begin
                    if(clk'event and clk = '1')then
                        if(count = "101")then
                            count: = (others => '0');
                            ctr <= count;
                        else count: = count + 1;
                    ctr <= count;
                end if;
    end process;
end architecture scan;
```

【实例 11 - 13】　D 触发器。

```
library ieee;
use ieee.std_logic_1164.all;
use ieee.std_logic_unsigned.all;
entity dff is
```

```
port(clk,d:in std_logic;
    rst:in std_logic;       --复位按键,可选定义是否高或低有效
    q :out std_logic);
end;
architecture nake of dff is
    signal q1 :std_logic;
        begin
            process(rst,clk)
                begin
                    if(clk'event and clk = '1')then    --rising_edge(clk)
                        q1 <= d;
                    end if;
                end process;
            q <= q1;
end;
```

【实例 11 - 14】 4 位二进制计数器。

```
library ieee;
use ieee.std_logic_1164.all;
use ieee.std_logic_unsigned.all;
entity count4 is  --4 位二进制计数器
port(clk:in std_logic;--in bit;
    rst:in std_logic;          --外控复位按键,可选定义是否高或低有效
    q :out std_logic_vector( 3 downto 0));
end entity count4;
architecture jsq of count4 is
    signal q1:std_logic_vector( 3 downto 0);
        begin
            process(rst,clk)   --rst 是否检测,可自行添加检测条件
                begin
                    if(clk'event and clk = '1')then    --rising_edge(clk)
                        q1 <= q1 + 1;
                    end if;
                end process;
            q <= q1;
end   architecture jsq;
```

【实例 11 - 15】 十进制计数器。

```
library ieee;
use ieee.std_logic_1164.all;
use ieee.std_logic_unsigned.all;
entity count10 is  --十进制计数器
```

```
port(clk,en:in std_logic;
    rst:in std_logic;          --外控复位按键,可选定义是否高或低有效
    cout:out std_logic;
    q :out std_logic_vector( 3 downto 0));
end entity count10;
architecture jsq of count10 is
    begin
        process(rst,clk,en)
            variable  q1:std_logic_vector( 3 downto 0);
                begin
                    if (rst = '1')then q1: = (others => '0');
                    --判断 rst 为高电平时计数器复位
                        elsif(clk'event and clk = '1')then    --rising_edge(clk)
                            if (en = '1')then  --是否可以计数
                                if (q1 < 9)then q1: = q1 + 1;
                                else q1: = (others => '0');
                                end if;
                            end if;
                        end if;
                    if (q1 = 9) then cout <= '1';     --计数大于9,输出进位信号
                    else cout <= '0';
                    end if;
            q <= q1;        --将计数值向端口输出
        end process;
end   architecture jsq;
```

7. 并行过程调用语句(concurrent procedure calls statement)

并行语句是指在结构体中同步执行的语句。并发语句之间可以有信息往来,也可以是相互独立、互不相关、异步执行的(如多时钟情况)。

(1) 并行信号赋值语句

其格式如下:

目标信号＜＝表达式;

该语句实际上是一个进程的缩写,当信号赋值符号"＜＝"右边的信号发生任何变化时,该信号赋值语句就执行一次。如

q <= tmp;

这里 tmp 就相当于进程括号中的敏感信号。当检测到该敏感信号发生变化时就开始执行该语句。

(2) 条件信号赋值语句

根据不同的条件,将不同的值赋给信号,其格式如下:

目标信号＜＝表达式 1　　when 赋值条件 1 else

表达式 2　　when　　赋值条件 2 else

……

表达式 n ;

如

x ＜= a when（s = "00"）else

b when（s = "01"）else

c when（s = "10"）else

d;

（3）选择信号赋值语句

其格式如下：

with 选择表达式　　select

目标信号＜＝表达式 1 when 选择条件值 1,

表达式 2 when 选择条件值 2,

……

表达式 n when 选择条件值 n;

--式中选择表达式用来控制语句的执行。

--当选择表达式的值是选择条件值时,将子句中的表达式的值赋给目标信号。

8. 子程序调用语句

VHDL 子程序包括过程（PROCEDURE）和函数（FOUNCTION）两类。过程定义语句的语法格式如下：

PROCEDURE 过程名（参数表）IS

begin

顺序语句；

end 过程名；

过程的参数可以为 IN、OUT 和 INOUT 方式,在进行参数说明时除了说明其名称、数据类型,还要说明其端口方式。

过程调用语句的语法格式如下：

过程名（实际参数表）；

函数定义语句的语法格式如下：

FOUNCTION 函数名（参数表）RETURN 数据类型　　IS

begin

顺序语句；

RETURN 变量名；

　　end 函数名；

函数的参数只能是方式为 IN 的输入信号，函数只能有一个返回值。

函数调用语句的语法格式如下：

函数名(实际参数表)；

9. 元件例化语句(component instantiations)

声明一个元件的格式如下：

component 组件名称

　　geneic(类属声明)；

　　port(端口名称：端口方向 端口类型)；

end component 组件名称；

例化一个元件的格式如下：

例化模块名称：元件名称 port map(形参＝＞实参)；

元件例化语句部分包括两个步骤即元件的声明和元件的调用。声明一个元件具有两种方法即在应用程序中声明或者在包集中声明。元件的调用称为元件实例化，语句前面必须加标号。语句中的端口表把元件声明的端口和元件实际的端口联系起来，具体调用方法详见实例 11 - 16 中的 u1、u2、u3 标号格式。

【实例 11 - 16】　一位二进制全加器顶层设计。

```
library ieee;
use ieee.std_logic_1164.all;
use ieee.std_logic_unsigned.all;
entity half _adder is  --半加器
    port(a,b:in std_logic;
        co,so:out std_logic);
end entity half_adder;
architecture  fh1 of half _adder is
    signal state :std_logic_vector(1 downto 0);
        begin
            state <= a&b;
            process(state)
            begin
                case state is
                    when "00" => so <= '0';co <= '0';
                    when "01" => so <= '1';co <= '0';
                    when "10" => so <= '1';co <= '0';
```

```
                    when "11" => so <= '0';co <= '1';
                    when others => null;
               end case;
          end process;
end architecture fh1;


library ieee;
use ieee.std_logic_1164.all;
use ieee.std_logic_unsigned.all;
entity or2a is   --或门逻辑
     port(a,b:in std_logic;
          c:out std_logic);
end   entity or2a;
architecture   one of or2a is
     begin
          c <= a or b;
end architecture one;
library ieee;
use ieee.std_logic_1164.all;
use ieee.std_logic_unsigned.all;
entity full-adder is   --一位二进制全加器顶层设计
port(ain,bin,cin:in std_logic;
     cout,sum:out std_logic);
end   entityfull-adder;
architecture   fd1 of full-adder is
     signal d,e,f: std_logic;   --定义三个信号作为内部连接线参量
          component half _adder      --半加器元件声明语句
               port (a,b:in std_logic;
                    co,so: out std_logic);
          end component;
          component or2a
               port (a,b:in std_logic;
                    c: out std_logic);
          end component;
     begin
u1: half _adder port map(a => ain,b => bin,co => d,so => e);--元件例化语句的调用格式
u2: half _adder port map(a => e,b => cin,co => f,so => sum);
u3:or2a port map(a => d,b => f,c => cout);-- u1、u2、u3 为调用元件例化语句标号
     end architecture fd1;
```

【实例 11 - 17】 0~9 译七段码显示。

library ieee;

```vhdl
use ieee.std_logic_1164.all;
entity disp is
    port (
        d:in std_logic_vector(3 downto 0);
        q:out std_logic_vector(6 downto 0));
end disp;
architecture disp_arc of disp is
    begin
        process(d)
            begin
                case d is
                    when "0000" => q <= "0111111";--显示数字 0
                    when "0001" => q <= "0000110";--显示数字 1
                    when "0010" => q <= "1011011";--显示数字 2
                    when "0011" => q <= "1001111";--显示数字 3
                    when "0100" => q <= "1100110";--显示数字 4
                    when "0101" => q <= "1101101";--显示数字 5
                    when "0110" => q <= "1111101";--显示数字 6
                    when "0111" => q <= "0100111";--显示数字 7
                    when "1000" => q <= "1111111";--显示数字 8
                    when others => q <= "1101111";--显示数字 9
                end case;
    end process;
end disp_arc;


library ieee;
use ieee.std_logic_1164.all;
entity yima is
    port (
        d: in std_logic_vector(3 downto 0);
        q: out std_logic_vector(6 downto 0));
end yima;
architecture yimadisp of yima is
    component disp is        --声明部分
    port (
        d:in std_logic_vector(3 downto 0);
        q:out std_logic_vector(6 downto 0));
    end component;
    begin
        u4: disp port map(d,q);--例化部分
end yimadisp;
```

10. 循环语句(loop、for、while 语句)

① 单个 loop 语句格式如下:

标号:loop
        顺序处理语句;
        end loop 标号;

② for loop 循环语句格式:用于规定重复次数的情况。

标号:for 循环变量   in   循环次数范围   loop
        顺序处理语句;
        end loop 标号;

③ while loop 循环语句格式如下:

标号:while 循环条件 loop
        顺序处理语句;
        end loop 标号;

11. 跳出循环语句(next、exit 语句)

① next 语句格式有以下三种情况:

next;

next 循环(loop);

next 循环(loop)   when   条件表达式;--有条件或者无条件的结束当前循环开
                                    始下一次循环。

② exit 语句格式有以下三种情况:

exit;

exit   loop;

exit   loop   when 条件表达式;--当条件为真时跳出 loop 至程序标号处。如果
                                后面什么都没有,则无条件地跳出,继续执行
                                后续语句。

12. return 语句

只能用在函数和过程当中,用来结束当前最内层的函数或过程体的执行。其格式如下:

return 表达式;   --只能用在函数体中,必须返回一个值。
return;   --只能用在过程体中。

13. null 语句

常用在 case 语句中 others 的后面,即其他的情况什么都不做。其格式如下:

null;

二、Verilog HDL 基本语法

1. 标识符

(1) 定　义

标识符(identifier)用于定义模块名、端口名、信号名等。Verilog HDL 中的标识符(identifier)可以是任意一组字母、数字、$ 符号和_(下画线)符号的组合,但标识符的第一个字符必须是字母或者下画线。另外,标识符是区分大小写的。以下是标识符的几个例子:

```
Count
COUNT   //与 Count 不同。
R56_68
FIVE $
```

(2) 关键字

Verilog HDL 定义了一系列保留字,叫做关键词。注意只有小写的关键词才是保留字。例如,标识符 always (这是个关键词)与标识符 ALWAYS(非关键词)是不同的。

(3) 书写规范建议

① 用有意义的有效的名字命名,如 Sum、CPU_addr 等。

② 用下画线区分词。

③ 采用一些前缀或后缀,如时钟采用 Clk 前缀:Clk_50,Clk_CPU;低电平采用_n 后缀:Enable_n。

④ 统一一定的缩写,如全局复位信号 Rst。

⑤ 同一信号在不同层次保持一致性,如同一时钟信号必须在各模块保持一致。

⑥ 自定义的标识符不能与保留字同名。

⑦ 参数采用大写,如 SIZE。

2. 注　释

Verilog HDL 中有两种注释的方式,一种是以"/ * "符号开始," * /"结束,在两个符号之间的语句都是注释语句,因此可扩展到多行,如:

```
/ * statement1,
statement2,
......
```

```
statementn */
```

以上 n 个语句都是注释语句。

另一种是以"//"开头的语句,它表示以"//"开始到本行结束都属于注释语句。

3. 格　式

Verilog HDL 是区分大小写的,即大小写不同的标识符是不同的。另外 Verilog HDL 的书写格式是自由的,即一条语句可多行书写;一行可写多个语句。

白空(新行、制表符、空格)没有特殊意义。如

```
input A;input B;
```

与

```
input A;
input B;
```

是一样的。

书写规范建议:一个语句一行。

4. 数字值集合

(1) Verilog HDL 中规定了 4 种基本的值类型

0:逻辑 0 或"假";

1:逻辑 1 或"真";

X:未知值;

Z:高阻。

而可综合且常用到的是 0、1、Z 三种类型。

(2) Verilog HDL 中整型常量的表示

① "a=32;"赋值语句中直接写数值,如 32,表示数值为十进制。

② "a=8'h5f;b=5'D20;c=8'o77;d=4'b1001;"这种形式为基数表示法,格式为:

[size]'base value

其中,size 定义以位计的常量的位长(十进制表示);base 为 o 或 O(表示八进制),b 或 B(表示二进制),d 或 D(表示十进制),h 或 H (表示十六进制)之一;value 是基于 base 的数值。十六进制中的 a 到 f 不区分大小写。如 a=8'h5f,表示 8 位十六进制数 5f。

注意:数值不能为负值;在" ' "和 base 间不能出现空格;size 不能用表达式,但可以缺省,此时由数值大小决定实际位数;为了易读性,数值中间可以用下画线"_"隔开,没有任何其他意义,如 8'b1010_0010,就是方便检查。

5. 数据类型

Verilog HDL 主要包括两种数据类型:线网类型(net type)和寄存器类型(reg

type)。

(1) 线网类型

线网类型主要有 wire 和 tri 两种,wire 类型较为常用。线网类型用于对结构化器件之间的物理连线的建模。如器件的引脚,内部器件如与门的输出等。

由于线网类型代表的是物理连接线,因此它不存储逻辑值,必须由器件驱动,通常由 assign 进行赋值,如"assign A＝B^C;"或者模块与模块间信号传递时,使用 wire 类型。

当一个 wire 类型的信号没有被驱动时,缺省值为 Z(高阻)。信号没有定义数据类型时,缺省为 wire 类型。

(2) 寄存器类型

reg 是最常用的寄存器类型,寄存器类型通常用于对存储单元的描述,如 D 型触发器、ROM 等。存储器类型的信号在某种触发机制下分配了一个值,在分配下一个值之时保留原值。但必须注意的是,reg 类型的变量不一定是存储单元,如在 always 语句中进行描述的必须用 reg 类型的变量。

reg 类型定义语法为:"reg [msb：lsb] reg1,reg2,…,regN;"。

msb 和 lsb 定义了范围,并且均为常数值表达式。范围定义是可选的,如果没有定义范围,则缺省值为 1 位寄存器。例如:

reg [3:0] Sat; // Sat 为 4 位寄存器。

reg Cnt; //Cnt 为 1 位寄存器。

用寄存器来建立存储器的模型,例如:

reg [7: 0] Mem[0:1] ;//定义了 Mem[0] 和 Mem[1]两个存储单元,每个为位宽为 8 的寄存器。

6. 运算符和表达式

(1) 算术运算符

算术运算符主要有:加法"＋"、减法 "－"、乘法" ＊"、除法"/"。**注意**:算术操作结果的长度由最长的操作数决定,避免出现位数不够,而导致溢出数据丢弃的情况。例如:

reg [3:0] Arc,Bar,Crt;

reg [5:0] Frx;

Arc = Bar + Crt;

Frx = Bar + Crt;

第一个加的结果长度由 Bar、Crt 和 Arc 长度决定,长度为 4 位,加法操作的溢出部分被丢弃。

第二个加法操作的长度同样由 Frx 的长度决定(Frx、Bat 和 Crt 中的最长长度),长度为 6 位,加法操作的任何溢出的位存储在结果位 Frx [4]中。

（2）关系运算符

关系运算符主要有："＞"（大于）、"＜"（小于）、"＞＝"（不小于）、"＜＝"（不大于）、"＝＝"（等于）、"！＝"（不等于）。

关系操作符的结果为真（1）或假（0）。例：23＞45，结果为假（0）。

（3）逻辑运算符

逻辑运算符主要有："＆＆"（逻辑与）、"‖"（逻辑或）、"！"（逻辑非）。用法如下：

（表达式 1）逻辑运算符（表达式 2）

这些运算符在逻辑值 0（假）或 1（真）上操作。逻辑运算的结果为 0 或 1。

（4）按位逻辑运算符

按位逻辑运算符主要有："～"（非）、"＆"（与）、"｜"（或）、"^"（异或）、"～^"或"^～"（同或）。

这些操作符在输入操作数的对应位上按位操作，并产生向量结果。若操作数长度不相等，则长度较小的操作数在最左侧添 0 补位后再按位进行操作。例如：

'b0110 ^ 'b10000

与下式的操作相同：

'b00110 ^ 'b10000

结果为 'b10110。

（5）条件运算符

条件操作符根据条件表达式的值选择表达式，形式如下：

cond_expr ? expr1 : expr2;

如果 cond_expr 为真（即值为 1），则选择 expr1；如果 cond_expr 为假（值为 0），则选择 expr2。例如：

wire [2:0] Student = Marks > 18 ? Grade_A : Grade_C;

计算表达式 Marks＞18，如果是真，则 Grade_A 赋值给 Student；如果 Marks＜＝18，则 Grade_C 赋值给 Student。

（6）连接运算符

连接运算符为"{ }"，连接操作是将小表达式合并形成大表达式的操作。形式为：{expr1,expr2,…,exprN}；例如：

```
wire [7:0] Dbus;
assign Dbus [7:4] = {Dbus [0],Dbus [1],Dbus[2],Dbus[ 3 ] } ;
//以反转的顺序将低端 4 位赋给高端 4 位。
assign Dbus = {Dbus [3:0],Dbus [ 7 : 4 ] };/ /高 4 位与低 4 位交换。
```

7. if 语句

if 语句的语法如下：

if(condition_1)
    begin
        procedural_statement_1;
    end
else if(condition_2)
    begin
        procedural_statement_2;
    end
else
    begin
        procedural_statement_3;
    end

　　如果对 condition_1 求值的结果为个非零值，那么 procedural_statement_1 被执行；如果 condition_1 的值为 0，那么 procedural_statement_1 不执行。接着对 condition_2 求值判断，若为非零值，则执行 procedural_statement_2，否则不执行 procedural_statement_2，继续往下判断，直到最后如果存在一个 else 分支，那么这个分支被执行，如果不存在 else 分支，就结束操作。

8. case 语句

case 语句是一个多路条件分支形式，其语法如下：

case(case_expr)
    case_item_expr1：
        begin
            procedural_statement1;
        end
    case_item_expr2：
        begin
            procedural_statement2;
        end
    ......
    default：
        begin
            procedural_statement;

```
            end
endcase
```

case 语句首先对条件表达式 case_expr 求值,然后依次对各分支项求值并与 case_expr 进行比较,第一个与条件表达式值相匹配的分支中的语句被执行。缺省分支覆盖所有没有被分支表达式覆盖的其他分支。

9. 循环语句

循环语句主要包括 while、for、repeat、forever 语句,是否可综合及使用注意事项,请读者自行查阅资料,在此就不再讲解循环语句了。

10. Verilog HDL 可综合与不可综合语句

(1) 建立可综合模型原则

① 不使用 initial。

② 不使用 ♯ delay。

③ 不使用循环次数不确定的循环语句。

④ 不使用用户自定义原语。

⑤ 用 always 过程块描述组合逻辑,应在敏感信号列表中列出所有输入信号。

⑥ 对时序逻辑描述和建模,应尽量使用非阻塞赋值方式;对组合逻辑描述和建模,既可以用阻塞赋值,也可以用非阻塞赋值,但在同一个过程块中,最好不要同时用阻塞赋值和非阻塞赋值。

⑦ 不能在一个以上的 always 过程块中对同一个变量赋值,对同一个变量不能既使用阻塞赋值,又使用非阻塞赋值。

⑧ 同一个变量的赋值不能受多个时钟控制,也不能受两种不同的时钟条件控制。

⑨ 避免在 case 语句的分支项中使用 x 值或 z 值。

(2) 不可综合语句

① intial、event、real、time、force、release、fork join 均不支持综合。

② 以 ♯ 开头的延时不可综合,综合工具会忽略所有延时代码,但不会报错。

③ X 状态不可综合,所有确保信号中不要出现 X 状态值。

④ 一般综合工具不支持 casex、casez、forever、while、task、repeat 语句。

11.4 状态机和综合应用实例

一、状态机简介

状态机是一种具有指定数目的状态的概念术语。它在某个指定的时刻仅处于一种状态,状态的改变是对输入事件的响应。状态机有三个要素:状态、输入和输出。

根据状态机的状态数有限与否,可分为有限状态机(Finite State Machine,FSM)和无限状态机(Infinite State Machine,ISM)。逻辑设计中一般所涉及的状态数都是有限的,用 FSM 表示。状态机框图如图 11－14 所示。

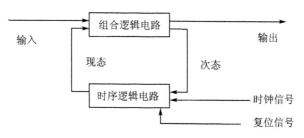

图 11－14　状态机框图

根据有限状态机的功能是否与外部输入信号有关,被分为 Mealy 型和 Moore 型两种。Moore 型状态机的特点是输出仅与现态有关而与输入无关;Mealy 型状态机的特点是输出不仅与现态有关而且还与输入有关。需要注意的是 Mealy 状态机和输入有关,输出会受到输入的干扰,可能会产生毛刺等现象。

状态机从输出时序上分为 Moore 型同步输出状态机(其输出仅为当前状态的函数,这类状态机在输入发生变化时必须等待时钟的到来后状态发生变化导致输出的变化)和 Mealy 型异步输出状态机(其输出是当前状态和所有输入信号的函数,其输出是在输入发生变化后立即发生的,不依赖时钟的同步)。

Moore 型有限状态机:其输出信号仅与当前状态有关,即可以把 Moore 型有限状态的输出看成是当前状态的函数。Moore 型状态机结构框图如图 11－15 所示。

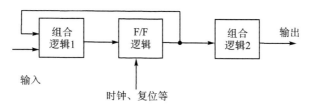

图 11－15　Moore 型状态机结构框图

Mealy 型有限状态机:其输出信号不仅与当前状态有关,而且还与所有的输入信号有关,即可以把 Mealy 型有限状态机的输出看成是当前状态和所有输入信号的函数。Mealy 型状态机结构框图如图 11－16 所示。

状态机描述方法有状态转移图、状态转移表、HDL 语言描述三种。

状态机的 HDL 设计步骤如下:

① 先对系统分析设计指标,建立系统算法模型图即状态转移图;

② 然后对被控对象时序状态进行分析,确定系统状态机的各个状态及输入、输出条件;

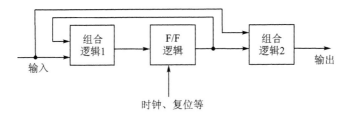

图 11-16 **Mealy 型状态机结构框图**

③ 最后用 VHDL 或 Verilog HDL 完成状态机的描述。

在描述状态机（FSM 描述方法）时是从状态机的 3 个基本模块入手，可分一段式、二段式和三段式，也称为单进程、两进程和三进程。

单进程（一段式）是将整个状态机的 3 个模块合并起来，写到一个进程里，在该进程中既描述状态转移又描述状态的输入和输出。

两进程（二段式）是用两个进程来描述状态机的，其中状态寄存器用一个同步时序进程来描述，输出逻辑和刷新逻辑合并起来用另一个组合逻辑集成来描述。

三进程（三段式）是将状态机的 3 个模块分别用 3 个进程来描述，一个同步时序集成描述状态寄存器，一个组合逻辑集成描述刷新逻辑，最后输出逻辑单独用一个进程来描述。

推荐采用两段式和三段式 FSM 描述方法。

状态机的优点如下：

① 根据输入信号按照预先设定的状态进行顺序运行；

② 结构简单，设计方案相对固定，尤其是枚举类的状态；

③ 易构成性能良好的同步时序逻辑模块；

④ 表述多样、程序层次分明、结构清晰、易读易懂；

⑤ 在高速运算和控制方面，具有巨大的优势；

⑥ 高可靠；

⑦ 一个状态机可以有多个进程，一个结构体或模块中可以包含多个状态机。

二、状态机类型定义及使用

在使用状态机之前应该定义状态的枚举类型。定义可以在状态机描述的源文件中，也可以在专门的程序包中。其格式如下：

type 数据类型名 is 数据类型定义 of 基本数据类型；

或

type 数据类型名 is 数据类型定义；

例如：

```
type s_state is (s0,s1,s2,s3,s4);
```

上面的定义是将状态机的每一个状态用文字符号来表示,即符号化的状态机,也可直接在程序或开发软件中自命状态机的编码方式。例如:

```
reg [2:0] s_state;
parameter s0 = 3'b011;
parameter s1 = 3'b001;
```

可将定义的常量 s0 和 s1 作为 s_state 的状态使用。

状态机有两个特殊状态变量即当前状态和下一个状态(现态和次态)。

实例如下:

```
signal pre_state,next_state:s_state;--定义两个状态信号,类型为自定义枚举类型。
```

具体描述模式分以下几步:

① 实体(entity)或模块(module)部分:输入、输出端口。

② 定义说明部分:有相应的方式方法、声明状态名及对应状态。

③ 状态转换进程:根据外部输入的控制信号和当前状态的状态值确定下一状态的去向。

④ 时序控制进程:说明状态何时转换的进程。

⑤ 辅助进程:配合状态机工作的组合或时序进程。

以 VHDL 编程为例,介绍状态机的三个模块进程描述语句,如实例 11-18、实例 11-19 和实例 11-20 所示。

【实例 11-18】　状态寄存器的进程描述。

```
process(reset,clk)
    begin
        if(reset = '1')then
            current_state <= idle;--初态
        elseif (clk'event and clk = '1') then
            current_state <= next_state;
        endif;
    end process;
```

【实例 11-19】　刷新逻辑的进程描述。

```
process(current_state,x 输入信号)
    begin
        next_state <= current_state;
            case current_state is
                when s0 =>
                    ......
                    next_state <= 次态;
```

```
        ......
            when s1 =>
        ......
        end case;
    end process;
```

【实例 11 - 20】 输出逻辑的进程描述。

```
process(current_state,x 输入信号)
    begin
        output <= '0';
        case current_state is
            when s0 =>
                output <= xx;
            ......
        end case;
    end process;
```

下面以 4 相单拍方式控制步进电机的程序为例，即实例 11 - 21，试分析 state_machine_stepper _motor 功能，并画出其状态流程图和电路框图。

【实例 11 - 21】 state_machine_stepper _motor 四相单拍。

```
library ieee;
use ieee.std_logic_1164.all;
use ieee.std_logic_unsigned.all;
use eee.std_logic_arith.all;
entity state_machine_stepper is
port(
    clk,dir:in std_logic;
    q:out std_logic_vector(3 downto 0));
end entity state_machine_stepper;

architecture bj_moter of state_machine_stepper is
    type state_type is (s1,s2,s3,s4);
        signal state:state_type;
        begin
            process(clk)
                begin
                    if(clk'event and clk = '1')then
                        if (dir = '1') then
                            case state is
                                when s1 => state <= s2;
                                when s2 => state <= s3;
```

```
                        when s3 => state <= s4;
                        when s4 => state <= s1;
                    end case;
                else
                    case state is
                        when s1 => state <= s4;
                        when s2 => state <= s1;
                        when s3 => state <= s2;
                        when s4 => state <= s3;
                    end case;
                end if;
            end if;
        end process;

    with state select
                    q <= "0001" when s1,
                         "0010" when s2,
                         "0100" when s3,
                         "1000" when s4;
end bj_moter;
```

三、综合应用实例

为了理解掌握编程架构和状态机使用,下面以 Verilog HDL 和 VHDL 编程方式介绍几种常见电路的程序实现。

【实例 11 - 22】　分频器(Verilog HDL)。

```
module fenpin
    (input clk,
     outputp,
     ouput q);
    reg [15:0]count;
    reg   q1;
    assign q = q1;
    assign p = count[8];

    always @(posedge clk)   //20MHz
        begin
            if(count == 16'd4999)        //20MHz 时钟分频为 2kHz 时钟
                begin
                    count <= 0;
                    q1 <= 1'b1;
```

```
                    end
                else
                    begin
                        count  < = count + 1;
                        q1  < = 0;
                    end
            end
    endmodule
```

【实例 11 - 23】　分频器（VHDL）。

```
library ieee;
use ieee. std_logic_1164. all;
use ieee. std_logic_unsigned. all;
entity fenpin is
    port(clk;in std_logic;
    p ;out std_logic;
    q ;out std_logic);
    end;
architecture fenpin of fenpin is
signal count;std_logic_vector(15 downto 0);   --count 15~count 0
signal q1;std_logic;
    begin
    process(clk)   --20MHz
        begin
            if(clk'event and clk = '1')then
                if(count = "1001110000111")then --20MHz 时钟分频为 2kHz 时钟
                    count < = (others => '0');
                    q1  < = '1';
                    else count < = count + 1;
                    q1  < = '0';
                end if;
            end if;
        end process;
    q  < = q1;
    p  < = count(8);--count 8
end;
```

【实例 11 - 24】　用 LED 和数码管显示二进制计数器（Verilog HDL）。

```
module b1
    (input clk,            //时钟信号可绑定 1Hz
    inputrst,              //控制开关可绑定 SW1 - n18
    output regsel,         //可绑定 8 位（DS1～DS8）数码管其中之一位如 DS1：ab20
```

```
ouput [3:0] q,         //4 位 LED 显示 u12 v12 v15 w13
ouput reg [7:0] d);    //七段控制端和小数点控制端：a－aa20 --b－w20 c－r21 d－p21
                       //e－n21 f－n20 g－m21 --h－m19


reg  [3:0] q1;
assign q = q1;

always @(posedge clk)
    begin
        q1 <= q1 + 1;
    end
always @(q1 or rst)
    begin
        if(rst = = 1)
            begin
                sel <= 0;
            end
        case(q1)
            4'b0000:
                begin
                    d <= 8'b11111100;
                end
            4'b0001:
                begin
                    d <= 8'b01100000;
                end
            4'b0010:
                begin
                    d <= 8'b11011010;
                end
            4'b0011:
                begin
                    d <= 8'b11110010;
                end
            4'b0100:
                begin
                    d <= 8'b01100110;
                end
            4'b0101:
                begin
                    d <= 8'b10110110;
                end
```

```
4'b0110:
    begin
        d <= 8'b10111110;
    end
4'b0111:
    begin
        d <= 8'b11100000;
    end
4'b1000:
    begin
        d <= 8'b11111110;
    end
4'b1001:
    begin
        d <= 8'b11110110;
    end
4'b1010:
    begin
        d <= 8'b11101110;
    end
4'b1011:
    begin
        d <= 8'b00111110;
    end
4'b1100:
    begin
        d <= 8'b10011100;
    end
4'b1101:
    begin
        d <= 8'b01111010;
    end
4'b1111:
    begin
        d <= 8'b10001110;
    end
endcase
end

endmodule
```

【实例 11 - 25】 用 LED 和数码管显示二进制计数器（VHDL）。

```
library ieee;
use ieee.std_logic_1164.all;
use ieee.std_logic_unsigned.all;
    entity a1 is
        port(
            clk:in std_logic;--时钟信号可绑定 1Hz
                rst:in std_logic;--控制开关可绑定 SW1-n18
                sel:out std_logic;
                --sel-可绑定 8 位(DS1～DS8)数码管其中之一位如 DS1：ab20
                q:out std_logic_vector(3 downto 0);--4 位 LED 显示 u12 v12 v15 w13
                d:out std_logic_vector(7 downto 0));
--七段控制端和小数点控制端：a-aa20 --b-w20 c-r21 d-p21 e-n21 f-n20 g-m21 --h-m19
            end ；　--引脚定义针对 Cyclone Ⅲ 系列 FPGA EP3C55F484 为核心实验平台
architecture  b1 of a1 is
    signal q1,q2:std_logic_vector(3 downto 0);
        begin
            process(clk)
                begin
                    if(clk'event and clk = '1')then
                        q1  <= q1 + 1;
                    end if;
                end process;
                q <= q1;
            process(q1,rst)
                begin
                    if(rst = '1')then sel <= '0';
                        case q1 is
                            when "0000" => d <= "11111100";
                            when "0001" => d <= "01100000";
                            when "0010" => d <= "11011010";
                            when "0011" => d <= "11110010";
                            when "0100" => d <= "01100110";
                            when "0101" => d <= "10110110";
                            when "0110" => d <= "10111110";
                            when "0111" => d <= "11100000";
                            when "1000" => d <= "11111110";
                            when "1001" => d <= "11110110";
                            when "1010" => d <= "11101110";
                            when "1011" => d <= "00111110";
                            when "1100" => d <= "10011100";
                            when "1101" => d <= "01111010";
                            when "1110" => d <= "10011110";
```

```
                    when "1111" => d <= "10001110";
                end case;
            end if;
        end process;
    end;
```

【实例 11 - 26】 LED 16×16 点阵显示 AB。

```
library ieee;
use ieee.std_logic_1164.all;
use ieee.std_logic_unsigned.all;


entity cn4 is
    generic(n:integer: = 72);--字符数组中的个数
    port(clk,mode,rst:in std_logic;--mode n18 sw1   rst ab15 F1
        row:out std_logic_vector(15 downto 0);
        col:out std_logic_vector(3 downto 0));
end cn4; --引脚定义针对 Cyclone Ⅲ系列 FPGA EP3C55F484 为核心实验平台
architecture behave of cn4 is
    type code is array(0 to n-1) of std_logic_vector(15 downto 0);--要显示的字库
    constant
    code_0:code: = (x"0003",x"000c",x"0030",x"0090",x"0090",x"0030",
    x"000c",x"0003",x"0000",x"00ff",x"0091",x"0091",x"0091",x"00aa",x"0044",
    x"0000",x"0000",x"0000",--x"0000",x"0000",x"0000",x"0000",x"0000",x"0000",
    x"0000",x"0000",x"0000",x"0000",x"0000",x"0000",x"0000",x"0000",x"0000",
    x"0000",x"0000",x"0000",--x"0000",x"0000",x"0000",x"0000",x"0000",x"0000",
    x"0000",x"0000",x"0000",x"0000",x"0000",x"0000",x"0000",x"0000",x"0000",
    x"0000",x"0000",x"0000",--x"0000",x"0000",x"0000",x"0000",x"0000",x"0000",
    x"0000",x"0000",x"0000",x"0000",x"0000",x"0000",x"0000",x"0000",x"0000",
    x"0000",x"0000",x"0000"--
                            );
        signal cntscan,frame : std_logic_vector(3 downto 0);
        signal i,j,f:integer range 0 to n-1;
        signal cnt,cnt1:integer range 0 to 20;
        begin
            process(clk,frame,rst)
            begin
                if rst = '0'then
                    cntscan <= "0000";frame <= "0000";i <= 0;j <= 0;
                    cnt <= 0;cnt1 <= 0;
                    row <= x"0000";
                elsif clk'event and clk = '1'then
                    if mode = '0'then
```

```
                    if   f = 4 then
                        f  <= 0;
                        j  <= 0;
                    else
                        row <= code_0(conv_integer(cntscan) + j);
                          col <= cntscan;
                            if cntscan = "1111"   then
                                cntscan  <= "0000";
                                cnt1  <= cnt1 + 1;
                                else
                                cntscan  <= cntscan + 1;
                            end if;
                            if cnt1 = 30 then
                                j  <= j + 18;
                                f  <= f + 1;
                                cnt1  <= 0;
                            end if;
                end if;
        else
            col <= frame;
            case frame is
                when "0000" =>
                    row <= code_0((i)mod n);
                when "0001" =>
                    row <= code_0((i + 1)mod n);
                when "0010" =>
                    row <= code_0((i + 2)mod n);
                when "0011" =>
                    row <= code_0((i + 3)mod n);
                when "0100" =>
                    row <= code_0((i + 4)mod n);
                when "0101" =>
                    row <= code_0((i + 5)mod n);
                when "0110" =>
                    row <= code_0((i + 6)mod n);
                when "0111" =>
                    row <= code_0((i + 7)mod n);
                when "1000" =>
                    row <= code_0((i + 8)mod n);
                when "1001" =>
                    row <= code_0((i + 9)mod n);
                when "1010" =>
```

```
                                row <= code_0((i + 10)mod n);
                        when "1011" =>
                                row <= code_0((i + 11)mod n);
                        when "1100" =>
                                row <= code_0((i + 12)mod n);
                        when "1101" =>
                                row <= code_0((i + 13)mod n);
                        when "1110" =>
                                row <= code_0((i + 14)mod n);
                        when "1111" =>
                                row <= code_0((i + 15) mod n);
                                i <= i + 1;
                                cnt <= cnt + 1;
                                frame <= "0000";
                        when others =>
                                null;
                    end case;
                if i = n - 1 then
                    i <= 0;
                else
                    if cnt = 10 then
                        i <= i + 1;
                        cnt <= 0;
                    end if;
                end if;
                frame <= frame + 1;
            end if;
        end if;
    end process;
end behave;
```

【实例 11 - 27】 4×4 键盘扫描显示按键。

```
library ieee;
use ieee.std_logic_1164.all;
use ieee.std_logic_unsigned.all;
use ieee.std_logic_arith.all;
entity cn7 is
port(clk: in  std_logic;  --系统内或外时钟信号
    start: in  std_logic;  --外控信号
    KBCol: in std_logic_vector(3 downto 0); --列扫描信号
    KBRow: out std_logic_vector(3 downto 0); --行扫描信号
    seg7: out std_logic_vector(6 downto 0); --数码管 7 段显示信号
```

```
        scan: out std_logic_vector(7 downto 0));   --数码管位控信号
end ;


architecture bev of cn7 is
    signal count: std_logic_vector(1 downto 0);
    signal sta:  std_logic_vector(1 downto 0);
    begin
        scan <= "11111110";   --用一个数码管
a:
    process(clk)    --循环扫描计数器
        begin
        if clk'event and clk = '1'then
            count <= count + 1;
        end if;
    end process a;
b:
    process(clk)          --循环列扫描进程
        begin
            if(clk'event and clk = '1')then
                case count(1 downto 0) is
                    when  "00" => KBRow <= "0111";
                        sta <= "00";
                    when  "01" => KBRow <= "1011";
                        sta <= "01";
                    when  "10" => KBRow <= "1101";
                        sta <= "10";
                    when  "11" => KBRow <= "1110";
                        sta <= "11";
                    when others => KBRow <= "1111";
                end case;
            end if;
    end process b;
c:
    process(clk,start)  --行扫描译码进程
        begin
            if start = '0'then
                seg7 <= "0000000";
                elsif(clk'event and clk = '1')then
                    case sta is
            when "00" =>        --cdef 列
                        case KBCol is
                            when "1110" => seg7 <= "1001110";--"1001110";--c c
```

```
                    when "1101" =>  seg7 <= "0111101";--"1111111";--8 d
                    when "1011" =>  seg7 <= "1001111";--"0110011";--4 e
                    when "0111" =>  seg7 <= "1000111";--"1111110";--0 f
            when others =>  seg7 <= "0000000";--取消这一行结果会有什么变化？
                end case;
        when "01" =>  --89ab 列
            case KBCol is
                    when "1110" =>  seg7 <= "1111111";--"0111101";--d 8
                    when "1101" =>  seg7 <= "1110011";--"1110011";--9 9
                    when "1011" =>  seg7 <= "1110111";--"1011011";--5 a
                    when "0111" =>  seg7 <= "0011111";--"0110000";--1 b
            when others =>  seg7 <= "0000000"; --取消这一行结果会有什么变化？
                end case;
        when "10" =>      -- 4567 列
            case KBCol is
                    when "1110" =>  seg7 <= "0110011";--"1001111"; --e 4
                    when "1101" =>  seg7 <= "1011011";--"1110111"; --a 5
                    when "1011" =>  seg7 <= "1011111";--"1011111"; --6 6
                    when "0111" =>  seg7 <= "1110000";--"1101101"; --2 7
            when others =>  seg7 <= "0000000";--取消这一行结果会有什么变化？
                end case;
        when "11" =>        --0123
            case KBCol is
                    when "1110" =>  seg7 <= "1111110";--"1000111";--f 0
                    when "1101" =>  seg7 <= "0110000";--"0011111";--b 1
                    when "1011" =>  seg7 <= "1101101";--"1110000";--7 2
                    when "0111" =>  seg7 <= "1111001";--"1111001";--3 3
            when others =>  seg7 <= "0000000";--取消这一行结果会有什么变化？
                end case;
        when others =>  seg7 <= "0000000";
            end case;
        end if;
    end process c;
end bev;
```

【实例 11 - 28】 字符型 LCD。

--功　能：驱动 LCD 显示；两行显示。

--上面一行为一个时钟显示，下面一行显示 www. BUAA. edu. cn。

```
library ieee;
use ieee.std_logic_1164.all;
use ieee.std_logic_arith.all;
```

```vhdl
use ieee.std_logic_unsigned.all;
entity cn6 is
            generic(N:integer:= 200;
                    delay:integer:= 100);
            port(clk : in std_logic; --系统时钟输入
                reset : in std_logic;
                --复位信号,在下完程序之后需要对液晶进行复位清零
                oe : out std_logic; --接 LCD 使能端
                rs : out std_logic; --接 LCD_da 信号输入端
                rw : out std_logic; --接 LCD 读写信号输入端
                data :out std_logic_vector(7 downto 0));--接 LCD 数据输入位
    end ;
architecture behavioral of cn6 is
        type state is
        (clear_lcd,entry_set,display_set,funtion_set,position_set1,write_data1,
         position_set2,write_data2,stop);
        signal current_state:state:= clear_lcd;--写指令,写数据状态
        type ram is array(0 to 23) of std_logic_vector(7 downto 0);
        signal dataram :ram:= (("00110000"),("00110000"),("00111010"),
        ("00110000"),
        ("00110000"),("00111010"),("00110000"),("00110000"),--时钟数据存储
        x"77",x"77",x"77",x"2E",x"42",x"55",x"41",x"41",x"2E",x"65",x"64",x"75",
        x"2e",x"63",x"6e",x"80");
        --www.BUAA.edu.cn
signal clk_250Khz,clk_1Hz: std_logic;
signal cnt1,cnt2:integer range 0 to 200000;
signal hour_h_tmp,hour_l_tmp,min_h_tmp,min_l_tmp,sec_h_tmp,sec_l_tmp:std_logic_
vector(3 downto 0):= "0000";
        begin
        --(液晶)数据交换频率
        lcd_clk:
            process(clk,reset)
                variable c1: integer range 0 to 100;
                variable c2: integer range 0 to 50000000;
                variable clk0,clk1: std_logic;
                begin
                    if reset = '0'then
                        c1:= 0; c2:= 0;
                    elsif clk'event and clk = '1'then
```

```
                    if c1 = N/2 - 1 then --250 kHz 时钟分频
                        c1 := 0;
                        clk0 := not clk0;
                    else
                        c1 := c1 + 1;
                    end if;
                if c2 = 50000000/2 - 1 then --1Hz 时钟分频,用于时钟计数
                    c2 := 0;
                    clk1 := not clk1;
                else
                    c2 := c2 + 1;
                end if;
            end if;
        clk_250khz <= clk0;
        clk_1hz <= clk1;
    end process;

write:
        process(clk_250khz,reset)
        begin
            if clk_250khz'event and clk_250khz = '1'then
            --将时钟计数结果存于 dataram 中
                dataram(0) <= "0011"&hour_h_tmp;
                --根据 0~9 对应地址和数字的关系得到的
                dataram(1) <= "0011"&hour_l_tmp;
                --此处的时钟用 ms 级就可以,因为时钟每隔 1 秒才刷新一次
                dataram(3) <= "0011"&min_h_tmp;
                dataram(4) <= "0011"&min_l_tmp;
                dataram(6) <= "0011"&sec_h_tmp;
                dataram(7) <= "0011"&sec_l_tmp;
            end if;
        end process;

----------------------------------------------------------------

--液晶驱动部分
    control:
        process(clk_250khz,reset)
        --variable cnt3 :std_logic_vector(3 downto 0);
        begin
            if reset = '0'then
                current_state <= clear_lcd;
```

```
        cnt1 <= 0;cnt2 <= 0;
elsif rising_edge(clk_250khz)then
        case current_state is
```

```
                when clear_lcd => --清屏,文档中要求至少延时 1.64ms
                    oe <= '1';
                    rs <= '0';
                    rw <= '0';
                    data <= x"01";
                    cnt1 <= cnt1 + 1;
                    if cnt1>delay * 1 and cnt1 <= delay * 6 then --延时操作
                        oe <= '0'; --保证液晶有足够的使能时间
                    else
                        oe <= '1';
                    end if;
                    if cnt1 = delay * 7 then
                        current_state <= entry_set;
                        cnt1 <= 0;
                    end if;
                when entry_set =>
                --写入新数据后光标右移,写入新数据后显示屏不移动
                    oe <= '1';
                    rs <= '0';
                    rw <= '0';
                    data <= x"06";
                    cnt1 <= cnt1 + 1;
                    if cnt1>delay and cnt1 <= delay * 2 then --延时操作
                        oe <= '0'; --保证液晶有足够的使能时间
                    else
                        oe <= '1';
                    end if;
                    if cnt1 = delay * 3 then
                        current_state <= display_set;
                        cnt1 <= 0;
                    end if;
                when display_set =>
                --显示方式:控制显示器开/关、光标显示/关闭以及光标是否闪烁
                    oe <= '1';
                    rs <= '0';
```

```vhdl
            rw <= '0';
            data <= x"0C";
            cnt1 <= cnt1 + 1;
            if cnt1>delay and cnt1 <= delay * 2 then --延时操作
                oe <= '0'; --保证液晶有足够的使能时间
            else
                oe <= '1';
            end if;
            if cnt1 = delay * 3 then
                current_state <= funtion_set;
                cnt1 <= 0;
            end if;
        when funtion_set =>
        --功能设置:设定数据总线位数、显示的行数及字形
            oe <= '1';    --设置为 8 位并行,显示 2 行,5 * 7 点阵显示
            rs <= '0';
            rw <= '0';
            data <= x"38";
            cnt1 <= cnt1 + 1;
            if cnt1>delay and cnt1 <= delay * 2 then --延时操作
                oe <= '0'; --保证液晶有足够的使能时间
            else
                oe <= '1';
            end if;
            if cnt1 = delay * 3 then
                current_state <= position_set1;
                cnt1 <= 0;
            end if;

        when position_set1 => --设置显示数据的初始位置
            oe <= '1';
            rs <= '0';
            rw <= '0';
            data <= x"84";
            cnt1 <= cnt1 + 1;
            if cnt1>delay and cnt1 <= delay * 2 then --延时操作
                oe <= '0'; --保证液晶有足够的使能时间
            else
                oe <= '1';
```

```
        end if;
        if cnt1 = delay * 3 then
            current_state <= write_data1;
            cnt1 <= 0;
        end if;
    when write_data1 =>    --将数据写入液晶
        oe <= '1';
        rs <= '1';
        rw <= '0';
        if cnt2 <= 7 then
            data <= dataram(cnt2);
            cnt1 <= cnt1 + 1;
                if cnt1>delay and cnt1 <= delay * 2 then
                    oe <= '0';
                else
                    oe <= '1';
                end if;
                if cnt1 = delay * 3 then
                    current_state <= write_data1;
                    cnt1 <= 0;
                    cnt2 <= cnt2 + 1;
                end if;
        else
            cnt2 <= 0;
            current_state <= position_set2;
        end if;
    when position_set2 =>
--设置显示数据的初始位置,第二行的地址设置
        oe <= '1';
        rs <= '0';
        rw <= '0';
        data <= x"c0";
        cnt1 <= cnt1 + 1;
            if cnt1>delay and cnt1 <= delay * 2 then    --延时操作
                oe <= '0';    --保证液晶有足够的使能时间
            else
                oe <= '1';
            end if;
                if cnt1 = delay * 3 then
            current_state <= write_data2;
            cnt1 <= 0;
                end if;
```

```
            when write_data2 =>     --将数据写入液晶:www.BUAA.edu.cn
                oe <= '1';
                rs <= '1';
                rw <= '0';
                if cnt2 <= 15 then
                    data <= dataram(cnt2 + 8);
                    cnt1 <= cnt1 + 1;
                    if cnt1 > delay and cnt1 <= delay * 2 then
                        oe <= '0';
                    else
                        oe <= '1';
                    end if;
                    if cnt1 = delay * 3 then
                        current_state <= write_data2;
                        cnt1 <= 0;
                        cnt2 <= cnt2 + 1;
                    end if;
                else
                    cnt2 <= 0;
                    current_state <= position_set1;
                end if;
            when stop =>
                null;
        end case;
    end if;
end process;
clock:
    process(clk_1hz, reset)----------时钟单元
    begin
        if reset = '0' then
            hour_h_tmp <= "0000";
            hour_l_tmp <= "0000";
            min_h_tmp <= "0000";
            min_l_tmp <= "0000";
            sec_h_tmp <= "0000";
            sec_l_tmp <= "0000";
        elsif clk_1hz'event and clk_1hz = '1' then
            if sec_l_tmp = "1001" then
                sec_l_tmp <= "0000";
                if sec_h_tmp = "0101" then
                    sec_h_tmp <= "0000";
                    if min_l_tmp = "1001" then
```

```
                            min_l_tmp <= "0000";
                        if min_h_tmp = "0101" then
                            min_h_tmp <= "0000";
                            if hour_h_tmp = "0010" then
                                if hour_l_tmp = "0011" then
                                    hour_l_tmp <= "0000";
                                    hour_h_tmp <= "0000";
                                else
                                    hour_l_tmp <= hour_l_tmp + '1';
                                end if;
                            else
                                if hour_l_tmp = "1001" then
                                    hour_l_tmp <= "0000";
                                    hour_h_tmp <= hour_h_tmp + '1';
                                else
                                    hour_l_tmp <= hour_l_tmp + '1';
                                end if;
                            end if;
                        else
                            min_h_tmp <= min_h_tmp + '1';
                        end if;
                    else
                        min_l_tmp <= min_l_tmp + '1';
                    end if;
                else
                    sec_h_tmp <= sec_h_tmp + '1';
                end if;
            else
                sec_l_tmp <= sec_l_tmp + '1';
            end if;
        end if;
    end process;
end behavioral;
```

11.5　FPGA 实验平台简介

实验室采用 Altera 公司 Cyclone Ⅲ 系列 FPGA EP3C55F484 芯片为核心的实验平台,其外围的接口电路与核心平台 FPGA 某些引脚已经连接,在进行引脚绑定时需参看 FPGA 引脚与各接口电路之间的资源配对关系表。针对 FPGA 实验平台,下面逐一介绍其特点。

一、Altera FPGA　EP3C55F484 及实验平台

EP3C55F484 属于 Altera Cyclone Ⅲ 系列之一,其封装外形如图 11-17 所示。

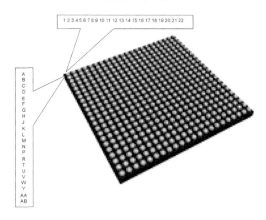

图 11-17　Cyclone Ⅲ EP3C55F484 封装外形图

EP3C55F484 芯片的参数说明如下:

制造商(Manufacturer):Altera。

产品种类(Product Category):FPGA-Field Programmable Gate Array 现场可编程门阵列。

产品(Product):Cyclone Ⅲ,RoHS:No。

逻辑单元数量(Number of Logic Elements):55 856。

逻辑阵列块数量 LAB(Number of Logic Array Blocks):3 491。

总内存(Total Memory):2 396 160 bit。

输入/输出端数量(Number of I/O):327。

工作电源电压(Operating Supply Voltage):1.15~1.25 V。

最大工作温度(Maximum Operating Temperature):+70 ℃。

安装类型(Mounting Style):SMD/SMT。

封装/箱体(Package/Case):FBGA-484。

商标(Brand):Altera Corporation。

最大工作频率(MaximumOperating Frequency):315 MHz。

最小工作温度(Minimum Operating Temperature):0 ℃。

Cyclone Ⅲ FPGA 是 Altera Cyclone 系列的第三代产品,是一款低功耗、低成本和高性能的 FPGA,进一步扩展了 FPGA 在成本和功耗敏感领域中的应用。采用 65 nm 低功耗工艺技术,对芯片和软件采取了更多的优化措施,提供丰富的特性,推动宽带并行处理的发展。该系列产品共包括 8 个型号,容量 5K~120K 逻辑单元,最多 534 个 I/O 引脚用户,4 Mbit 嵌入式存储器、288 个嵌入式 18×18 乘法器、专用外

部存储器接口电路、锁相环（PLL）以及高速差分 I/O 等。EP3C55F484 引脚分布如图 11 - 18 所示。

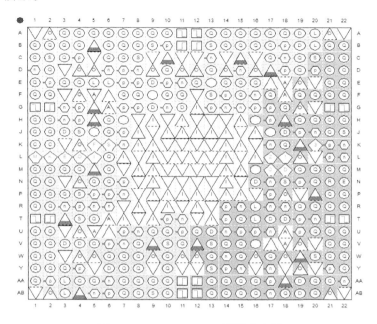

图 11 - 18 EP3C55F484 引脚分布图

实验平台硬件核心板与接口电路功能面板实验箱结构布局如图 11 - 19 所示。

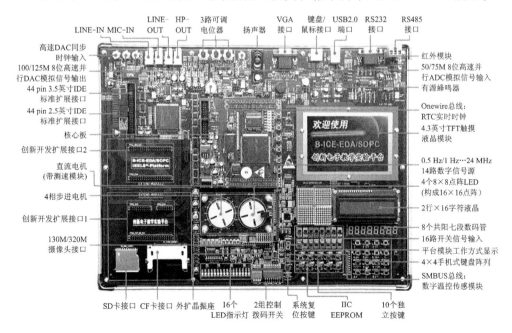

图 11 - 19 FPGA 实验箱结构布局图

二、实验平台的信号输入电路

1. 电　源

电源有+12 V、+5 V、+3.3 V、+2.5 V、+1.2 V 给 FPGA 和其他芯片供电。部分电源转换电路如图 11-20 所示。

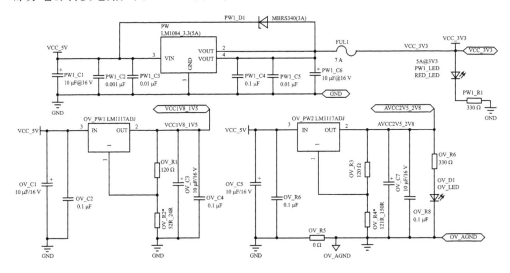

图 11-20　电源转换电路图

2. 逻辑电平开关

逻辑电平开关 SW："向上推"为高电平，"向下推"为低电平。逻辑电平输入电路布局如图 11-21 所示，SW1～SW4 电路原理图如图 11-22 所示。**提示**：SW5～SW16 电路图与 SW1～SW4 电路图类似。

图 11-21　逻辑电平输入电路布局图

逻辑电平输入 SW1～SW8 与 FPGA 的 I/O 引脚连接关系如表 11-6 所列。

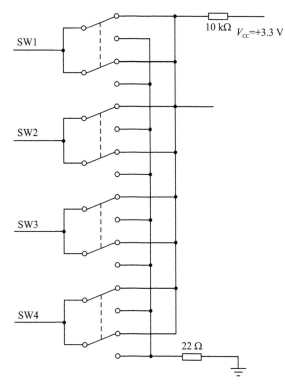

图 11 - 22　逻辑电平输入电路原理图

表 11 - 6　SW1～SW8 引脚分配表

SW1	SW2	SW3	SW4	SW5	SW6	SW7	SW8
N18	M20	AA15	V13	D6	C8	E7	F8

其中,逻辑电平输入 SW5～SW8 由 LCD_ALONE_CTRL_SW 拨码开关控制选择,当其中开关 TOS 拨置于上方时,可以使用 SW5～SW8。拨码开关设置如下:

EO	KSI	VLPO	TOS	TIE	TIS	TLAE	TLAS	=	0	0	0	1	0	0	0	0

逻辑电平输入 SW9～SW16 由 CPRL_SW 拨码开关控制是否选通,选通为工作模式 1,拨码开关设置如下:

SLE1	SLE2	TLS	TLEN	=	0	0	X	X

在 SW9～SW16 选通情况下,与 FPGA 的 I/O 引脚连接关系如表 11 - 7 所列。

表 11 - 7　SW9～SW16 引脚分配表

BTB_CON_PIN	FPGA_PIN	接口定义	说　明
CON1.57	AB17	SW9	
CON1.56	AB18	SW10	
CON2.1	C3	SW11	
CON2.3	E5	SW12	"向上推"为高电平；
CON2.4	C7	SW13	"向下推"为低电平
CON2.5	E6	SW14	
CON2.6	F7	SW15	
CON2.8	A3	SW16	

3. 单脉冲信号

单脉冲由按键 F1～F10 控制产生。按键 F1～F10 实物布局如图 11 - 23 所示，F1～F5 电路原理图如图 11 - 24 所示。**提示**：F6～F10 电路图与 F1～F5 电路图类似。

图 11 - 23　按键实物布局图

按键 F1～F10 由 CPRL_SW 拨码开关控制是否选通，选通为工作模式 1，拨码开关设置如下：

SLE1	SLE2	TLS	TLEN	=	0	0	X	X

注意：其中 F7～F10 由 LCD_ALONE_CTRL_SW 拨码开关控制选择。当其中开关 TLAE 拨置于下方时，可以使用 F7～F10。拨码开关设置如下：

EO	KSI	VLPO	TOS	TIE	TIS	TLAE	TLAS	=	0	0	0	0	0	0	0

单脉冲按键输入 F1～F10 与 FPGA 的 I/O 引脚连接关系如表 11 - 8 所列。

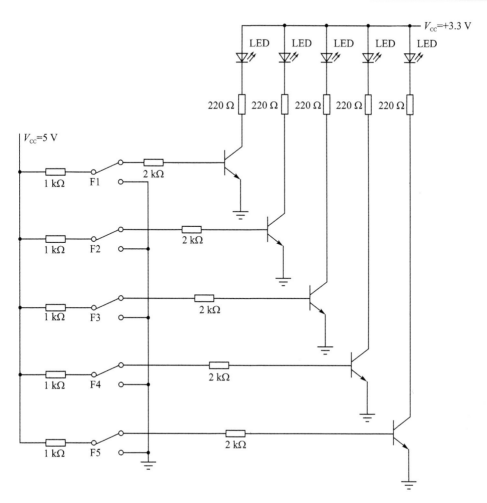

图 11 - 24　按键产生单脉冲信号电路原理图

表 11 - 8　按键 F1～F10 引脚分配表

BTB_CON_PIN	FPGA_PIN	第一功能 接口定义	第二功能 接口定义	备　注
CON1. 10	AB15	F1		
CON1. 11	AA16	F2		
CON1. 12	AB19	F3		按键按下状态时,产生
CON1. 13	W19	F4		高电平脉冲
CON1. 14	U19	F5		
CON1. 15	AA22	F6		

BTB_CON_PIN	FPGA_PIN	第一功能 接口定义	第二功能 接口定义	备 注
CON1.16	W21	F7	SMBUS_SDA	若拨码开关 D_ALONE_
CON1.17	V21	F8	SMBUS_SCL	CTRL_SW 中的 TLAE
CON1.18	U21	F9	I2C_SCL	开关设置为"1",则选择
CON1.19	R18	F10	I2C_SDA	第二功能

4. 连续脉冲信号

外时钟分频由实验平台排针组"CLK_OUT"提供,可以输出不同的时钟频率,共有 14 个引针即 14 组输出。连续脉冲信号实物布局如图 11 - 25 所示,连续脉冲信号发生电路原理图如图 11 - 26 所示,图 11 - 27 为 48 MHz 有源晶振时钟发生电路图,为连续脉冲信号发生电路提供源时钟信号。

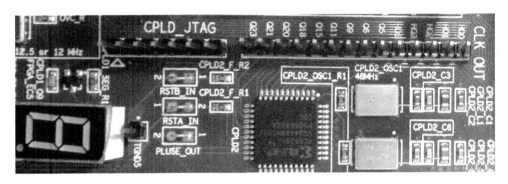

图 11 - 25　连续脉冲信号实物布局图

排针组"CLK_OUT"提供的具体输出频率如表 11 - 9 所列。

表 11 - 9　连续脉冲频率分频表

引脚序号	引脚名称	输出频率/Hz
1	FRQH_Q0(HQ0)	24 000 000
2	FRQH_Q1(HQ1)	12 000 000
3	FRQH_Q2(HQ2)	6 000 000
4	FRQH_Q3(HQ3)	3 000 000
5	FRQH_Q5(HQ5)	750 000
6	FRQ_Q5(Q5)	65 536
7	FRQ_Q6(Q6)	32 768
8	FRQ_Q9(Q9)	4 096
9	FRQ_Q11(Q11)	1 024

续表 11 - 9

引脚序号	引脚名称	输出频率/Hz
10	FRQ_Q15(Q15)	64
11	FRQ_Q18(Q18)	8
12	FRQ_Q20(Q20)	2
13	FRQ_Q21(Q21)	1
14	FRQ_Q23(Q23)	0.25

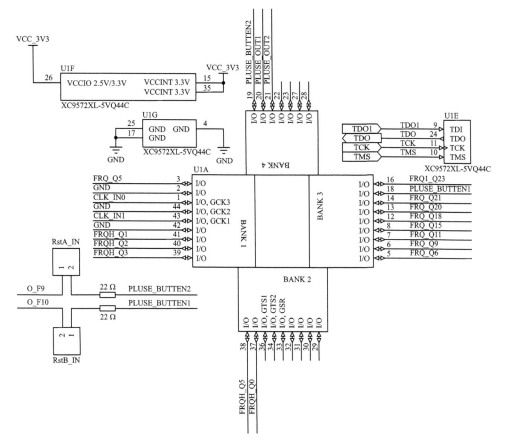

图 11 - 26　连续脉冲信号发生电路图

5. 4×4 键盘

4×4 键盘实物布局如图 11 - 28 所示，4×4 键盘电路原理图如图 11 - 29 所示。
提示：键盘实物字符标注应以电路图为准，即键盘实物字符标注实际排列为："0123""4567""89AB""CDEF"。

4×4 键盘由 CPRL_SW 拨码开关控制选择，选通为工作模式 2，拨码开关设置

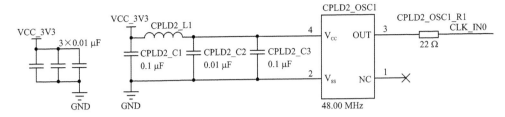

图 11-27　48 MHz 有源晶振时钟发生电路图

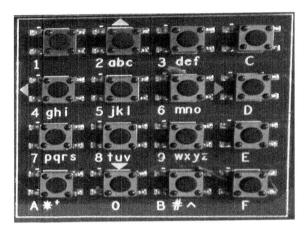

图 11-28　4×4 键盘实物布局图

如下：

SLE1	SLE2	TLS	TLEN	=	1	0	X	X

4×4 键盘行、列扫描信号与 FPGA I/O 引脚连接关系如表 11-10 所列。

表 11-10　键盘行列扫描线引脚分配表

BTB_CON_PIN	FPGA_PIN	接口定义	备　注
CON2.24	B10	SWC0	由电路可知,列信号应定义为输入信号,上拉到高电平
CON2.25	D10	SWC1	
CON2.26	F9	SWC2	
CON2.28	A13	SWC3	
CON2.29	A14	SWR0	由电路可知,行信号应定义为输出信号,低电平有效,用于按键扫描检测
CON2.30	A15	SWR1	
CON2.31	A16	SWR2	
CON2.64	C4	SWR3	

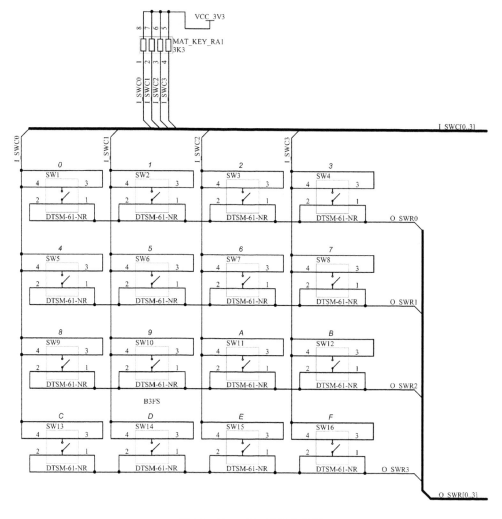

图 11 - 29　4×4 键盘电路图

三、实验平台的信号输出显示电路

1. LED 发光二极管

LED 实物布局如图 11 - 30 所示，LED1～LED8 电路原理图如图 11 - 31 所示。提示：LED9～LED16 电路与 LED1～LED8 电路类似。

LED1～LED8 通道由 CPRL_SW 拨码开关控制是否选通，选通为工作模式 1，拨码开关设置如下：

SLE1	SLE2	TLS	TLEN	=	0	0	X	X

图 11 - 30　LED 实物布局图

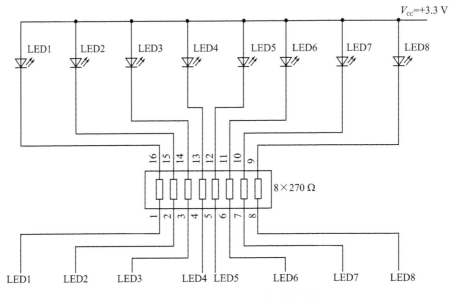

图 11 - 31　LED1~LED8 电路原理图

注意: LED1~LED8 由 LCD_ALONE_CTRL_SW 拨码开关控制选择。当其中开关 TIS 拨置于下方时,可以使用 LED1~LED8。拨码开关设置如下:

EO	KSI	VLPO	TOS	TIE	TIS	TLAE	TLAS	=	0	0	0	0	0	0	0	0

LED1~LED8 与 FPGA 的 I/O 引脚连接关系如表 11 - 11 所列。

LED9~LED16 通道由 CPRL_SW 拨码开关控制是否选通,选通为工作模式 2,拨码开关设置如下:

SLE1	SLE2	TLS	TLEN	=	1	0	X	X

表 11－11　LED1～LED8 引脚分配表

BTB_CON_PIN	FPGA_PIN	接口定义	备　注
CON1.2	U12	LED1	
CON1.3	V12	LED2	
CON1.4	V15	LED3	
CON1.5	W13	LED4	由电路图可知,低电平
CON1.6	W15	LED5	时,LED 亮
CON1.7	Y17	LED6	
CON1.8	R16	LED7	
CON1.9	T17	LED8	

LED9～LED16 与 FPGA 的 I/O 引脚连接关系如表 11－12 所列。

表 11－12　LED9～LED16 引脚分配表

BTB_CON_PIN	FPGA_PIN	接口定义	备　注
CON2.14	E11	LED9	
CON2.15	C13	LED10	
CON2.16	F11	LED11	
CON2.18	C15	LED12	由电路图可知,低电平
CON2.19	E14	LED13	时,LED 亮
CON2.20	B7	LED14	
CON2.21	B8	LED15	
CON2.23	B9	LED16	

2. 七段数码管

8 个共阳极七段数码管实物布局如图 11－32 所示,七段数码管电路、段驱动电路和位驱动电路分别如图 11－33、图 11－34 和图 11－35 所示。

图 11－32　七段数码管实物布局图

8 位七段数码管由 CPRL_SW 拨码开关控制是否选通,选通为工作模式 1,拨码开关设置如下:

SLE1	SLE2	TLS	TLEN	=	0	0	X	X

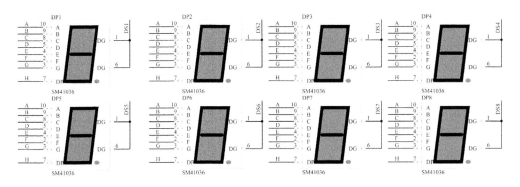

图 11 - 33　七段数码管电路图

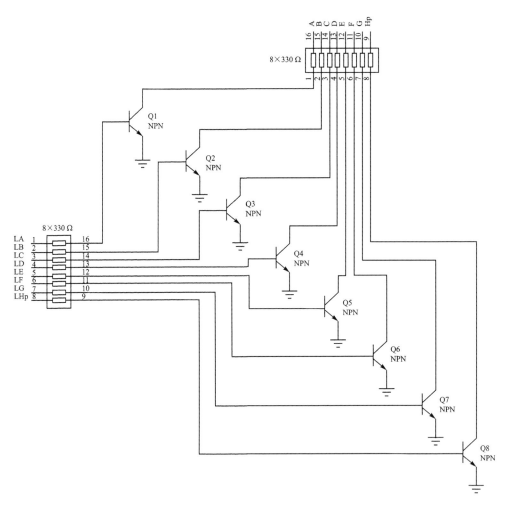

图 11 - 34　七段数码管段驱动电路图

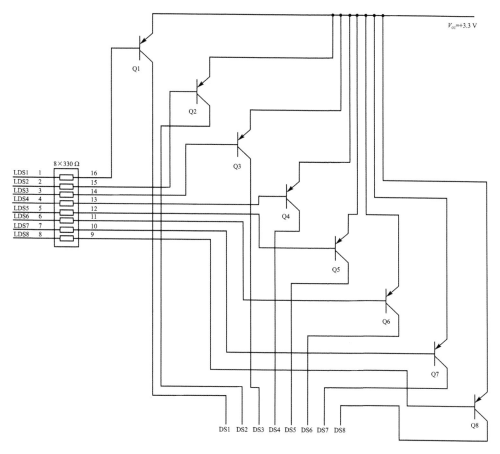

图 11 - 35　七段数码管位驱动电路图

8 位七段数码管与 FPGA 的 I/O 引脚连接关系如表 11 - 13 所列。

表 11 - 13　8 位七段数码引脚分配表

BTB_CON_PIN	FPGA_PIN	接口定义	备　注
CON1.25	AA20	8xSEG LA　a 段	
CON1.26	W20	8xSEG LB　b 段	
CON1.27	R21	8xSEG LC　c 段	
CON1.28	P21	8xSEG LD　d 段	共阳极数码管,段驱动端低电平有效
CON1.29	N21	8xSEG LE　e 段	
CON1.30	N20	8xSEG LF　f 段	
CON1.31	M21	8xSEG LG　g 段	
CON1.32	M19	8xSEG LH　h 段	

BTB_CON_PIN	FPGA_PIN	接口定义	备 注
CON1.51	AB20	8xSEG DS1 位选 1	
CON1.50	Y21	8xSEG DS2 位选 2	
CON1.49	Y22	8xSEG DS3 位选 3	
CON1.48	W22	8xSEG DS4 位选 4	由电路图可知,位驱动端低电平有效
CON1.47	V22	8xSEG DS5 位选 5	
CON1.46	U22	8xSEG DS6 位选 6	
CON1.45	AA17	8xSEG DS7 位选 7	
CON1.44	V16	8xSEG DS8 位选 8	

3. 8×8 和 16×16 点阵

如图 11-36 所示可以看出,8×8 点阵共需要 64 个发光二极管,且每一个二极管是放置在行线和列线的交叉点上,当对应的某一列电平置 1,某一行电平置 0 时,相应的二极管就亮,如图 11-36 所示,对应的一列为一根竖柱,或者对应的一行为一根横柱,因此实现柱的亮的方法如下所述:

➤ 一根竖柱:对应的列置 1,而行则采用扫描的方法来实现。

➤ 一根横柱:对应的行置 0,而列则采用扫描的方法来实现。

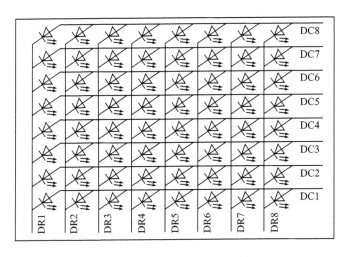

图 11-36 8×8 点阵内部结构图

实验平台 16×16 LED 点阵由 4 个 8×8 的 LED 点阵级联,共有 256 个发光二极管,从理论上说,不论显示图形还是文字,只要控制与组成这些图形或文字的各个点所在的位置相对应的 LED 器件发光,就可以得到想要的显示结果,这种同时控制各个发光点亮灭的方法称为静态驱动显示方式。如果用这种方式去实现,则需要 I/O

端口数很庞大,在实际应用中显示屏往往要比 16×16 点阵大得多,几乎都不采用这种设计,而是采用动态扫描的显示方法。

动态扫描就是逐行轮流点亮,这样扫描驱动电路就可以实现多行(比如 16 行)共用一套驱动器。就 16×16 的点阵来说,把所有同一行的发光管的阳极连在一起,把所有同一列的发光管的阴极连在一起(共阳极的接法),先送出对应第一行发光管亮灭的数据并锁存,然后选通第 1 行使其点亮一定时间,然后熄灭;再送出第二行的数据并锁存,然后选通第 2 行使其点亮相同的时间,然后熄灭;以此类推,第 16 行之后,又重新点亮第 1 行,反复循环。当这样循环的速度足够快(每秒 24 次以上)时,由于人眼的视觉暂留现象,就能够看到显示屏上稳定的图形。

8×8 点阵内部结构如图 11-36 所示,由 4 个 8×8 点阵组成的 16×16 点阵实物布局如图 11-37 所示,16×16 点阵控制分布如图 11-38 所示。

图 11-37　16×16 点阵实物布局图

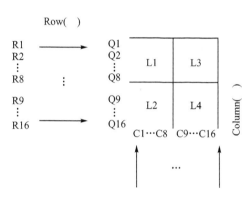

图 11-38　16×16 点阵控制布局图

16×16 点阵行、列驱动电路原理图如图 11-39 和图 11-40 所示。16×16 点阵的 16 个列信号是由 4 位列信号通过译码器产生的,16×16 点阵列译码电路如图 11-41 所示,16×16 点阵显示电路如图 11-42 所示。

16×16 点阵由 CPRL_SW 拨码开关控制是否选通,选通为工作模式 1,拨码开关设置如下:

SLE1	SLE2	TLS	TLEN	=	0	0	X	X

16×16 点阵显示器与 FPGA 的 I/O 引脚连接关系如表 11-14 所列。

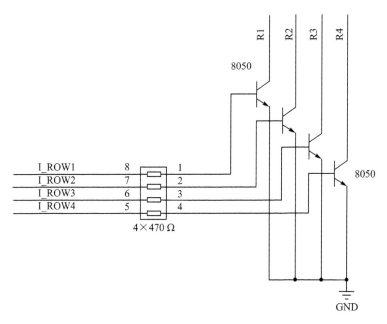

图 11 - 39　16×16 点阵行驱动电路

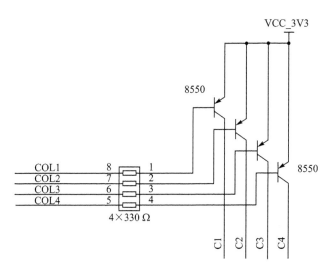

图 11 - 40　16×16 点阵列驱动电路

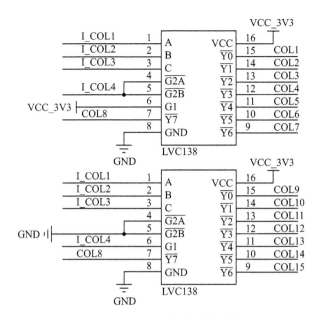

图 11 - 41　16×16 点阵列译码电路

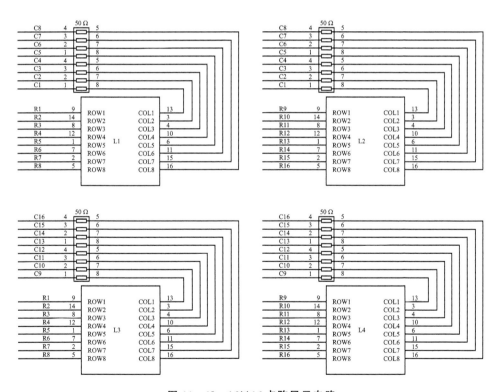

图 11 - 42　16×16 点阵显示电路

表 11 - 14 16×16 点阵引脚分配表

BTB_CON_PIN	FPGA_PIN	接口定义	备　注
CON2.9	A4	ROW1	由驱动电路可知,使用时高电平有效
CON2.10	A5	ROW2	
CON2.11	A6	ROW3	
CON2.13	B6	ROW4	
CON2.14	E11	ROW5	
CON2.15	C13	ROW6	
CON2.16	F11	ROW7	
CON2.18	C15	ROW8	
CON2.19	E14	ROW9	
CON2.20	B7	ROW10	
CON2.21	B8	ROW11	
CON2.23	B9	ROW12	
CON2.24	B10	ROW13	
CON2.25	D10	ROW14	
CON2.26	F9	ROW15	
CON2.28	A13	ROW16	
CON2.29	A14	COL1	由译码电路和驱动电路可知,4 位信号译码加驱动电路产生 16 个列控制信号。0000～1111 分别对应 1～16 个列
CON2.30	A15	COL2	
CON2.31	A16	COL3	
CON2.64	C4	COL4	

4. 16×2 字符 LCD

实验平台采用 HD44780U 点阵液晶控制器来驱动 16 × 2 液晶模块。HD44780U 是常用的字符型液晶显示驱动控制器,能驱动液晶显示文字、数字、符号等。其与 HD44780S 引脚兼容,通过配置可以连接 8 位或 4 位的 MCU。单片 HD44780U 可驱动 1 行 8 字符或 2 行 16 字符显示。HD44780U 的字形发生 ROM 可产生 208 个 5×8 点阵的字体样式和 32 个 5×10 的字体样式,共 240 种不同的字体样式。低电源提供(2.7～5.5 V)可适应于多种应用。

LCDM 实物布局如图 11 - 43 所示,LCDM 驱动及接口电路如图 11 - 44 和图 11 - 45 所示。

16×2 字符 LCD 模块由 CPRL_SW 拨码开关和 LCD_ALONE_CTRL_SW 拨码开关控制是否选通,CPRL_SW 拨码开关设置如下:

SLE1	SLE2	TLS	TLEN	=	0	1	1	0

图 11 - 43　LCDM 实物布局图

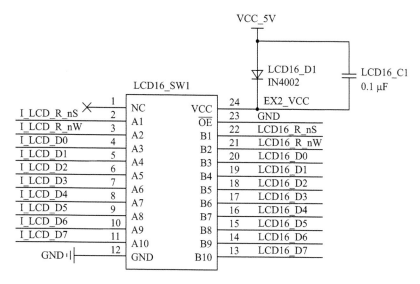

图 11 - 44　LCDM 驱动电路图

　　LCD_ALONE_CTRL_SW 拨码开关中的 EO 和 KSI 还控制着 16×2 字符 LCD 模块,当 EO 拨置于上方,KSI 拨置于下方时,可以使用 LCD 模块。LCD_ALONE_CTRL_SW 拨码开关设置如下:

EO	KSI	VLPO	TOS	TIE	TIS	TLAE	TLAS	=	1	0	0	0	0	0	0	0

　　LCD 模块与 FPGA 引脚连接关系如表 11 - 15 所列,LCD 模块引脚功能如表 11 - 16 所列。

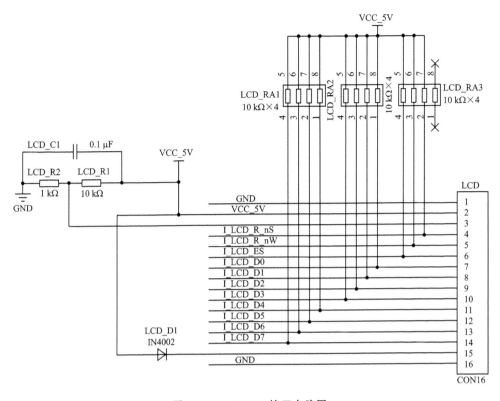

图 11 - 45 LCDM 接口电路图

表 11 - 15 LCD 模块引脚分配表

BTB_CON_PIN	FPGA_PIN	接口定义
CON1. 57	AB17	LCD_D0
CON1. 56	AB18	LCD_D1
CON2. 1	C3	LCD_D2
CON2. 3	E5	LCD_D3
CON2. 4	C7	LCD_D4
CON2. 5	E6	LCD_D5
CON2. 6	F7	LCD_D6
CON2. 8	A3	LCD_D7
CON2. 9	A4	LCD_ES
CON2. 10	A5	LCD_R_nW
CON2. 11	A6	LCD_R_nS

表 11 - 16 LCD 模块引脚功能

引 脚	位 数	输入/输出	交互对象	功能描述
R_nS	1	输入	MPU	寄存器选择信号。 0：指令寄存器(写)； 1：数据寄存器(读/写)； 忙标志位：地址计数器(读)
R_nW	1	输入	MPU	读/写选择。0：写；1：读
ES	1	输入	MPU	读/写使能
DB4~DB7	4	输入/输出	MPU	高四位双向数据引脚。DB7 可作为忙标志位
DB0~DB3	4	输入/输出	MPU	低四位双向数据引脚。4 位操作时这些引脚不用
CL1	1	输出	扩展驱动	锁存送往扩展驱动串行数据 D 的时钟
CL2	1	输出	扩展驱动	移位串行数据的时钟
M	1	输出	扩展驱动	转换液晶驱动波形到 AC 的切换信号
D	1	输出	扩展	符合每个段信号的字符模式数据
COM1~COM16	16	输出	LCD	16 位信号，接公共端
SEG1~SEG40	40	输出	LCD	段信号
V1~V5	5	—	电源	$V_{CC} - V5 = 11$ V(最大)
V_{CC},GND	2	—	电源	V_{CC}：2.7~5.5 V,GND：0 V
OSC1,OSC2	2	—	振荡 电阻时钟	当晶振工作时，必须外接一个电阻。当输入引脚为外部时钟，必须连接到 OSC1

5. TFT - LCD

实验平台接口上的 4.3 英寸 TFT 彩色触摸液晶模块,由夏普 LQ043T3DX04 4.3 英寸 TFT - LCD(LCD 驱动控制器为 ICE9863)和四线电阻触摸屏以及一片专用触摸屏控制芯片 ADS7843 等组成。实验平台接口预留电容式触摸屏接口,可以选配相应的电容式触摸屏。电容式触摸屏由电容屏和驱动芯片(如 Pixcir 公司的 Tango)组成。

TFT - LCD 实物布局如图 11 - 46 所示,其驱动及接口电路如图 11 - 47 和图 11 - 48 所示。

TFT - LCD 模块由 CPRL_SW 拨码开关控制是否选通,选通为工作模式 3,拨码开关设置如下：

SLE1	SLE2	TLS	TLEN	=	0	1	0	0

LCD_ALONE_CTRL_SW 拨码开关还控制着 TFT - LCD 模块,当 EO 拨置于下方,KSI 拨置于下方,TIE、TOS、VLPO 均拨置于下时,可以使用 TFT - LCD 模

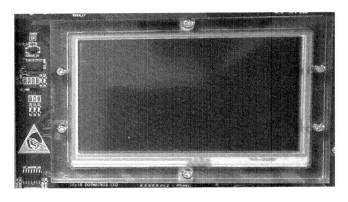

图 11 - 46 TFT - LCD 实物布局图

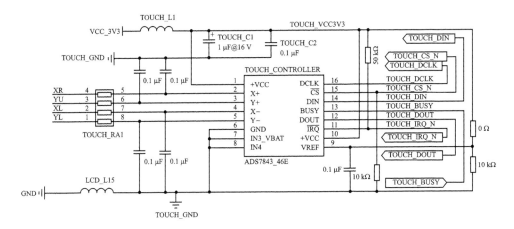

图 11 - 47 TFT - LCD 驱动电路图

块。LCD_ALONE_CTRL_SW 拨码开关设置如下：

EO	KSI	VLPO	TOS	TIE	TIS	TLAE	TLAS	=	0	0	0	0	0	0	0	0

TFT - LCD 与 FPGA 引脚连接关系如表 11 - 17 所列。

表 11 - 17 TFT - LCD 模块引脚分配表

BTB_CON_PIN	FPGA_PIN	接口定义	BTB_CON_PIN	FPGA_PIN	接口定义
CON1. 57	AB17	LCD_D0	CON2. 6	F7	LCD_D6
CON1. 56	AB18	LCD_D1	CON2. 8	A3	LCD_D7
CON2. 1	C3	LCD_D2	CON2. 9	A4	LCD_ES
CON2. 3	E5	LCD_D3	CON2. 10	A5	LCD_R_nW
CON2. 4	C7	LCD_D4	CON2. 11	A6	LCD_R_nS
CON2. 5	E6	LCD_D5			

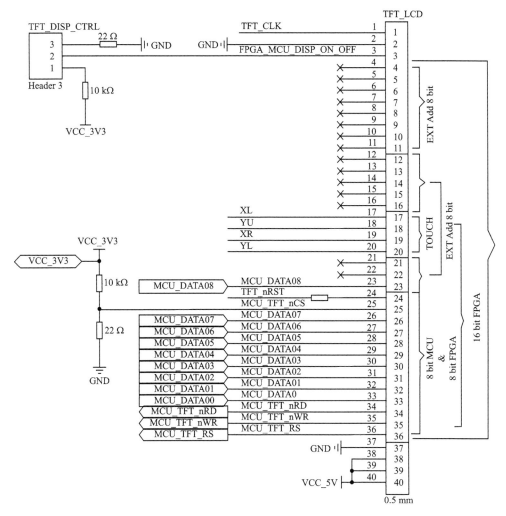

图 11 - 48　TFT - LCD 接口电路图

6. 直流电机模块

实验平台上装有 RF - 310T - 11400 型号直流电机,同时配有光耦测速模块,其实物布局如图 11 - 49 所示。

如图 11 - 49 所示,在直流电机轴上安装圆盘槽,圆盘槽上开有 4 个光栅孔,圆盘槽嵌套于光耦测速模块 U 形槽里,通过产生脉冲形式来表示电机转速,其输出经 CD40106 缓冲整形后作为最终测速脉冲输出信号(标记为 O_DC_MOTOR_SPEED),与 FPGA 引脚相连。直流电机测速脉冲发生调理电路原理如图 11 - 50 所示。

图 11 - 49　直流电机实物布局图

323

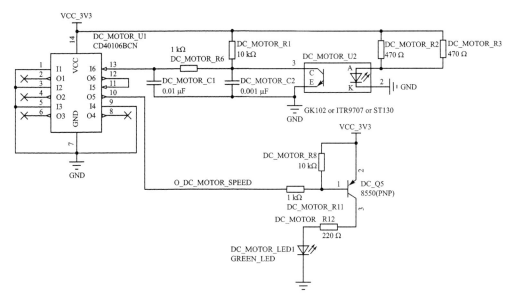

图 11-50　直流电机测速脉冲发生调理电路图

如图 11-51 所示,为直流电机 H 桥驱动电路图。直流电机有两根控制线:DC_MOTOR_A 和 DC_MOTOR_B,由两者之间的电压差控制电机转动。改变输入电压的正负方向就可以改变直流电机的转速方向,改变输入电压的大小就可以改变直流电机的转速。

转速由 DC_MOTOR_A 和 DC_MOTOR_B 间的电压差大小决定。由图 11-51 可知,由 4 个三极管构成 H 桥驱动电路,信号 I_DC_MOTOR_A 和 I_DC_MOTOR_B 与 FPGA 引脚相连,采用 PWM 波控制 H 桥驱动电路,从而改变直流电机输入端 DC_MOTOR_A 和 DC_MOTOR_B 的电压差大小,继而改变电机转速。通过控制 PWM 波由 I_DC_MOTOR_A 还是 I_DC_MOTOR_B 信号输入,可改变电机转向。

在直流电机模块中,H 桥驱动电路的电源由 DC_MOTOR_MGV+1 端口控制,使用时将端口上的 1 和 2 引脚短接。

直流电机模块与 FPGA 引脚连接关系如表 11-18 所列。

表 11-18　直流电机模块引脚分配表

信号定义	FPGA_PIN	备　注
I_DC_MOTOR_A	V14	直流电机控制端 A
I_DC_MOTOR_B	W17	直流电机控制端 B
O_DC_MOTOR_SPEED	U14	转速脉冲信号

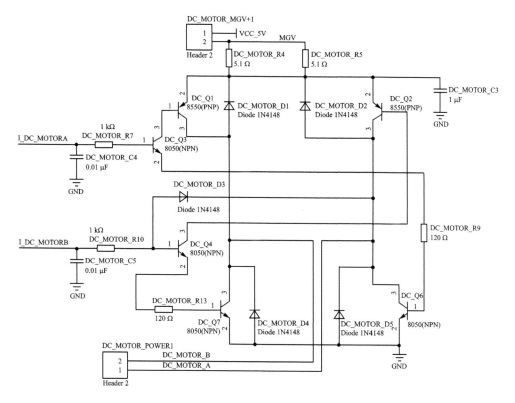

图 11 - 51　直流电机 H 桥驱动电路图

四、实验平台 FPGA 引脚分配表及辅助电路介绍

1. EP3C55F484C8 核心板与实验平台外围电路接口间总体资源分配表

FPGA 核心板 I/O 引脚与各接口电路间资源分配表如表 11 - 19 所列。如引脚 U12 与实验箱负载区接口电路 LED1 已经连接即属于固定连接。

表 11 - 19　FPGA 引脚分配表

实验平台硬件接口		BTB_CON_PIN	FPGA_PIN	备　注
固定连接负载信息	共享连接由拨码开关 LCD_ALONE_CTRL_SW 控制	对应核心板信息	EP3C55F484C8	
	0 为固定连接,1 为共享连接;拨置于下为 0,拨置于上为 1			

续表 11-19

实验平台硬件接口			BTB_CON_PIN	FPGA_PIN	备 注
LED1	OV_D5		CON1.2	U12	
LED2	OV_D6		CON1.3	V12	
LED3	OV_D7		CON1.4	V15	
LED4	OV_D8	TIS 选择（具体看本节最后有关补充说明）	CON1.5	W13	
LED5	OV_D9		CON1.6	W15	
LED6	VSYNC		CON1.7	Y17	
LED7	PCLK		CON1.8	R16	
LED8	OV_RES		CON1.9	T17	
F1			CON1.10	AB15	
F2			CON1.11	AA16	
F3			CON1.12	AB19	
F4			CON1.13	W19	
F5			CON1.14	U19	
F6			CON1.15	AA22	
F7	SMBUS_SDA	TLAS 选择（具体看本节最后有关补充说明）	CON1.16	W21	
F8	SMBUS_SCL		CON1.17	V21	
F9	I2C_SCL		CON1.18	U21	
F10	I2C_SDA		CON1.19	R18	
CLK				T1	板载时钟,50 MHz
I_DC_MOTOR_A			CON1.20	V14	
O_DC_MOTOR_SPEED			CON1.21	U14	直流电机模块有关信号
I_DC_MOTOR_B			CON1.22	W17	
KBDTAT	SIO_C	TIS 选择	CON1.23	T15	
KBCLOCK	SIO_D		CON1.24	R14	
8xSEG LA			CON1.25	AA20	
8xSEG LB			CON1.26	W20	
8xSEG LC			CON1.27	R21	
8xSEG LD			CON1.28	P21	
8xSEG LE			CON1.29	N21	
8xSEG LF			CON1.30	N20	
8xSEG LG			CON1.31	M21	
8xSEG LH			CON1.32	M19	
8xSEG DS1			CON1.51	AB20	
8xSEG DS2			CON1.50	Y21	

实验平台硬件接口			BTB_CON_PIN	FPGA_PIN	备　注
8xSEG DS3			CON1.49	Y22	
8xSEG DS4			CON1.48	W22	
8xSEG DS5			CON1.47	V22	
8xSEG DS6			CON1.46	U22	
8xSEG DS7			CON1.45	AA17	
8xSEG DS8			CON1.44	V16	
VGA LS	OV_D4		CON1.35	M22	
VGA HS	OV_D3		CON1.36	N22	
VGA BLUE	OV_D2	TIS 选择	CON1.37	P22	
VGA GREEN	OV_D1		CON1.38	R22	
VGA RED	OV_D0		CON1.39	U20	
RS232 RTS			CON1.40	AA21	
RS232 RXD			CON1.41	AA19	串口接收端
RS232 CTS			CON1.42	AA18	
RS232 TXD			CON1.43	U15	串口发送端
SW1			CON1.33	N18	
SW2			CON1.34	M20	
SW3			CON1.54	AA15	
SW4			CON1.61	V13	
SW5		TOS 选择（具体看本节最后有关补充说明）	CON2.62	D6	
SW6			CON2.61	C8	
SW7			CON2.60	E7	
SW8			CON2.59	F8	
			CON1.53	B20	
			CON1.58	AB16	
			CON1.59	W14	
			CON1.60	Y13	
SW9 LCD_D0			CON1.57	AB17	
SW10 LCD_D1			CON1.56	AB18	
SW11 LCD_D2			CON2.1	C3	
SW12 LCD_D3			CON2.3	E5	
SW13 LCD_D4			CON2.4	C7	
SW14 LCD_D5			CON2.5	E6	
SW15 LCD_D6			CON2.6	F7	
SW16 LCD_D7			CON2.8	A3	

实验平台硬件接口		BTB_CON_PIN	FPGA_PIN	备　注
LCD_ES ROW1		CON2.9	A4	
LCD_RW ROW2		CON2.10	A5	
LCD_RS ROW3		CON2.11	A6	
Buzzer ROW4		CON2.13	B6	蜂鸣器
LED9　ROW5		CON2.14	E11	
LED10 ROW6		CON2.15	C13	
LED11 ROW7		CON2.16	F11	
LED12 ROW8		CON2.18	C15	
LED13 ROW9		CON2.19	E14	
LED14 ROW10		CON2.20	B7	
LED15 ROW11		CON2.21	B8	
LED16 ROW12		CON2.23	B9	
SWC0 ROW13		CON2.24	B10	
SWC1 ROW14		CON2.25	D10	
SWC2 ROW15		CON2.26	F9	
SWC3 ROW16		CON2.28	A13	
SWR0 COL1		CON2.29	A14	
SWR1 COL2		CON2.30	A15	
SWR2 COL3		CON2.31	A16	
SWR3 COL4		CON2.64	C4	
		CON2.34	B15	
		CON2.35	B14	
		CON2.36	B13	
		CON2.37	E12	
		CON2.39	E9	
		CON2.40	C10	
		CON2.41	A10	
		CON2.42	A9	
		CON2.44	A8	
		CON2.45	A7	
		CON2.46	F13	
		CON2.47	E13	
		CON2.49	B16	
		CON2.50	D13	
		CON2.51	F10	

实验平台硬件接口			BTB_CON_PIN	FPGA_PIN	备　注
			CON2.52	G7	
			CON2.54	C6	
			CON2.55	B5	
			CON2.56	B4	
			CON2.57	B3	
			CON2.59	F8	
			CON2.60	E7	
			CON2.61	C8	
			CON2.62	D6	
			CON2.63		
			CON3.26	T18	
			CON3.27	R20	
			CON3.30	R17	
			CON3.35	N19	
			CON3.36	P20	
			CON3.38	R19	
			CON3.39	T16	
			CON3.46	AA18	
			CON3.47	AA17	
			CON3.49		
			CON3.50		
			CON3.52	A12	
			CON3.53	B12	
			CON3.55	A11	
			CON3.56	B11	
			CON3.58	G1	
			CON3.59	G2	
			CON3.61	AB14	
			CON4.2　(D0)	D19	SRAM_FLASH_D0
			CON4.4　(D1)	B22	SRAM_FLASH_D1
			CON4.6　(D2)	C22	SRAM_FLASH_D2
			CON4.8　(D3)	F19	SRAM_FLASH_D3
			CON4.10 (D4)	D22	SRAM_FLASH_D4
			CON4.12 (D5)	E22	SRAM_FLASH_D5
			CON4.14 (D6)	F22	SRAM_FLASH_D6

实验平台硬件接口			BTB_CON_PIN	FPGA_PIN	备　注
			CON4. 16 (D7)	F20	SRAM_FLASH_D7
			CON4. 18 (D8)	F21	SRAM_FLASH_D8
			CON4. 20 (D9)	F15	SRAM_FLASH_D9
			CON4. 22 (D10)	E21	SRAM_FLASH_D10
			CON4. 24 (D11)	D21	SRAM_FLASH_D11
			CON4. 26 (D12)	C21	SRAM_FLASH_D12
			CON4. 28 (D13)	B21	SRAM_FLASH_D13
			CON4. 30 (D14)	C20	SRAM_FLASH_D14
			CON4. 32 (D15)	A20	SRAM_FLASH_D15
			CON3. 2 (A0)	H21	SRAM_FLASH_A0
			CON3. 3 (A1)	A17	SRAM_FLASH_A1
			CON3. 4 (A2)	C19	SRAM_FLASH_A2
			CON3. 5 (A3)	D20	SRAM_FLASH_A3
			CON3. 6 (A4)	A19	SRAM_FLASH_A4
			CON3. 7 (A5)	B19	SRAM_FLASH_A5
			CON3. 8 (A6)	J22	SRAM_FLASH_A6
			CON3. 9 (A7)	K21	SRAM_FLASH_A7
			CON3. 10 (A8)	H19	SRAM_FLASH_A8
			CON3. 11 (A9)	L22	SRAM_FLASH_A9
			CON3. 12 (A10)	L21	SRAM_FLASH_A10
			CON3. 13 (A11)	H17	SRAM_FLASH_A11
			CON3. 14 (A12)	H18	SRAM_FLASH_A12
			CON3. 15 (A13)	K19	SRAM_FLASH_A13
			CON3. 16 (A14)	J21	SRAM_FLASH_A14
			CON3. 17 (A15)	H20	SRAM_FLASH_A15
			CON3. 18 (A16)	B17	SRAM_FLASH_A16
			CON3. 19 (A17)	D17	SRAM_FLASH_A17
			CON3. 20 (A18)	C17	SRAM_FLASH_A18
			CON3. 21 (A19)	G18	FLASH_A19
			CON3. 22 (A20)	K18	FLASH_A20
			CON3. 23 (A21)	J18	FLASH_A21
			CON3. 24 (A22)	F14	FLASH_A22
				M16	FLASH_nCS1
				F17	FLASH_nCS2
				T2	SYS_CLK

实验平台硬件接口			BTB_CON_PIN	FPGA_PIN	备　注
				T1	SYS_CLK
				T22	SYS_nRST
				D1	CFG_ASDO
				E2	CFG_nCSO
				K1	CFG_DATA
				AB14	FPGA_AB14/LED1
				F2	ETH_SD0
				G3	ETH_SD1
				F1	ETH_SD2
				H1	ETH_SD3
				J2	ETH_SD4
				J4	ETH_SD5
				J3	ETH_SD6
				H2	ETH_SD7
				H7	ETH_GP1_SD8
				H6	ETH_GP2_SD9
				E3	ETH_GP3_SD10
				G5	ETH_GP4_SD11
				G4	ETH_GP5_SD12
				H5	ETH_GP6_SD13
				J6	ETH_LED3_SD14
				B2	ETH_nIOR
				B1	ETH_nPWRST
				E4	ETH_nIOW
				C2	ETH_nCS
				C1	ETH_INT
				E1	ETH_WAKE_SD15
				D2	ETH_CMD
				H4	FPGA_H4
				H3	FPGA_H3
				J5	FPGA_J5
				Y2	SDRAM_D0
				W2	SDRAM_D1
				V2	SDRAM_D2
				U2	SDRAM_D3

实验平台硬件接口				BTB_CON_PIN	FPGA_PIN	备 注
					T3	SDRAM_D4
					R2	SDRAM_D5
					P2	SDRAM_D6
					M6	SDRAM_D7
					L6	SDRAM_D8
					P1	SDRAM_D9
					R1	SDRAM_D10
					T4	SDRAM_D11
					U1	SDRAM_D12
					V1	SDRAM_D13
					W1	SDRAM_D14
					Y1	SDRAM_D15
					V5	SDRAM_A0
					R5	SDRAM_A1
					_P5	SDRAM_A2
					N5	SDRAM_A3
					N6	SDRAM_A4
					M3	SDRAM_A5
					P4	SDRAM_A6
					T5	SDRAM_A7
					V4	SDRAM_A8
					Y3	SDRAM_A9
					V3	SDRAM_A10
					AA4	SDRAM_A11
					AA2	SDRAM_A12
					M2	SDRAM_nCAS
					M1	SDRAM_CKE
					M4	SDRAM_DQML
					AA1	SDRAM_nCS1
					J1	SDRAM_nCS2
					N2	SDRAM_nRAS
					N1	SDRAM_BA0
					M5	SDRAM_DQMH
					P3	SDRAM_nWE
					Y4	SDRAM_BA1

实验平台硬件接口			BTB_CON_PIN	FPGA_PIN	备　注
			AA3		SDRAM_CLK
			R4		FPGA_R4
			R3		FPGA_R3
			V9		OTG_D0
			U11		OTG_D1
			AB13		OTG_D2
			U10		OTG_D3
			AA13		OTG_D4
			V10		OTG_D5
			V11		OTG_D6
			Y10		OTG_D7
			W10		OTG_D8
			AB10		OTG_D9
			AA10		OTG_D10
			AA9		OTG_D11
			AA8		OTG_D12
			AB8		OTG_D13
			Y7		OTG_D14
			W7		OTG_D15
			U9		OTG_A0
			AA14		OTG_A1
			AA7		OTG_nINT1
			AB7		OTG_nINT2
			W8		OTG_LSPEED
			Y8		OTG_HSPEED
			Y6		OTG_nDACK2
			AA5		OTG_DREQ1
			AB3		OTG_DREQ2
			W6		OTG_nOE
			AB4		OTG_nWE
			AB5		OTG_nDACK1
			V8		OTG_nCS
			AB9		OTG_nRESET

注：BTB_CON_PIN 一栏中 CON1.56～CON2.64 共 28 个 I/O 需要由拨码开关 CPRL_SW 来选择工作模式，有 4 种方式；CON3.26～CON3.61 可以直接连接到控制模块接口 FPGA_EA2。

2. 拨码开关控制

4 位 CPRL_SW 拨码开关和 8 位 LCD_ALONE_CTRL_SW 拨码开关实物如图 11-52 所示。

CPRL_SW：为 4 位拨码开关，实物如图 11-53 所示。此开关控制核心板 FP-GA 中 I/O 引脚与实验平台外围接口模块的具体连接信息。

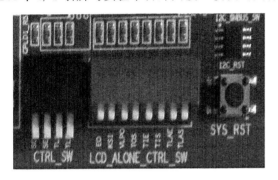

图 11-52　拨码开关实物图

图 11-53　CPRL_SW 拨码
开关实物图

CPRL_SW 设置方式如下：

模式 1：当开关 SEL1、SEL2 拨置于下方时，逻辑电平为 00，使 DP9 数码管显示 1。可以使用 SW9~SW16 逻辑电平通道和 16×16 点阵。与 FPGA 的 I/O 引脚连接关系分别如表 11-7 和表 11-14 所列。拨码开关设置如下：

SLE1	SLE2	TLS	TLEN	=	0	0	X	X

模式 2：当开关 SEL1 拨置于上方、SEL2 拨置于下方时，逻辑电平为 10，使 DP9 数码管显示 2。用户可以使用步进电机、Audio 音频模块、4×4 键盘模块、8 个发光二极管（LED9~LED16）。与 FPGA 的 I/O 引脚连接关系如表 11-20 所列。拨码开关设置如下：

SLE1	SLE2	TLS	TLEN	=	1	0	X	X

表 11-20　接口模块引脚分配表

BTB_CON_PIN	FPGA_PIN	平台接口模块名称	备　注
CON1.57	AB17	SETP_MOROR_A	
CON1.56	AB18	SETP_MOROR_B	步进电机
CON2.1	C3	SETP_MOROR_C	
CON2.3	E5	SETP_MOROR_D	

续表 11 - 20

BTB_CON_PIN	FPGA_PIN	平台接口模块名称	备　注
CON2.4	C7	AIC_SDIN	Audio 音频模块
CON2.5	E6	AIC_ACLK	
CON2.6	F7	AIC_DIN	
CON2.8	A3	AIC_LRCIN	
CON2.9	A4	AIC_LRCOUT	
CON2.10	A5	AIC_BCLK	
CON2.11	A6	AIC_DOUT	
CON2.13	B6	BZSP	蜂鸣器
CON2.14	E11	LED9	发光二极管
CON2.15	C13	LED10	
CON2.16	F11	LED11	
CON2.18	C15	LED12	
CON2.19	E14	LED13	
CON2.20	B7	LED14	
CON2.21	B8	LED15	
CON2.23	B9	LED16	
CON2.24	B10	SWC0	4×4 键盘
CON2.25	D10	SWC1	
CON2.26	F9	SWC2	
CON2.28	A13	SWC3	
CON2.29	A14	SWR0	
CON2.30	A15	SWR1	
CON2.31	A16	SWR2	
CON2.64	C4	SWR3	

模式 3：当开关 SEL1 拨置于下方、SEL2 拨置于上方时，逻辑电平为 01，并且开关 TLEN 拨置于下方，TLS 拨置于上方，使 DP9 数码管显示 3。用户可以使用 16×2 LCD(液晶)、并行 A/D 模块和并行 D/A 模块。与 FPGA 的 I/O 引脚连接关系如表 11 - 21 所列。拨码开关设置如下：

SLE1	SLE2	TLS	TLEN	=	0	1	1	0

当开关 SEL1 拨置于下方、SEL2 拨置于上方时，逻辑电平为 01，并且开关 TLEN 拨置于下方，TLS 拨置于下方，使 DP9 数码管显示 3。用户可以使用 4.3 英寸 TFT 彩色触摸液晶。与 FPGA 的 I/O 引脚连接关系如表 11 - 21 所列。拨码开

关设置如下：

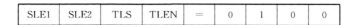

SLE1	SLE2	TLS	TLEN	=	0	1	0	0

表 11－21　接口模块引脚分配表

BTB_CON_PIN	FPGA_PIN	平台接口模块名称	备　注
CON1.57	AB17	LCD_D0	16×2 LCD 或 4.3 英寸 TFT 彩色 触摸液晶
CON1.56	AB18	LCD_D1	
CON2.1	C3	LCD_D2	
CON2.3	E5	LCD_D3	
CON2.4	C7	LCD_D4	
CON2.5	E6	LCD_D5	
CON2.6	F7	LCD_D6	
CON2.8	A3	LCD_D7	
CON2.9	A4	LCD_ES	
CON2.10	A5	LCD_R_nW	
CON2.11	A6	LCD_R_nS	
CON2.13	B6	ADC_D0	A/D 模块
CON2.14	E11	ADC_D1	
CON2.15	C13	ADC_D2	
CON2.16	F11	ADC_D3	
CON2.18	C15	ADC_D4	
CON2.19	E14	ADC_D5	
CON2.20	B7	ADC_D6	
CON2.21	B8	ADC_D7	
CON2.23	B9	ADC_Noe	
CON2.24	B10	DAC_D0	D/A 模块
CON2.25	D10	DAC_D1	
CON2.26	F9	DAC_D2	
CON2.28	A13	DAC_D3	
CON2.29	A14	DAC_D4	
CON2.30	A15	DAC_D5	
CON2.31	A16	DAC_D6	
CON2.64	C4	DAC_D7	

模式 4：当开关 SEL1 拨置于上方、SEL2 拨置于上方时，逻辑电平为 11，开关

TLEN 拨置于上方,使 DP9 数码管显示 4,用户可以使用 CF 卡接口和其他控制接口模块。与 FPGA 的 I/O 引脚连接关系如表 11-22 所列。拨码开关设置如下:

SLE1	SLE2	TLS	TLEN	=	1	1	X	1

表 11-22　接口模块引脚分配表

BTB_CON_PIN	FPAG_PIN	平台接口模块名称	备　注
CON1.57	AB17	CF_data[7]	
CON1.56	AB18	CF_data[8]	
CON2.1	C3	CF_data[6]	
CON2.3	E5	CF_data[9]	
CON2.4	C7	CF_data[5]	
CON2.5	E6	CF_data[10]	
CON2.6	F7	CF_data[4]	
CON2.8	A3	CF_data[11]	
CON2.9	A4	CF_data[3]	
CON2.10	A5	CF_data[12]	
CON2.11	A6	CF_data[2]	
CON2.13	B6	CF_data[13]	
CON2.14	E11	CF_data[1]	
CON2.15	C13		
CON2.16	F11		CF 接口信号
CON2.18	C15	CF_data[15]	
CON2.19	E14		
CON2.20	B7	CF_iowr	
CON2.21	B8	CF_iord	
CON2.23	B9	CF_iordy	
CON2.24	B10		
CON2.25	D10	CF_intrq	
CON2.26	F9	CF_iocs16	
CON2.28	A13	CF_addr[1]	
CON2.29	A14	CF_addr[10]	
CON2.30	A15	CF_addr[2]	
CON2.31	A16	CF_ce0	
CON2.64	C4		

3. FPGA_EA1 扩展 I/O

FPGA_EA1 扩展 I/O 接口电路如图 11-54 所示,I/O 接口与 FPGA 的 I/O 引脚连接关系如表 11-23 所列。

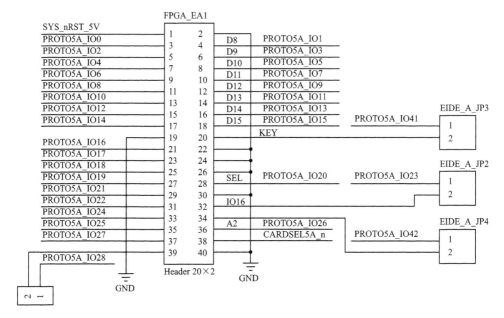

图 11-54　FPGA_EA1 扩展 I/O 接口电路图

表 11-23　FPGA_EA1 扩展 I/O 引脚分配表

排插针序号	扩展端口名称 (FPGA_EA1)	BTB_PIN	FPGA 芯片型号 FPGA_PIN (EP3C55F484C8)
1	PROTO5A nRST	CON2.44	A8
3	PROTO5A IO0	CON1.57	AB17
4	PROTO5A IO1	CON1.56	AB18
5	PROTO5A IO2	CON2.1	C3
6	PROTO5A IO3	CON2.3	E5
7	PROTO5A IO4	CON2.4	C7
8	PROTO5A IO5	CON2.5	E6
9	PROTO5A IO6	CON2.6	F7
10	PROTO5A IO7	CON2.8	A3
11	PROTO5A IO8	CON2.9	A4
12	PROTO5A IO9	CON2.10	A5
13	PROTO5A IO10	CON2.11	A6

排插针序号	扩展端口名称 (FPGA_EA1)	BTB_PIN	FPGA 芯片型号 FPGA_PIN (EP3C55F484C8)
14	PROTO5A IO11	CON2.13	B6
15	PROTO5A IO12	CON2.14	E11
16	PROTO5A IO13	CON2.15	C13
17	PROTO5A IO14	CON2.16	F11
18	PROTO5A IO15	CON2.18	C15
21	PROTO5A_IO16	CON2.19	E14
23	PROTO5A_IO17	CON2.20	B7
25	PROTO5A_IO18	CON2.21	B8
27	PROTO5A_IO19	CON2.23	B9
28(SEL)	PROTO5A_IO20	CON2.24	B10
29	PROTO5A_IO21	CON2.25	D10
31	PROTO5A_IO22	CON2.26	F9
32	PROTO5A_IO23	CON2.28	A13
33	PROTO5A_IO24	CON2.29	A14
35	PROTO5A_IO25	CON2.30	A15
36	PROTO5A_IO26	CON2.31	A16
37	PROTO5A_IO27	CON2.64	C4
39	PROTO5A_IO28	CON3.26	T18
38	CARDSEL5A_n		
2(GND)			
22(GND)			
24(GND)			
26(GND)			
19(GND)			
40(GND)			
34	PROTO5A_IO42		C6
20	PROTO5A_IO41	KEY	B5

4. FPGA_EA2 扩展 I/O

FPGA_EA2 扩展 I/O 接口电路如图 11 - 55 所示,I/O 接口与 FPGA 的 I/O 引脚连接关系如表 11 - 24 所列。

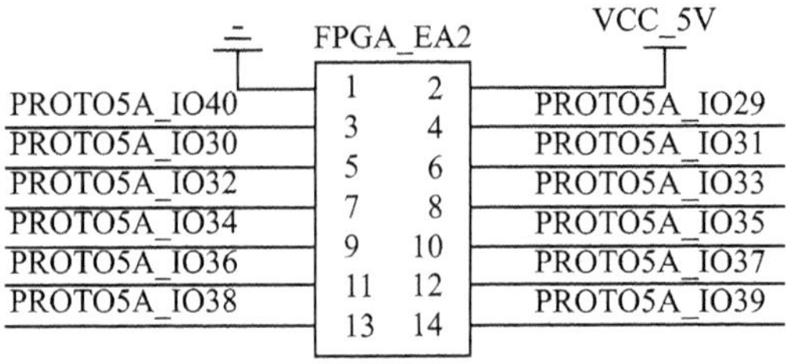

图 11 - 55 FPGA _EA2 扩展 I/O 接口电路图

表 11 - 24 FPGA _EA2 扩展 I/O 引脚分配表

排插针序号	扩展端口名称 (FPGA_EA2)	BTB_PIN	FPGA 芯片型号 FPGA_PIN (EP3C55F484C8)
1(GND)			
2(+5 V)			
4	PROTO5A IO29	CON3.30	R17
5	PROTO5A IO30	CON3.35	N19
6	PROTO5A IO31	CON3.36	P20
7	PROTO5A IO32	CON1.59	W14
8	PROTO5A IO33	CON1.58	AB16
9	PROTO5A IO34	CON1.60	Y13
10	PROTO5A IO35	CON3.61	AB14
11	PROTO5A IO36	CON3.38	R19
12	PROTO5A IO37	CON3.39	T16
13	PROTO5A IO38	CON2.57	B3
14	PROTO5A IO39	CON2.56	B4
3	PROTO5A IO40	CON2.55	B5

五、FPGA 集成开发环境 Quartus Ⅱ 软件使用

运行 Quartus Ⅱ图标,弹出初始信息界面,如图 11 - 56 所示。

接着弹出 Quartus Ⅱ开发环境的开始界面,如图 11 - 57 所示。

利用 Quartus Ⅱ 9.0 编辑程序的方法有:文本编辑法、图形编辑法和混合编辑法。现分别介绍如下。

1. 文本编辑法

设计一个 4 位二进制加法计数器,具有清零功能等,以此为例介绍文本编辑过程。

(1) 创建新工程

① 打开工程建立向导,设置新工程名,方法是选择 File→New Project Wizard 选

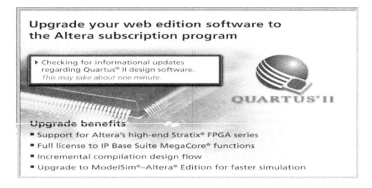

图 11 - 56　Quartus Ⅱ 初始信息界面

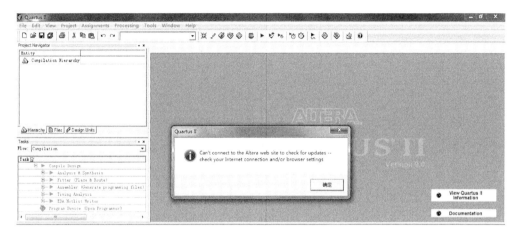

图 11 - 57　Quartus Ⅱ 开始界面

项,操作界面如图 11 - 58 所示。

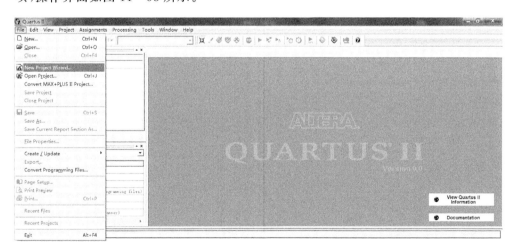

图 11 - 58　建立新工程

选择 New Project Wizard 选项后,弹出如图 11-59 所示的新建工程对话框。

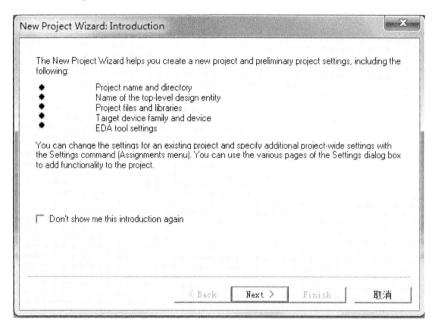

图 11-59 新建工程对话框

单击 Next 按钮,弹出如图 11-60 所示的界面,用于设置工程存放路径、工程名以及顶层文件名。

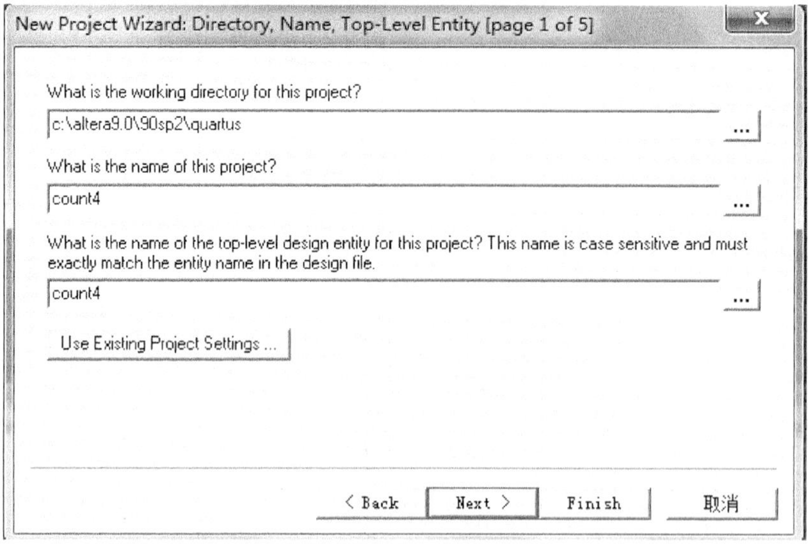

图 11-60 选择需要加入的文件路径和工程名以及文件名

② 在图 11-60 所示的界面里若有已的编好的程序代码需要添加到本工程中，则直接添加该文件。若没有，则选择需要加入的文件路径和工程名以及新文件名。随后单击 Next 按钮，弹出选择目标器件对话框，如图 11-61 所示。

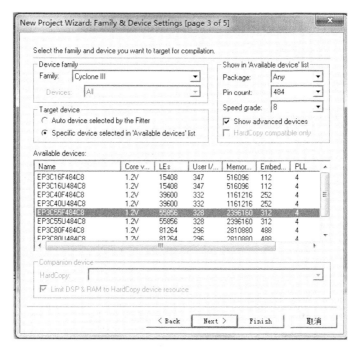

图 11-61 选择目标器件对话框

③ 选择目标器件。选择 Cyclone Ⅲ FPGA，型号为 EP3C55F484C8。选中后单击 Next 按钮，弹出如图 11-62 所示的界面。

④ 选择第三方 EDA 工具。如有，可选择第三方 EDA 软件进行必要的仿真，例如选择 ModeSim-Altera；否则单击 Next 按钮。

⑤ 工程建立完成后，弹出如图 11-63 所示的完整信息界面，单击 Finish 按钮，完成工程建立。

（2）建立源程序文件

单击菜单栏 File，弹出下拉菜单，选中 New 选项，如图 11-64 所示。

单击 New 选项，弹出选择文件类型对话框，如图 11-65 所示。文件类型有 AHDL File、Block Diagram/Schematic File、EDIF File、State Machine File、System-Verilog HDL File、Tcl Script File、Verilog HDL File、VHDL File 等可供选择。

文本编辑一般选择 VHDL File 或 Verilog HDL File 类型，在此用 VHDL 编程，故选择 VHDL File，单击 OK 按钮，弹出文本编辑界面，可以输入程序代码。

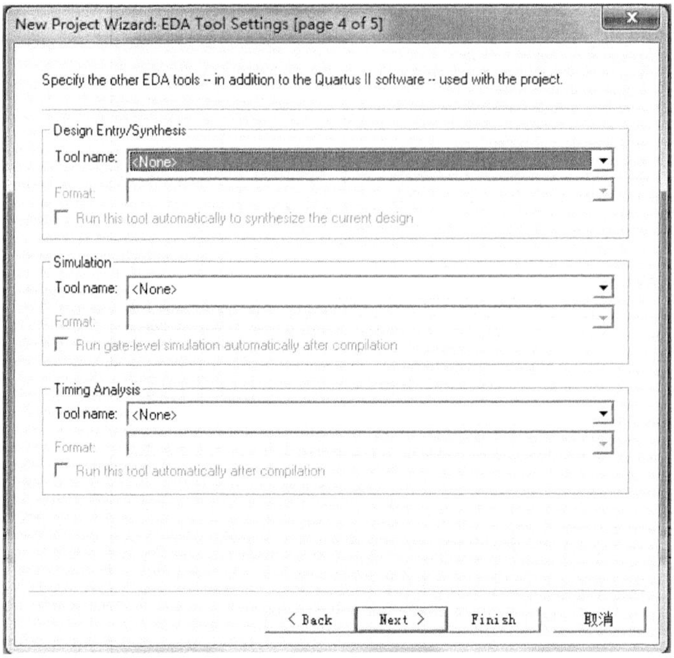

图 11-62　选择第三方 EDA 工具

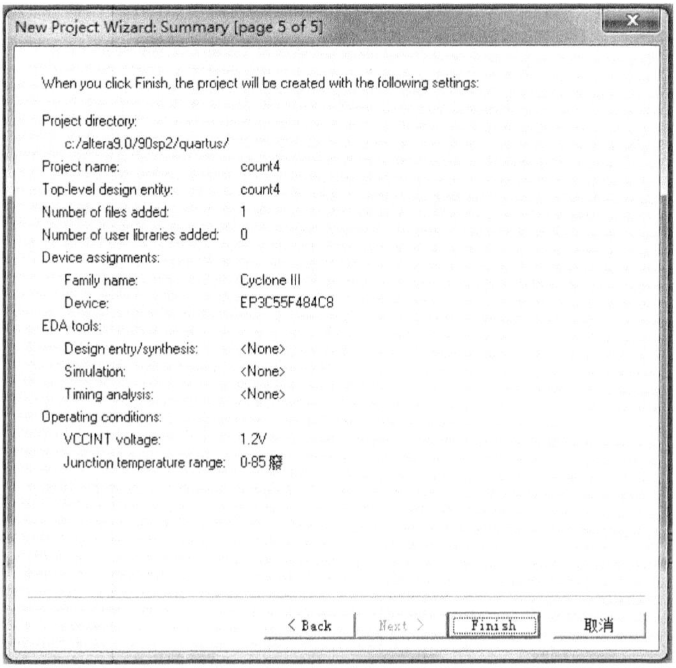

图 11-63　新工程建立完成

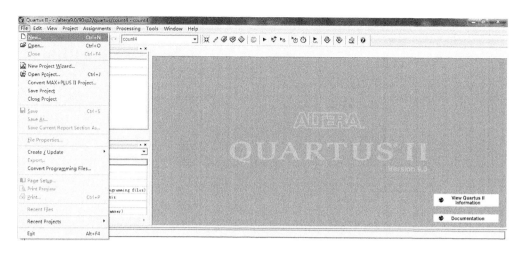

图 11 - 64　新建源程序文件

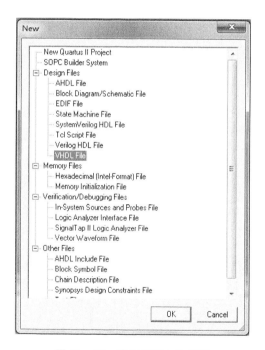

图 11 - 65　选择新建文件类型

（3）输入源程序代码

采用 VHDL 输入源程序代码，如图 11 - 66 所示。

（4）保存文件

选择 File→Save 选项，弹出如图 11 - 67 所示的界面。设置保存文件名为 count4，单击"保存"按钮，完成文件命名保存。

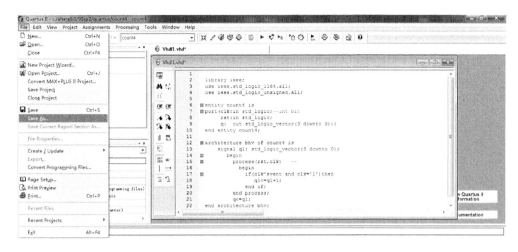

图 11-66 源程序代码编辑窗口

图 11-67 保存文件对话框

注意：若此文件中的模块为顶层模块，则保存时的文件名必须跟文件中模块实体名一致，否则软件编译会出错。

（5）编译工程

选择 Processing→Start Compilation 选项，如图 11 - 68 所示，单击后开始编译。

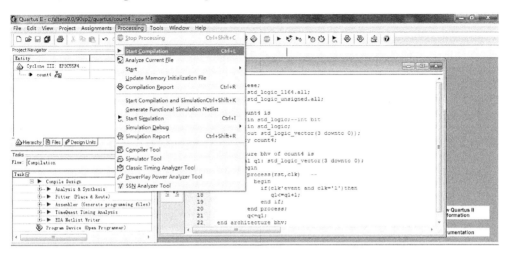

图 11 - 68　编译工程

编译结束后会弹出编辑结果对话框，若显示成功，则表示编辑成功；否则按照下面编译出错信息进行修改，重新保存和编译，直到编译成功为止，如图 11 - 69 所示。

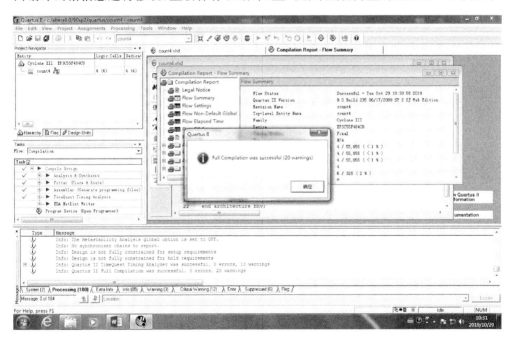

图 11 - 69　编译成功

单击"确定"按钮，编译完成，可以继续下面的操作。

接下来进行仿真和下载验证。

（6）建立矢量波形文件

选择 File→New 选项，单击 New 选项后，弹出如图 11-70 所示的界面。在 Verification/Debugging Files 中有 In-System Sources and Probes File、Logic Analyzer Interface File、SignalTap Ⅱ Logic Analyzer File、Vector Waveform File 等类型可选择。

图 11-70 新建矢量波形文件

选中 Vector Waveform File，单击 OK 按钮。

（7）添加引脚或节点

① 建立 Vector Waveform 文件后，弹出如图 11-71 所示的界面。选择 Edit→Insert→Insert Node or Bus 选项或在工作空白区域双击鼠标左键或右击选择 Insert→Insert Node or Bus 选项，弹出 Insert Node or Bus 对话框。

② 如图 11-72 所示，在 Insert Node or Bus 对话框中，单击 Node Finder 按钮，弹出如图 11-73 所示的界面。然后再单击 List 按钮，或在 Filter 方框里选择 Pin:all 后，再单击 List 按钮，弹出如图 11-74 所示的界面。

选中图 11-73 左边的变量信息，双击后，就可以把选中的变量信息添加到右边区域。

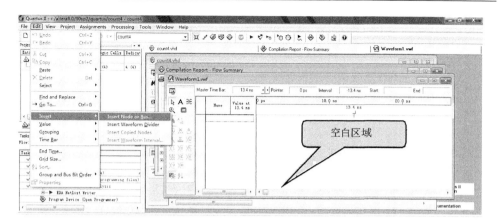

图 11 - 71　添加引脚或节点

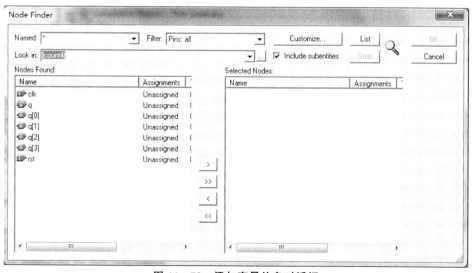

图 11 - 72　查找节点

图 11 - 73　添加变量信息对话框

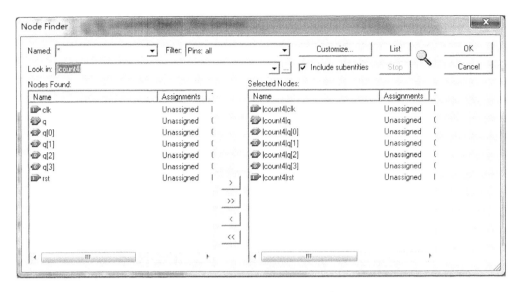

图 11 - 74　添加变量信息成功

所有变量添加完成后，单击 OK 按钮，弹出如图 11 - 75 所示的界面。

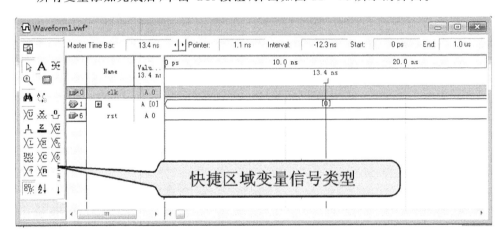

图 11 - 75　给选中的变量指定相应的信号

(8) 编辑输入信号并保存文件

① 在显示的变量区域用鼠标选中某一变量(如 clk)后，左边功能快捷区域变为有效。

② 然后给选中变量指定相应的信号，如高电平、低电平、时钟等信号。

如双击选中时钟信号 clk 后，弹出如图 11 - 76 所示的界面，可修改参数信息，单击 OK 按钮，变量 clk 的信号就设置完成，并显示在相关区域，弹出如图 11 - 77 所示的界面。

同理,选中其他的输入变量并设置相应信号。强调一点：输出变量就不用设置了。

如图 11-78 所示,在右边工作区域空白处右击弹出 Zoom 菜单界面,选中 Zoom 选项,弹出 Zoom **修改参数对话框**,如图 11-79 所示,现在就可以修改显示区域周期大小了。

修改 Zoom 中的 Scale 参数值,使得 clk 的波形数增多,如图 11-80 所示。

变量参数设置完成后,选择 File→Save 选项,保存波形文件为 count4,如图 11-81 所示。

波形文件 count4 保存完成后,就可以进行仿真了。

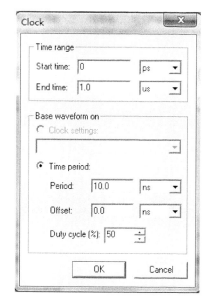

图 11-76　修改参数信息

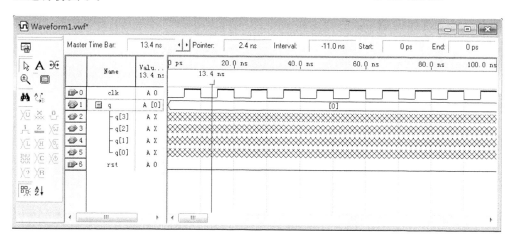

图 11-77　信息设置完成

(9) 仿　真

仿真分为时序仿真和功能仿真。

① 系统默认为时序仿真。选择 Processing→Start Simulation 选项,如图 11-82 所示,确认后就开始时序仿真。

模拟仿真正确,弹出如图 11-83 所示的对话框。

可修改 Zoom 中的 Scale 参数值,改变 clk 的波形数,如图 11-84 所示。验证输入、输出信号之间的关系看结果是否满足要求,有什么不同或区别等现象。

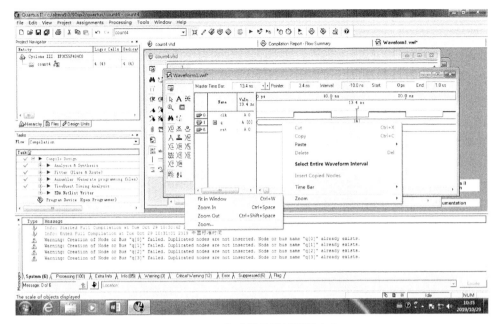

图 11 - 78　修改显示区域周期大小

图 11 - 79　Zoom 修改参数信息对话框

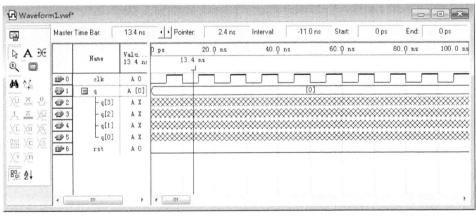

图 11 - 80　修改后的 clk 波形

图 11 - 81　保存波形文件

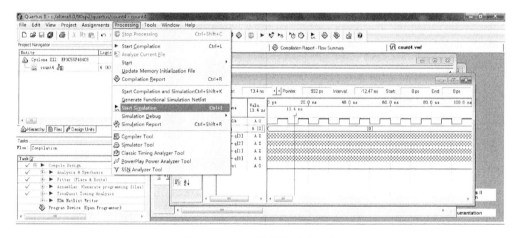

图 11 - 82　开始模拟时序仿真

图 11 - 83　仿真结果信息对话框

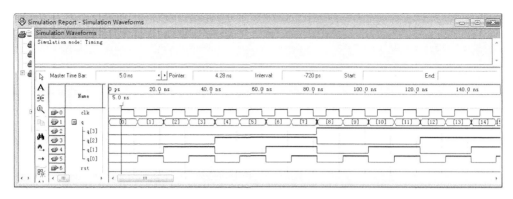

图 11 - 84　验证仿真波形

② 功能仿真。如图 11 - 85 所示，选择 Assignments→Settings 选项，弹出如图 11 - 86 所示的界面，从左侧菜单中选择 Simulator Settings 选项，然后在右侧的 Simulation mode 下拉列表框中选择 Functional，单击 OK 按钮完成配置。

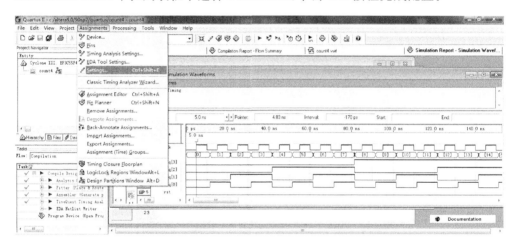

图 11 - 85　重新设置仿真功能

然后选择 Processing→Generate Functional Simulation Netlist 选项，如图 11 - 87 所示。

最后选择 Processing→Start Simulation，确认后就开始模拟功能仿真，如图 11 - 88 所示。

单击"确定"按钮后，可修改 Zoom 中的 Scale 参数值，改变 clk 的波形数，如图 11 - 89 所示。验证输入、输出信号之间的关系看结果是否满足要求，有什么不同或区别等现象。

思考：仔细观察功能仿真与时序仿真波形是否一样？

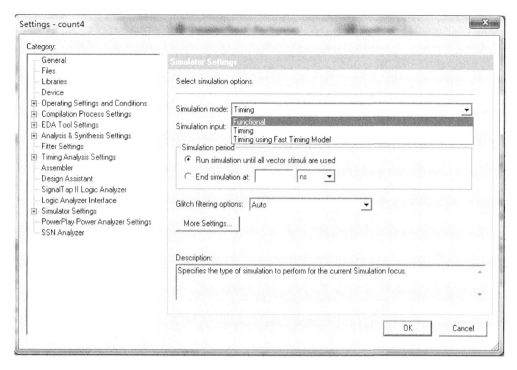

图 11-86　选择功能仿真 Functional

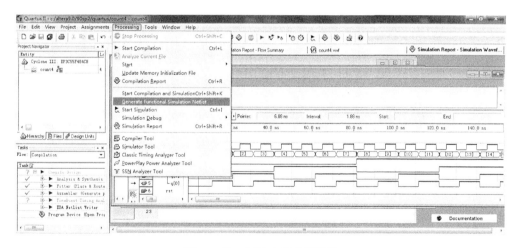

图 11-87　创建功能仿真列表

（10）引脚分配

选择 Assignments→Pins 选项，如图 11-90 所示。

执行 Pins 后，弹出如图 11-91 所示的界面。参照 FPGA 引脚 I/O 与负载区各接口电路对照表（见表 11-19），对输入、输出信号与目标器件的引脚进行绑定。绑

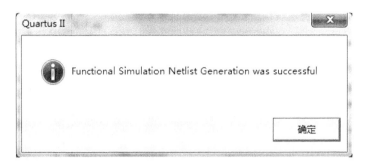

图 11 - 88　开始仿真

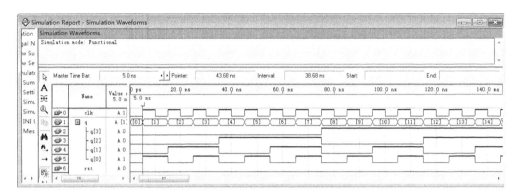

图 11 - 89　验证仿真结果

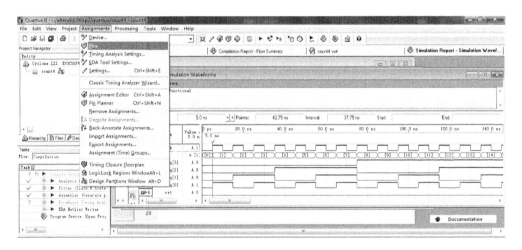

图 11 - 90　引脚分配

定完成后,如图 11 - 92 所示,关闭界面,在下载验证之前必须对绑定后的配置进行重新编译。

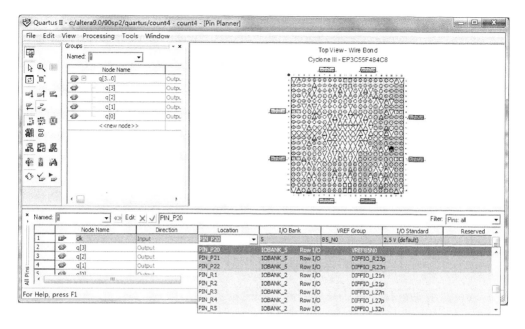

图 11 - 91   FPGA 引脚界面

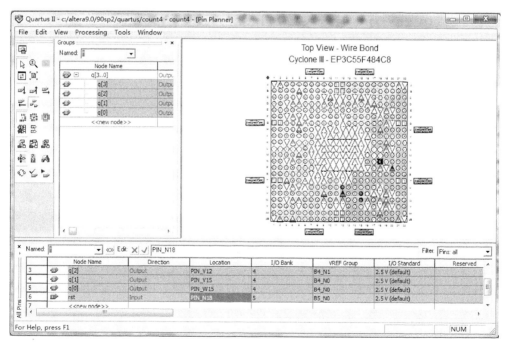

图 11 - 92   分配后的 FPGA 引脚界面

（11）下载验证

① 完成引脚分配后，选择 Processing→Start Compilation 选项，如图 11-93 所示，重新执行编译，才可生成下载文件。

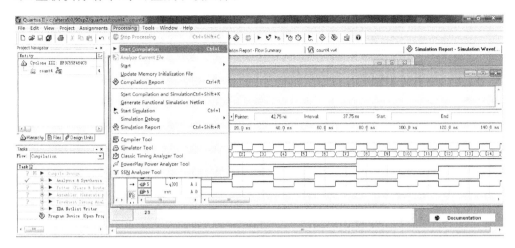

图 11-93　选择开始编译界面

对目标器件引脚分配后的编译如图 11-94 所示。

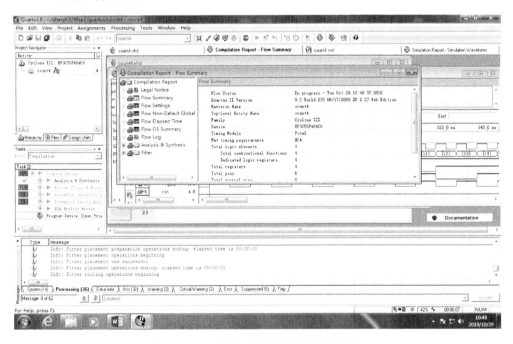

图 11-94　对目标器件引脚分配后的编译

编译完成信息对话框和编译后的提示清单如图 11-95 所示。

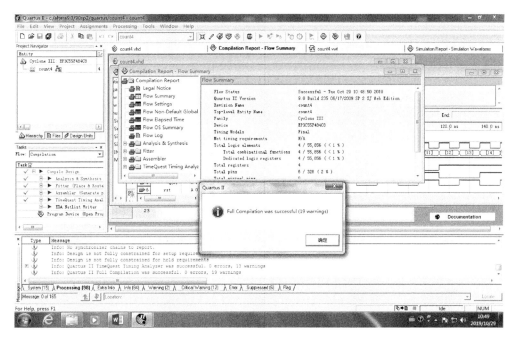

图 11 - 95　编译完成信息对话框和编译后的提示清单

至此,已生成下载文件,下面就可以进行下载验证了。

① 配置下载电缆。选择 Tools→Programmer 选项,如图 11 - 96 所示。

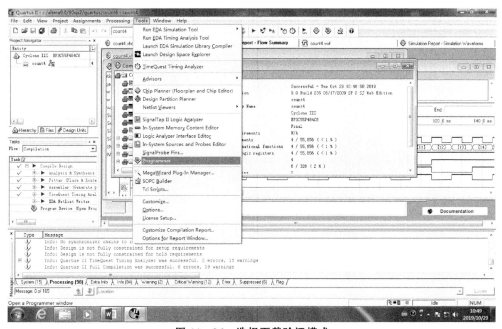

图 11 - 96　选择下载验证模式

单击确认后,弹出如图 11 - 97 所示的对话框,单击 Hardware Setup 按钮选择下载电缆方式。

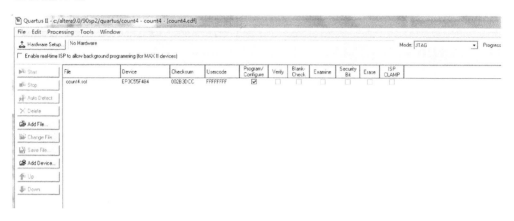

图 11 - 97   选择下载电缆方式

下载电缆硬件设置 Hardware Setup 按钮右边显示的是当前采用的烧录设备,单击 Hardware Setup 按钮,弹出如图 11 - 98 所示的对话框,有 USB - Blaster(USB - 0)等可供选择。

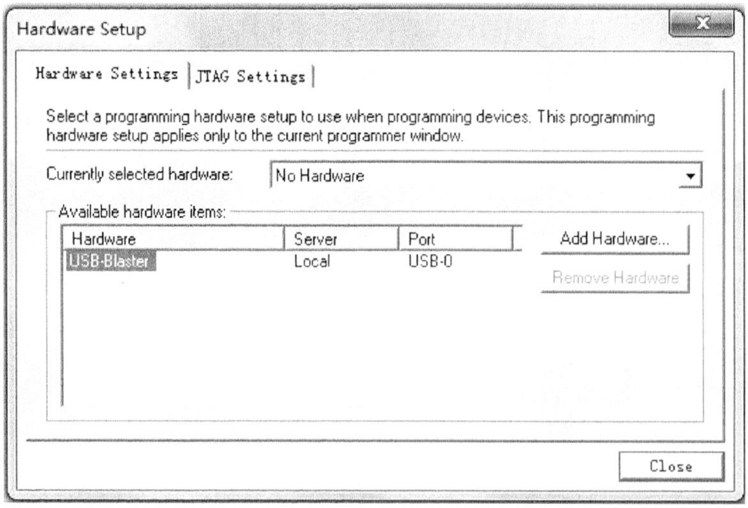

图 11 - 98   当前烧录设备

可选并口(打印机口)下载或 USB 下载模式,待具体连接情况而定。根据实验平台实际提供的下载线电缆方式进行选择,在这里选择 USB 下载模式,双击 USB - Blaster(USB - 0)选项,然后单击 Close 按钮,关闭窗口,如图 11 - 99 所示。

下载电缆设置完成后,接着选择 Mode 模式,有 JTAG 和 Active Serial Programming、In - Socket Programming、Passive Serial 四种模式,针对不同模式选择不

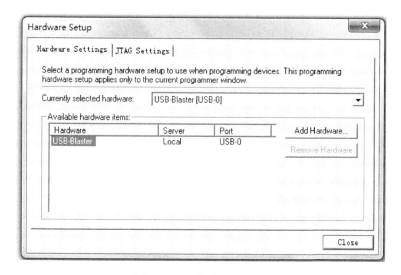

图 11 - 99　修改下载设备

同的下载文件,如图 11 - 100 所示。

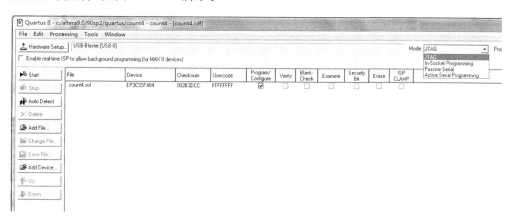

图 11 - 100　选择下载模式

③ 如选中 JTAG 模式下载,其下载文件为 ＊.sof,将程序下载到 FPGA 内部 RAM 区,掉电程序丢失。

④ 如选中 Active Serial Programming 模式下载,其下载文件为 ＊.pof,将程序下载到 FPGA 外挂的 EEPROM 内,掉电程序不丢失,上电后,从 EEPROM 中将程序读入 FPGA 内部 RAM 区执行。

FPGA 实验要求在线调试验证程序,不允许固化程序,故 Mode 选择 JTAG 模式下载,一般来说系统默认自动加载 ＊.sof 文件,也可以单击左侧 Add File 按钮,手动添加 ＊.sof 下载文件。下载文件选中后,左侧 Start 按钮显示可操作,单击 Start 按钮后,Process 进度条显示下载进度,如图 11 - 101 所示。

图 11 - 101　开始下载

当 Process 进度条显示 100％后,表示文件下载完成,如图 11 - 102 所示;否则,表示下载失败,查阅 Message 区域错误信息,找到下载失败原因,解决后再次进行下载操作。

图 11 - 102　下载完成

下载成功后,按照设计功能,操作输入信号,验证输出结果是否满足要求。

4 位二进制加法计数器实验验证步骤如下:

第一,输入信号 clk 时钟→把 FPGA _EA2_p6(Pin_P20)用导线与 CLK_OUT 区的(FRQ_Q21 1 Hz)连接,FRQ_Q21 1 Hz 的对应位置在实验箱 LED 点阵左边 14 个排针处。rst 清零输入信号→N18(SW - 1)的对应位置在实验箱右下部分"逻辑开关组"左下边开始第一个;输出信号 q3→U12(LED1),q2→V12(LED2),q1→V15

(LED3),q0→W13(LED4)显示位置在实验箱中部最下边左下角第一、二、三、四个发光二极管。

第二,把输入信号 rst 设为"1"、clk 时钟(FRQ_Q21 1Hz)用导线与 P20(FPGA_EA2_p6)相连频率为 1 Hz,输出结果显示为第一、二、三、四个发光二极管按照0000→0001→…→1111 循环显示,仔细观察显示信息是否满足要求。

用户还可以应用其他功能,如下:

> 使用 RTL Viewer 分析综合结果:Tools→Netlist Viewers→RTL Viewer。
> 使用 Technology Map Viewer 分析综合结果:Tools→Netlist Viewers→RTL Technology Map Viewer。
> 封装成图形文件:File→Create/Update→Create Symbol File for Current File→生成 *.bsf 格式的图形文件。

2. 图形编辑法

设计一个一位半加法器电路,以此为例介绍图形编辑过程。

(1) 建立新工程

① 指定新工程名称;

② 选择需要加入的文件路径和工程名以及文件名;

③ 选择目标器件;

④ 选择第三方 EDA 工具;

⑤ 完成新工程设置。

这部分操作步骤可仿照文本编辑法的步骤设置方法进行设置。

(2) 建立图形文件

选择 File→New 选项,弹出 New 对话框,如图 11-103 所示。设计文件类型有 AHDL File、Block Diagram/Schematic File、EDIF File、State Machine File、System-Verilog HDL File、Tcl Script File、Verilog HDL File、VHDL File 等。选择 Block Diagram/Schematic File 类型,单击 OK 按钮,便建立了一个图形文件。

单击 OK 按钮,弹出如图 11-104 所示的界面后,选择 Edit→Insert Symbol 选项,或右击,在菜单中选择 Insert Symbol,或在编辑框中双击右键,均可弹出如图 11-105 所示的 Symbol 界面。

(3) 放置元件符号

在 Symbol 界面左侧 Name 文本框中输入"and2",便出现了一个两输入与门,也可以在 Libraries 项中查找两输入与门,单击 OK 按钮,编辑框区域出现两输入与门图形符号,单击左键放置此元件。以同样的方式输入"xor"或在库中自行选择 xor 元件,单击 OK 按钮后,再单击左键放置元件,工作区域出现异或门图形符号,如图 11-106 所示。

以同样的方式添加引脚符号:input 和 output,按照元件所需输入/输出引脚数量进行引脚添加,如图 11-107 所示。

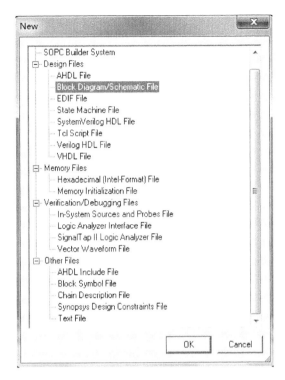

图 11 - 103　选择文件类型对话框

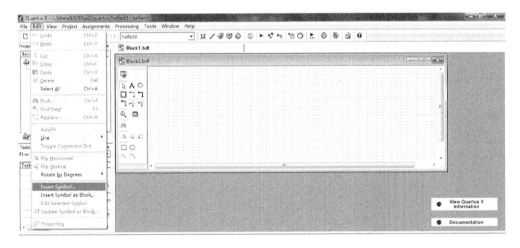

图 11 - 104　插入符号

（4）连接各元器件并命名

在工作区域左侧有一个工具栏，单击连线快捷键，当鼠标位于一个图形符号引脚上或图形模块边沿时连线工具变为十字形，移动鼠标选择开始点，按住鼠标左键拖动到终止点放开，线路连接完成。可以对 input 输入引脚名、output 输出引脚名进行修

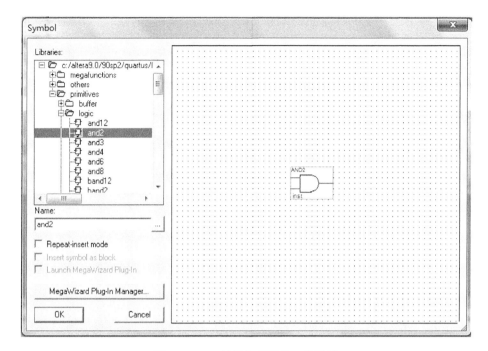

图 11 - 105　放置与门符号工作区域

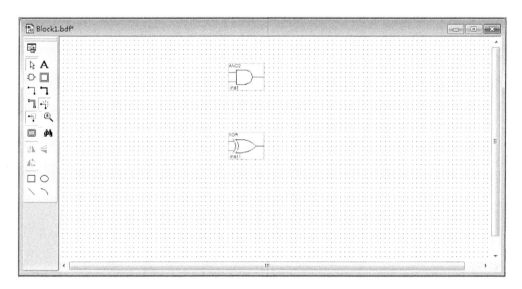

图 11 - 106　放置异或门符号工作区域

改重新命名,方法是双击 input 输入端符号,弹出如图 11 - 108 所示的对话框,可以进行 Pin name 和 Default value 设置。对于 output 输出引脚,没有 Default value 设置项。

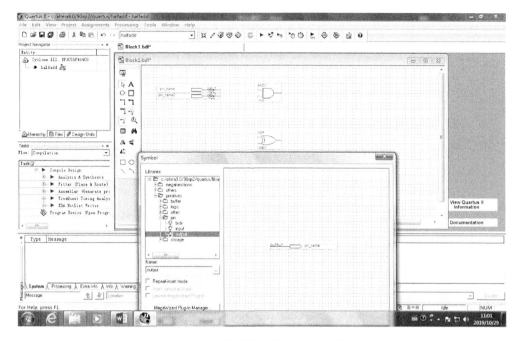

图 11-107　放置输入/输出符号工作区域

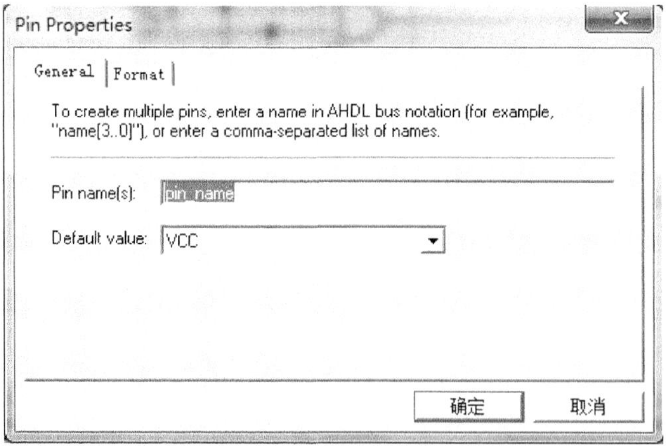

图 11-108　对输入/输出符命名

　　把两个输入引脚的 Pin name 分别修改成 a 和 b,作为半加器的加数和被加数。把两个输出引脚的 Pin name 分别修改成 carry、sum,作为半加器的进位、和。引脚定义及电路连线完成效果如图 11-109 所示。

　　(5) 保存文件

　　若此图形文件为顶层文件,则保存的图形文件名与工程名要一致。

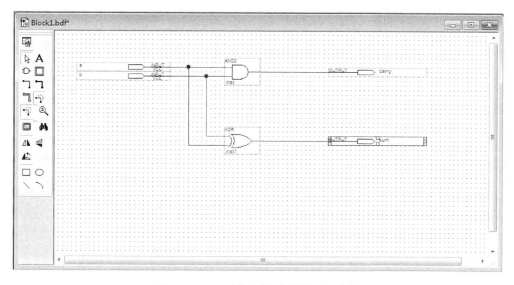

图 11 - 109　对输入/输出符号重新命名

（6）编译工程

保存完成后，就可以对图形文件进行编译。其方法是选择 Processing→Start Compilation 选项，开始编译，如图 11 - 110 所示。

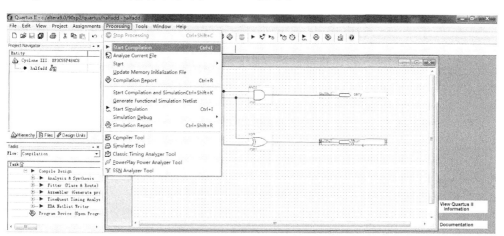

图 11 - 110　保存图形文件编译

编译成功后，弹出编译结果对话框，如图 11 - 111 所示，单击"确定"按钮，编译完成，可以继续下面的操作。若编译失败，则按照 Message 错误信息进行修改，重新编译，直到编译成功。

仿真、下载验证过程：

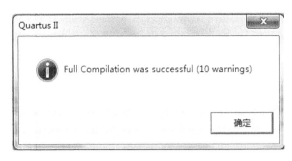

图 11 - 111　编译完成

建立矢量波形文件;添加引脚或节点;仿真(时序仿真和功能仿真);引脚分配,重新编译;下载验证(设置不同的输入信号,观察输出结果是否满足要求),这部分操作步骤可仿照文本编辑法中的仿真、下载验证过程,在此不再赘述。

实验验证步骤如下:

① 输入信号 a→N18(SW - 1)、b→M20(SW - 2),对应位置在实验箱右下部分"逻辑开关组"左下边开始第一个和第二个,输出信号 sum(和)→U12(LED1)、carry(进位)→V12(LED2),对应位置在实验箱中部最下边左下角第一、二个发光二极管。

② 输入信号 a、b 都为"1",输出结果信息为第二个发光二极管"亮" → carry(进位),第一个发光二极管"灭" → sum(和);依次改变输入信号 a、b,观察结果是否正确。

此外用户还可以应用其他功能,如下:

➢ 使用 RTL Viewer 分析综合结果:Tools→Netlist Viewers→RTL Viewer。

➢ 使用 Technology Map Viewer 分析综合结果:Tools→Netlist Viewers→ RTL Technology Map Viewer。

➢ 创建图元 File→Create/Update→Create Symbol File for Current File→生成 * . bsf 格式的图形文件。

3. 混合编辑法

在一个工程中,文本文件、图形文件或其他文件可以并存,实现混合编辑,各种格式的文件通过相应的转换设置,实现互相调用。

(1) 自底向上的步骤

① 建立新工程:

➢ 指定新工程名称。

➢ 选择需要加入的文件路径和工程名以及文件名。

➢ 选择目标器件。

➢ 选择第三方 EDA 工具。

➢ 完成新工程设置。

② 建立文件：建立多个 VHDL 或 Verilog HDL 文本文件。

③ 输入程序代码。

④ 创建图元：File→Create/Update→Create Symbol File for Current File→生成 *.bsf 格式的图形文件。生成的图元符号可以在其他模块间例化使用。

⑤ 建立图形文件并添加图元符号。

⑥ 连接各模块并命名。

⑦ 编译工程。

⑧ 仿真：

➤ 系统默认为时序仿真。

➤ 功能仿真 Assignments→Settings→Simulator Settings，选择 Processing→Generate Functional Simulation Netlist→单击波形仿真按钮。

仿真结果正确后（当然也可以不做仿真），继续后续步骤。

⑨ 引脚分配 Assignments→Pins。

⑩ 下载验证：

➤ 对引脚分配后必须再重新编译。

➤ 配置下载电缆选择 Tools→Programmer。

➤ JTAG 模式下载，下载文件为 *.sof。

➤ Active Serial 模式下载，下载文件为 *.pof。

（2）自顶向下步骤

① 建立新工程：

➤ 指定新工程名称。

➤ 选择需要加入的文件路径和工程名以及文件名。

➤ 选择目标器件。

➤ 选择第三方 EDA 工具。

➤ 完成新工程设置。

② 建立文件：建立多个 VHDL 或 Verilog HDL 文本文件。

③ 创建图标模块：单击 Block Tool 按钮，在适当位置放置一个符号块。

④ 设置模块：在符号块上右击，从弹出的菜单中选择 Block Properties。

⑤ 添加模块引线并设置属性。

⑥ 创建设计文件。

⑦ 输入程序代码。

⑧ 添加其他模块并完成顶层电路设计。

⑨ 编译工程。

⑩ 仿真：

➤ 系统默认为时序仿真。

➤ 功能仿真，选择 Assignments→Settings→Simulator Settings，再选择 Processing→Generate Functional Simulation Netlist,然后单击波形仿真按钮。

➢ 仿真结果正确后(当然可以不做仿真),继续后续步骤。

⑪ 引脚分配,选择 Assignments→Pins。

⑫ 下载验证:

➢ 对引脚分配后必须再重新编译。

➢ 配置下载电缆,选择 Tools→Programmer。

➢ JTAG 模式下载,下载文件为 *.sof。

➢ Active Serial 模式下载,下载文件为 *.pof。

4. 补充说明

(1) 配置文件格式说明

① SRAM Object File(.sof):在 JTAG 或者 PS 模式下使用 Altera 的专用下载电缆对 FPGA 进行配置需要用到 *.sof 文件。Quarters Ⅱ 在编译过程中自动生成这个文件,并利用它转换产生其他类型的配置文件。

② Programmer Object File(.pof):*.pof 文件是对 Altera 的 CPLD 或者专用配置芯片进行编程的文件。在使用配置芯片时,对于规模较小的 FPGA 可以将多个 *.pof 合并到一个 *.pof 中,利用一枚配置芯片配置多片 FPGA。对于规模大的 FPGA,如果一枚配置芯片不够,可以将 *.pof,采用多枚配置芯片对 FPGA 进行配置。

(2) 下载线驱动程序说明

Hardware Setup 选择下载电缆的方式有 ByteBlasterMV(LPT1)、USB – Blaster(USB – 0)等,可选并口(打印机口)下载或 USB 下载模式,应分别有相应的驱动程序,否则无法使用。① 在控制面板中"添加硬件",选择"添加硬件向导",单击 Next 按钮;② 屏幕显示"是,硬件已连接好",单击 Next 按钮;③ 选择"添加新的硬件设备";④ 选择"安装我手动从列表中选择的硬件";⑤ 选择"声音、视频和游戏控制器",单击 Next 按钮;⑥ 选择"从磁盘安装",单击 Next 按钮;⑦ 选择 winXX.inf 安装;⑧ 不同系统版本和下载模式有不同的驱动安装程序需谨慎选择。

(3) Quartus Ⅱ 文件类型说明

Quartus Ⅱ 是一款功能强大的 EDA 软件,可以完成编辑、编译、仿真、综合、布局布线、时序分析、生成编程文件、编程等全套 PLD 开发流程。

Quartus Ⅱ 以工程(Project)为单位管理文件,保证了设计文件的独立性和完整性。Quartus Ⅱ 功能众多,每一项功能都对应一个甚至多个文件类型。在使用中,如果需要转移或备份某一工程对应的文件,对众多文件的取舍成了一个令人头痛的问题。工程中各种文件类型如表 11 – 25 所列。

表 11 – 25　工程中文件类型

序　号	文件类型(File Type)	扩展名(Extension)
1	AHDL Include File	. inc
2	ATOM Netlist File	. atm
3	Block Design File	. bdf
4	Block Symbol File	. bsf
5	BSDL file	. bsd
6	ChainDescription File	. cdf
7	Comma-Separated Value File	. csv
8	Component Declaration File	. cmp
9	Compressed Vector Waveform File	. cvwf
10	Conversion Setup File	. cof
11	Cross-Reference File	. xrf
12	database files	. cdb, . hdb, . rdb, . tdb
13	programming files	. cdf, . cof
14	QMSG File	. qmsg
15	Quartus Ⅱ Archive File	. qar
16	Quartus Ⅱ Archive Log File	. qarlog
17	Quartus User-Defined Device File	. qud
18	Quartus Ⅱ Default Settings File	. qdf
19	Quartus Ⅱ Exported Partition File	. qxp
20	Quartus Ⅱ Project File	. qpf
21	Quartus Ⅱ Settings File	. qsf
22	VHDL Design File	. vhd, . vhdl
23	RAM Initialization File	. rif
24	Raw Binary File	. rbf
25	Raw Programming Data File	. rpd
25	Routing Constraints File	. rcf
27	Signal Activity File	. saf
28	SignalTap Ⅱ File	. stp
29	Verilog Design File	. v, . vh, . verilog, . vlg
30	SRAM Object File	. sof
31	Standard Delay Format Output File	. sdo
32	Symbol File	. sym

序　号	文件类型 File Type	扩展名（Extension）
33	Synopsys Design Constraints File	. sdc
34	Tab-Separated Value File	. txt
35	Tabular Text File	. ttf
36	Tcl Script File	. tcl
37	Text Design File	. tdf
38	Text-Format Report File	. rpt
39	Text-Format Timing Summary File	. tan. summary
40	Timing Analysis Output File	. tao
41	I/O Pin State File	. ips
42	EDIF Input File	. edf，. edif，. edn
43	Global Clock File	. gclk
44	Graphic Design File	. gdf
45	HardCopy files	. datasheet，. sdo，. tcl，. vo
46	Hexadecimal (Intel-Format) File	. hex
47	Hexadecimal Output File (Intel-Format)	. hexout
48	HSPICE Simulation Deck File	. sp
49	HTML-Format Report File	. htm
50	DSP Block Region File	. macr
51	IBIS Output File	. ibs
52	License File	license. dat
53	Jam Byte Code File	. jbc
54	Jam File	. jam
55	JTAG Indirect Configuration File	. jic
56	Library Mapping File	. lmf
57	PartMiner edaXML-Format File	. xml
58	Logic Analyzer Interface File	. lai
59	Memory Initialization File	. mif
60	Programmer Object File	. pof
61	In System Configuration File	. isc
62	Pin-Out File	. pin
63	placement constraints file	. apc
64	Memory Map File	. map
65	version-compatible database files	. atm，. hdbx，. rcf，. xml

序　号	文件类型 File Type	扩展名(Extension)
66	Quartus Ⅱ Workspace File	. qws
67	VHDL Output File	. vho
68	vector source files	. tbl、. vwf、. vec
69	XML files	. cof、. stp、. xml
70	waveform files	. scf、. stp、. tbl、. vec、. vwf
71	VHDL Test Bench File	. vht
72	Vector File	. vec
73	Simulator Channel File	. scf
74	Verilog Quartus Mapping File	. vqm
75	Verilog Output File	. vo
76	Verilog Test Bench File	. vt
77	Token File	ted. tok
78	Value Change Dump File	. vcd
79	Vector Waveform File	. vwf
80	Vector Table Output File	. tbl

表 11 - 25 所列的文件可以分为五类:

第一类文件,编译必需的文件→设计文件(. gdf、. bdf、EDIF 输入文件、. tdf、ver-ilog 设计文件、. vqm、. vt、VHDL 设计文件、. vht)、存储器初始化文件(. mif、. rif、. hex)、配置文件(. qsf、. tcl)、工程文件(. qpf)。

第二类文件,编译过程中生成的中间文件(. eqn 文件和 db 目录下的所有文件)。

第三类文件,编译结束后生成的报告文件(. rpt、. qsmg 等)。

第四类文件,根据个人使用习惯生成的界面配置文件(. qws 等)。

第五类文件,生成的编程文件(. sof、. pof、. ttf 等)。

第一类文件是一定要保留的;第二类文件在编译过程中会根据第一类文件生成,不需要保留;第三类文件会根据第一类文件的改变而变化,反映了编译后的结果,可以视需要保留;第四类文件保存了个人使用偏好,也可以视需要保留;第五类文件是编译的结果,一定要保留。

在开发过程时,通常保留第一类、第三类和第五类文件。但是第三类文件通常很少被反复使用。为了维护一个最小工程,第一类和第五类文件是一定要保留的。

(4) LCD_ALONE_CTRL_SW 设置功能说明

8 位 LCD_ALONE_CTRL_SW 控制拨码开关是控制核心板中 FPGA 的 I/O 引脚到开发平台部分模块切换端口选择。实物图如图 11 - 112 所示。

① 当开关 TLAS 拨置于下方时,可以使用 I²C RTC 实时时钟模块。

图 11 - 112　LCD_ALONE_CTRL_SW 拨码开关实物图

| EO | KSI | VLPO | TOS | TIE | TIS | TLAE | TLAS | = | 0 | 0 | 0 | 0 | 0 | 0 | 0 | 0 |

② 当开关 TLAS 拨置于上方时,可以使用 SD 卡模块。

| EO | KSI | VLPO | TOS | TIE | TIS | TLAE | TLAS | = | 0 | 0 | 0 | 0 | 0 | 0 | 0 | 1 |

③ 当开关 TLAE 拨置于下方时,可以使用按键模块中的 F7、F8、F9、F10。

| EO | KSI | VLPO | TOS | TIE | TIS | TLAE | TLAS | = | 0 | 0 | 0 | 0 | 0 | 0 | 0 | 0 |

④ 当开关 TLAE 拨置于上方时,可以使用数字温度传感器模块,选择使用 I^2C EEPROM 模块。

| EO | KSI | VLPO | TOS | TIE | TIS | TLAE | TLAS | = | 0 | 0 | 0 | 0 | 0 | 0 | 1 | 0 |

⑤ 当开关 TIS 拨置于下方时,可以使用 LED1~LED8,PS 方式键盘/鼠标接口,VGA 接口。

| EO | KSI | VLPO | TOS | TIE | TIS | TLAE | TLAS | = | 0 | 0 | 0 | 0 | 0 | 0 | 0 | 0 |

⑥ 当开关 TIS 拨置于上方时,可以使用选配的摄像头,插在摄像头接口端口上。

| EO | KSI | VLPO | TOS | TIE | TIS | TLAE | TLAS | = | 0 | 0 | 0 | 0 | 0 | 1 | 0 | 0 |

⑦ 当开关 TOS 拨置于上方时,可以使用 SW5~SW8。

| EO | KSI | VLPO | TOS | TIE | TIS | TLAE | TLAS | = | 0 | 0 | 0 | 1 | 0 | 0 | 0 | 0 |

⑧ 当开关 TIE、TOS 拨置于下方时,可以使用触摸屏控制芯片。

| EO | KSI | VLPO | TOS | TIE | TIS | TLAE | TLAS | = | 0 | 0 | 0 | 0 | 0 | 0 | 0 | 0 |

⑨ 当开关 EO 拨置于上方时,KSI 拨置于下方,可以使用 16×2 LCD(液晶)。

EO	KSI	VLPO	TOS	TIE	TIS	TLAE	TLAS	=	1	0	0	0	0	0	0	0

⑩ 当开关 EO 拨置于下方时,KSI 拨置于下方,TIE、TOS、VLPO 拨置于下方,可以使用 4.3 英寸 TFT 电阻式触摸屏。

EO	KSI	VLPO	TOS	TIE	TIS	TLAE	TLAS	=	0	0	0	0	0	0	0	0

11.6　实验二十二　FPGA 实验

一、实验目的

① 熟悉使用可编程逻辑器件→Altera 公司 Cyclone Ⅲ 系列 FPGA EP3C55F484C8。

② 熟悉使用硬件描述语言→VHDL 或 Verilog HDL。

③ 学习掌握 FPGA 集成开发环境→ Quartus Ⅱ 9.1 或 10.0。

④ 熟悉并掌握系统核心板与外围接口电路的工作原理及其功能模块引脚绑定信息。

⑤ 熟悉并掌握仿真和下载验证过程,理解下载方式和下载文件选择。

二、预习要求

① 学习并掌握文本编辑、图形编辑等编程方法和时序、功能仿真方法。

② 学习并熟悉门电路、组合电路、时序电路等单一模块功能。

③ 学习并设计各种不同状态机逻辑功能电路。

④ 学习掌握由单一模块→较多功能模块集成→系统集成的方法。

⑤ 学会将系统集成功能逐一拆分成一个个子功能模块的方法。

⑥ 学习使用多种显示模式,如发光二极管显示、七段数码管显示(动态扫描或静态扫描)、LED 点阵显示(各种字符、图形、静止或移动)、LCD 字符液晶显示(各种字符、图形、静止或移动)、TFT - LCD 触摸屏液晶显示(各种信息方式)。

⑦ 根据自己的兴趣和愿望,可从给定的实验题目中选取或自己设定功能题目。

⑧ 同组实验者应轮流操作实例实验流程,并实施源程序编写、编译、调试、下载程序和验证实验结果实践环节。

⑨ 利用元件或模块例化方式,至少设计一个内容合理、功能明确、多层次的综合应用例程。

⑩ 实验内容有简单、一般设计验证,综合、提高等不同层次(难度)要求,要注重实验质量而不是数量,强调自己完成设计、编写、调试、验证等环节。

三、实验设备

可编程逻辑 EDA/SoPC 实验箱　　　　　　　　　1 台；
　　（含 FPGA 核心板和扩展接口电路、下载器）
计算机　　　　　　　　　　　　　　　　　　　1 台。
　　（安装 FPGA 开发软件 Quartus Ⅱ）

四、实验内容及要求

1）学习本章 11.5 节所述集成开发环境操作流程，按照设计实例，亲自实现文本编辑和图形编辑开发全过程。

2）分析并运行本章 11.4 节综合应用实例，掌握其编程技巧和各种输入及输出显示方法。

3）任选门电路、组合逻辑电路、时序逻辑电路实验，各完成一个逻辑功能，其实现方案自己拟定。在进行 FPGA 目标器件输入和输出引脚绑定时，输入引脚可绑定高/低电平、单脉冲、各种分频连续脉冲等多种信号，输出引脚可绑定发光二极管、七段数码管、LED 点阵、LCD 等显示模式。

① 门电路设计。如与门、或门、非门、与非门、或非门、异或门、三态门、单向总线缓冲器、双向总线缓冲器等。

② 组合逻辑电路设计。如编码器（8－3 编码器或优先编码器）、译码器（3－8 译码器，BCD－7 段显示译码器）、数据选择器（4－1，8－1）、数据分配器、数值比较器（A，B）、加法器（半加器、全加器、4 位全加器）、减法器（半减器、全减器、4 位全减器）等。

③ 时序逻辑电路设计。如 RS 触发器、J－K 触发器、D 触发器、T 触发器、同步计数器、异步计数器、减法计数器、可逆计数器、可变模计数器（无置数端、有置数端）、寄存器、锁存器、移位寄存器、顺序脉冲发生器、序列信号发生器、分频器、格雷码计数器、只读存储器（ROM）、随机存储器（RAM）、FIFO 等。

4）二选一：

① 在完成一位十进制计数器的基础上，设计两位或三位等多位十进制计数器逻辑功能并用多位七段数码管来显示，具有清零功能等。

② 设计一个数字频率计，被测时钟来自外部引针组"CLK_OUT"，具有复位、启动等功能。

5）根据状态机工作特点，设计一个你认为有一定功能效果的例程。如步进电机四相双拍、6 位密码电子顺序锁、A/D 数据采集显示、多人抢答器、彩灯控制、交通信号灯控制等。

6）利用 4×4 键盘电路，设计一个按下键（如"F"）并用七段数码管或 LED 点阵显示对应的键字符信息（显示"F"字符）。扩展是否能显示多位字符信息，如计算显示结果功能(计算器)。

7) 用 LED 点阵显示任意字符、图形等信息。

8) 用元件或模块例化方式,设计一个具有一定功能的例程。如模拟控制电梯上、下、停止、显示楼层等功能、RS232 串口与上位机通信功能。

9) 用 LCD 液晶显示任意字符、图形等信息。

10) 设计一个直流电机控制器系统。要求直流电机方向可控,转速连续可调,实时显示转速,还有启动信号、最小转速、最大转速显示等功能。

五、注意事项

① 保存工程文件时,对于顶层文件,文件名需要跟文件中模块实体名一致,而工程名没有此要求,可以与其一致,也可以不一致。

② 实验箱断电前提下,插拔下载器 JTAG 接口端,避免带电插拔导致下载器或 FPGA 下载电路损坏。

③ 人为手动操作实验箱上硬件端口时,先采取措施消除身体静电(触摸其他金属可消除),再操作硬件,避免静电损坏接口电路。

④ FPGA 引脚绑定过程中,仔细检查引脚位置是否正确,避免输入/输出信号绑定引脚混淆,可能导致 FPGA 引脚内部电路损坏。

⑤ 未经老师许可,不得擅自改动硬件电路,不得随意使用设备检测硬件电路。

⑥ 编写程序时,外部接口信号的输入/输出方向要清晰,避免出现输出短接的情况。

⑦ 在程序编译和仿真成功后,需要把顶层文件对外输入/输出端口信号与 FPGA 的 I/O 引脚进行绑定并重新编译生成 *.sof 和 *.pof 等系列编程文件后,采用 JTAG 方式下载到实验箱 FPGA 目标器件中,验证实验结果。

⑧ 外围接口电路与 FPGA EP3C55F484C8 引脚绑定信息详见本章 11.5 节相应介绍。也可以参看 11.5 节表 11-19 的 FPGA 引脚分配表。

⑨ FPGA 目标器件 EP3C55F484C8 系统时钟为 50 MHz,即核心板时钟为 50 MHz,称为内时钟,由 FPGA 的 T1 和 T2 引脚输入。设计人员可以将此时钟作为模块触发信号使用。

接口电路系统时钟信号频率为 48 MHz,经 Xilinx 芯片编程分频后从引针组"CLK_OUT"引脚输出 14 种不同频率的信号。通过外接导线与 FPGA 目标器件 EP3C55F484C8 扩展接口 FPGA_EA1、FPGA_EA2 有关引脚进行绑定,从而在程序中可以使用这些周期性信号。接口电路系统时钟最大输出 24 MHz,此多组时钟称为外时钟,由引针组"CLK_OUT"引脚输出。

注意:更换不同频率时钟信号时,一定在实验箱断电的情况下,进行导线切换连接,禁止带电操作,容易损坏 FPGA 时钟引脚。

外时钟分频信息：开发平台上提供了引针组"CLK_OUT"，可以输出不同的时钟频率，共有 14 个引针，具体输出频率如表 11-26 所列。

表 11-26 时钟信号输出频率

引脚序号	引脚名字	输出频率/Hz
1	FRQH_Q0	24 000 000
2	FRQH_Q1	12 000 000
3	FRQH_Q2	6 000 000
4	FRQH_Q3	3 000 000
5	FRQH_Q5	750 000
6	FRQ_Q5	65 536
7	FRQ_Q6	32 768
8	FRQ_Q9	4 096
9	FRQ_Q11	1 024
10	FRQ_Q15	64
11	FRQ_Q18	8
12	FRQ_Q20	2
13	FRQ_Q21	1
14	FRQ_Q23	0.25

六、总结要求

① 参考下面实例 11-29 和实例 11-30 书写格式，完成实验报告。

② 学习并使用可编程逻辑器件 FPGA，并写出心得和体会。

【实例 11-29】 设计一个 4 位二进制加法计数器，具有清零控制等功能，输出可用发光二极管显示。

① 对布置的任务进行详细的功能描述、功能划分、建模、输入/输出信号分析、约束条件设置等，将具体任务分解成清晰的可实现的模型。

例如：由题目要求可知，4 位二进制计数器可以实现 0000～1111 的 16 个状态输出；加法计数器限定了状态转移方向，即 0000→0001→…→1111 循环输出；为了初始状态可控，增加了清零复位功能，引入了清零信号；使用发光二极管显示电路，输出状态由二极管的亮灭呈现。

整个功能电路的输入信号包括 clk 时钟、rst 清零信号；输出信号包括 q3、q2、q1、q0 四位二进制数。

② 列出本次实验所需的硬件资源（主要为 FPGA 开发板上接口电路）及所用接

口具体使用说明,写出功能模块输入/输出信号的 FPGA 引脚绑定情况。

例如:模块电路使用了实验箱上引针组"CLK_OUT"中的 FRQ_Q21 信号,作为时钟输入,频率为 1 Hz;使用了逻辑电平开关(SW1),作为清零信号输入,高电平有效;输出采用四路发光二极管显示。

FPGA 引脚(绑定)连接:输入信号 clk 时钟选择 FRQ_Q21 1 Hz,用导线与 FPGA_EA2 的 p6 针脚相连,并把 clk 绑定为→P20;rst 清零→N18(SW-1);输出信号 q3→U12(LED1),q2→V12(LED2),q1→V15(LED3),q0→W13(LED4),即 q3q2q1q0 直接绑定在接口电路的发光二极管显示。

③ 下载验证,详细描述模块演示操作流程,得出结论。

例如:实验验证操作流程。

第一,输入信号 clk 时钟→把实验箱上 FPGA_EA2 接口的 p6 针脚用导线与 (FRQ_Q21 1 Hz)连接,FRQ_Q21 1 Hz 的对应位置在实验箱 LED 点阵左边"CLK_OUT"排针处;rst 清零→N18(SW1),对应位置在实验箱右下部分"逻辑开关组"左下边开始第一个;输出信号 q3→U12(LED1),q2→V12(LED2),q1→V15(LED3),q0→W13(LED4),对应位置在实验箱中部最下边左下角第一、二、三、四个发光二极管。

第二,把输入信号 rst 设为"0",clk 时钟为 1 Hz,输出结果为第一、二、三、四个发光二极管按照 0000→0001→…→1111 循环显示;当输入信号 rst 设为"1"时,清零有效,输出结果为 0000。

第三,结论:具有清零功能的 4 位二进制加法计数器设计成功,满足设计要求。

④ 书写程序源代码或绘制原理图,如果有仿真波形,也应记录下来。

例如:采用文本编辑法编写的 VHDL 源程序。

注意:本段代码没有实现清零控制,请自行修改完善。

```
library ieee;
use ieee.std_logic_1164.all;
use ieee.std_logic_unsigned.all;
entity count4 is    --4 位二进制计数器
port(clk:in std_logic ;   --in bit;
     rst:in std_logic;  --复位按键,高电平有效
     q :out std_logic_vector( 3downto 0));
end entity count4;
architecture bhv ofcount4 is
    signal q1:std_logic_vector( 3 downto 0);   --中间变量 q1
        begin
            process(rst,clk)   --敏感信号
                begin
                    if(clk'event and clk = '1')then    --rising_edge(clk)
```

```
                q1  <= q1 + 1;
            end if;
        end process;
        q <= q1; --把中间结果赋值给对外输出变量 q
end  architecture bhv;
```

⑤ 主要针对调试过程中遇到的难点、疑点问题进行梳理,并写出解决方案,并重点对自己认为具有独特创新性的内容进行总结。

例如:

第一,编译程序出现的语法错误,如信号和变量的赋值方式不同;信号间同步性处理不当,导致输出状态错误。

第二,本实验创新点是将输出信号 q3q2q1q0 通过七段数码管或 LED 点阵显示。

【实例 11 - 30】 设计一个一位半加法器电路。

① 对布置的任务进行详细的功能描述、功能划分、建模、输入/输出信号分析、约束条件设置等,将具体任务分解成清晰的可实现的模型。

例如:由题目要求可知,本电路实现了两个一位变量的加法运算,不考虑低位进位,产生和、进位。输入信号有加数 a、被加数 b(当然,还可以增加电路功能,如增加使能控制);输出信号有和 sum、进位 carry。

逻辑方程:$sum = a \oplus b$;$carry = a \& b$。

② 列出本次实验所需的硬件资源(主要为 FPGA 开发板上接口电路)及所用接口具体使用说明,写出功能模块输入/输出信号的 FPGA 引脚绑定情况。

例如:FPGA 引脚(绑定)连接,输入信号 a→N18(SW1)、b→M20(SW2);输出信号 sum(和)→U12(LED1)、carry(进位)→V12(LED2)。

③ 下载验证,详细描述模块演示操作流程,得出结论。

例如:实验验证操作过程。

第一,输入信号 a→N18(SW1)、b→M20(SW2),对应位置在实验箱右下部分"逻辑开关组"左下边开始第一个和第二个,输出信号 sum(和)→U12(LED1)、carry(进位)→V12(LED2),显示位置在实验箱中部最下边左下角第一、二发光二极管。

第二,输入信号 a、b 都为"1",输出结果为第二个发光二极管"亮" → carry(进位),第一个发光二极管"灭" → sum(和);依次改变输入信号 a、b,观察结果是否正确。

第三,结论:经验证测试,一位半加法器设计成功。

④ 书写程序源代码或绘制原理图,如果有仿真波形,也应记录下来。

例如:本实验采用图形编辑法画逻辑电路图实现一位半加器功能,逻辑电路图如图 11 - 113 所示。

⑤ 主要针对调试过程中遇到的难点、疑点问题进行梳理,并写出解决方案,重点

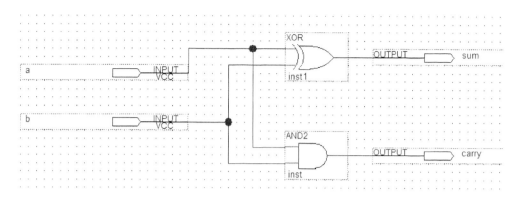

图 11 - 113　逻辑电路图

对自己认为具有独特创新性的内容进行总结。

例如：对电路进行了改进，将输入信号 a 和 b，输出给两个发光二极管，实现对输入信号状态的监测，同时也可以对逻辑开关是否正常工作进行排查。

第 12 章　电子电气技术应用系统综合设计

一、设计目的

① 加深对电气技术实践基础课程体系的认识。

② 学会对电气技术实践基础课程中典型电路的灵活应用。

③ 加深对电路、模拟电子技术、数字电子技术课程有关理论知识的理解，以及培养实践应用能力。

④ 通过电气技术实践基础课程体系的学习，每组自行讨论选择研究内容、功能、分工、调试、答辩，培养团队合作精神和汇报演讲能力。

二、准备工作

① 在电气技术实践基础课程的第一次课，任课教师讲解并布置综合设计任务，后续课程实验中学生及时做好总结归纳，积累资料，为最后综合设计做好准备。

② 课程结束前，回顾电气技术实践基础课程的架构体系，结合理论课程有关知识，掌握典型电路的工作原理，为综合应用做好基础准备。

③ 根据所学知识，选择研究课题，梳理基本框架。

④ 广泛查阅相关资料，充实研究课题内容，分析其可实施性。

三、设计资料

① 电气技术实践基础课程实验中所用的典型电路、元器件、仪器设备。

② 其他类型的元器件或模块。

③ 开发所需的软件，如电路仿真软件 Multisim、Proteus、Cadence，FPGA 开发软件 Quartus Ⅱ，单片机开发软件 Keil、CCS，PCB 绘图软件 Altium Designer。

④ 硬件实验所需的面包板，焊接所需的焊台、焊锡、吸锡器、洞洞板等材料。

四、应用系统综合设计内容及要求

1. 要　求

要求学生根据自己的兴趣和自主学习能力自拟"应用系统综合设计"项目，可以与老师探讨技术问题和工程实现问题，以小组的形式开展自主学习、独立设计制作、自行调试成品并形成总结报告。整个过程主要利用课外时间，老师适时开放实验室，对有需求的小组成员做辅导、答疑，最后进行答辩验收，把验收的结果计入课程的成绩。另外，系统至少采用 5 个模块（已学实验内容验证过或添加其他典型电路），组成具有综合化、智能化、信息化功能的电路。

2. 综合设计流程

设计方案→论述过程→实现过程→提交文案→审核→答辩。

3. 文案模板

① 题目。

② 功能性能描述及分析。

③ 方案论证。

④ 硬件电路原理设计、功能及参数选择和软件框图、流程图设计。

⑤ 预测试点及估值。

⑥ 测试方法和调试步骤设计。

⑦ 分析总结。

4. 制作答辩 PPT

制作答辩 PPT,每组不超过 15 分钟答辩时间。答辩结束后,有条件的组可以展示实物,演示效果。

附录　常用数字集成电路引脚图

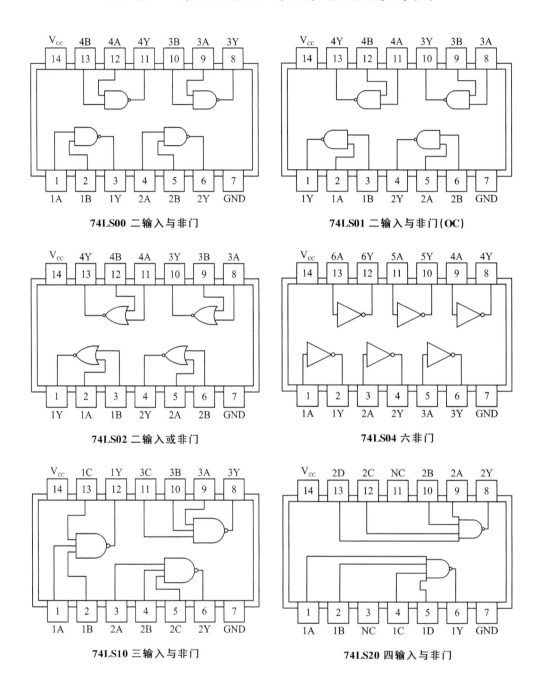

74LS00 二输入与非门

74LS01 二输入与非门(OC)

74LS02 二输入或非门

74LS04 六非门

74LS10 三输入与非门

74LS20 四输入与非门

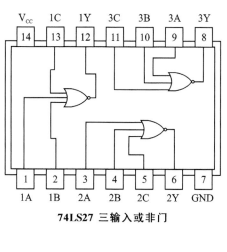

74LS27 三输入或非门

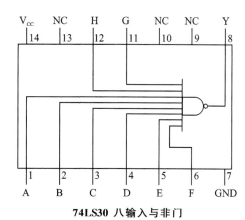

74LS30 八输入与非门

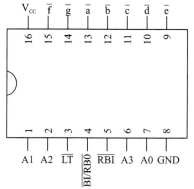

74LS47 BCD 七段译码器

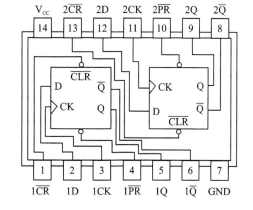

74LS49 BCD 七段译码器

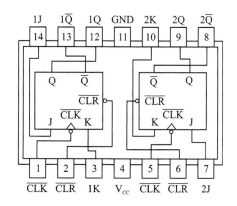

74LS73 双 J - K 触发器

74LS74 双 D 触发器

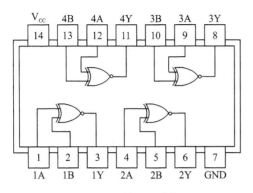

74LS86 二输入异或门

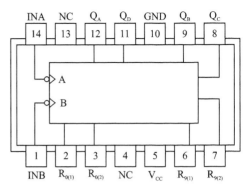

74LS90 二-五进制计数器

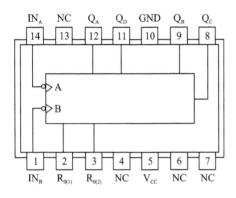

74LS93 四位二进制计数器

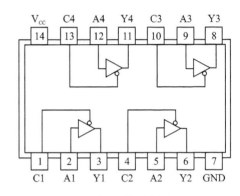

74LS125 四三态门

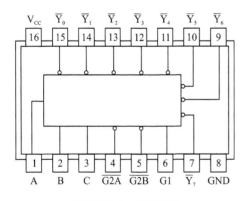

74LS138 3 - 8 译码器

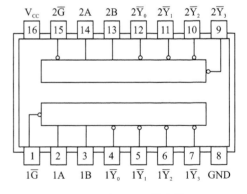

74LS139 双 2 - 4 译码器

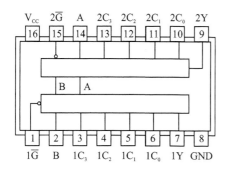

74LS153 二 4 选 1 数据选择器

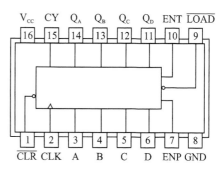

74LS161 同步四位二进制计数器

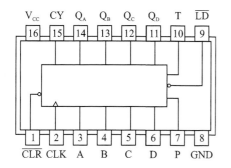

74LS163 同步 4 位二进制计数器

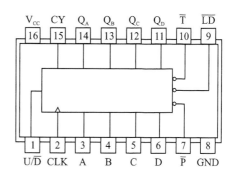

74LS169 4 位二进制可逆计数器

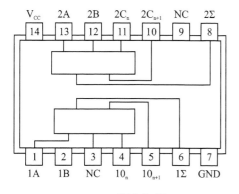

74LS183 双全加器

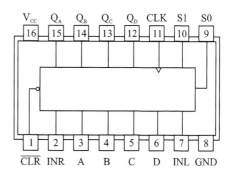

74LS194 4 位双向移位寄存器

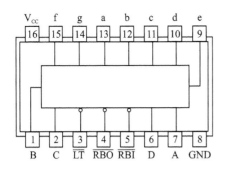

74LS248 带上拉 BCD 七段译码器

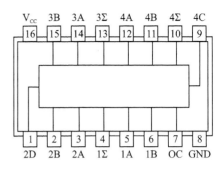

74LS283 四位全加器

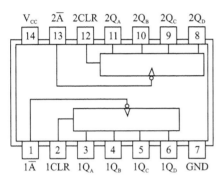

74LS393 双 4 位二进制计数器

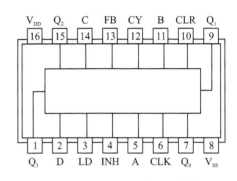

CC4526B 可预置二进制 1/N 计数器

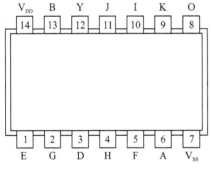

CD4007 双互补加反相器

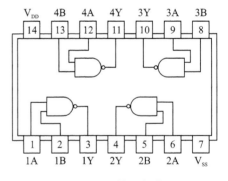

CD4011 四 2 输入与非门

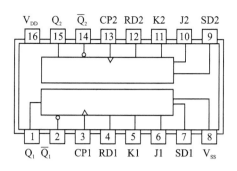

CD4027 双 J - K 触发器

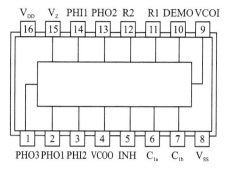

CD4046B 锁相环

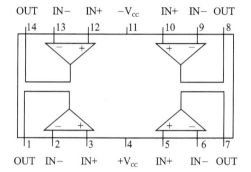

LM324 四集成运算放大器

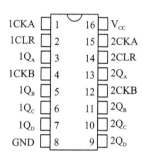

74LS390 双二-五进制计数器

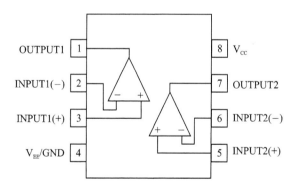

LM358 双集成运算放大器

参考文献

[1] 吴星明. 电子电路实验基础教程[M]. 北京：北京航空航天大学出版社,2014.

[2] 李莉,申文达. 电路测试实验教程——电工电子技术实验[M]. 北京：北京航空航天大学出版社,2017.

[3] 董云凤. 电工电子技术系列实验[M]. 2 版. 北京：国防工业出版社,2006.

[4] 徐国华,等. 模拟及数字电子技术实验教程[M]. 北京：北京航空航天大学出版社,2004.

[5] 北京航空航天大学电工电子中心. 电气信息技术实践基础[M]. 北京：国防工业出版社,2003.

[6] 夏宇闻. Verilog 数字系统设计教程[M]. 3 版. 北京：北京航空航天大学出版社,2017.

[7] 吴厚航. 深入浅出玩转 FPGA[M]. 3 版. 北京：北京航空航天大学出版社,2017.

[8] 邱关源. 电路[M]. 4 版. 北京：高等教育出版社,1999.

[9] 胡晓光. 数字电子技术基础[M]. 2 版. 北京：北京航空航天大学出版社,2015.

[10] Donald A Neamen. 电子电路分析与设计(Microeletronics：Circuit Analysis AND Design)——模拟电子技术[M]. 4 版. 北京：清华大学出版社,2018.

[11] Charles K Alexander,Matthew N O Sadiku. Fundamentals of Electric Circuits [M]. 6 版. 北京：机械工业出版社,2018.

[12] 任维政,等.电子电路实践[M]. 北京：科学出版社,2008.

[13] 叶挺秀,张佰尧. 电工电子学[M]. 北京：高等教育出版社,2008.

[14] 华成英,童诗白. 模拟电子技术基础[M]. 4 版. 北京：高等教育出版社,2006.

[15] 闫石. 数字电子技术基础[M]. 5 版. 北京：高等教育出版社,2006.

[16] 康华光. 电子技术基础[M]. 5 版. 北京：高等教育出版社,2006.

[17] 张晓林,张风言. 电子线路基础[M]. 北京：高等教育出版社,2011.

[18] 霍罗威茨,等. 电子学[M]. 2 版. 吴利民,等译. 北京：电子工业出版社,2009.

[19] Roth C H. 逻辑设计基础[M]. 5 版. 北京：机械工业出版社,2003.

[20] Franco S. 基于运算放大器的模拟集成电路设计[M]. 4 版. 北京：机械工业出版社,2015.

[21] 潘松 黄继业. EDA 技术与 VHDL[M]. 北京：清华大学出版社,2007.

[22] 阿森顿. VHDL 设计指南[M]. 2 版. 葛红,等译. 北京：机械工业出版社,2005.